艇载高分辨率成像探测系统技术

李道京　崔岸婧　高敬涵　吴　疆等　著

科学出版社
北京

内 容 简 介

平流层飞艇可在高空长时间驻留,在遥感探测等领域具有广阔的应用前景。本书共 6 章,介绍了艇载高分辨率成像探测系统技术。对于艇载微波载荷,分析了大口径共形轻量化天线关键技术,基于子阵结构大口径稀疏阵列天线论述了主动雷达和外辐射源雷达的成像探测性能,同时介绍了基于大型阵列的低频信号产生方法。对于艇载光学载荷,分析了大口径轻量衍射光学系统关键技术,阐述了相干探测光学成像概念,在此基础上论述了激光雷达和红外相机的成像探测性能,探讨了激光本振红外阵列探测器及其在干涉和相干成像中的应用问题。

本书适合微波雷达、激光雷达、红外相机和信号处理等领域科技人员参考使用,也可作为高等院校相关专业的教学和研究资料。

图书在版编目(CIP)数据

艇载高分辨率成像探测系统技术 / 李道京等著. —北京:科学出版社,2023.5
ISBN 978-7-03-074725-9

Ⅰ. ①艇… Ⅱ. ①李… Ⅲ. ①飞艇–成象系统–探测技术 Ⅳ. ①TN911.73

中国国家版本馆 CIP 数据核字(2023)第 005019 号

责任编辑:牛宇锋 纪四稳 / 责任校对:王 瑞
责任印制:吴兆东 / 封面设计:蓝正设计

科 学 出 版 社 出版
北京东黄城根北街 16 号
邮政编码:100717
http://www.sciencep.com

北京九州迅驰传媒文化有限公司 印刷
科学出版社发行 各地新华书店经销

*

2023 年 5 月第 一 版 开本:720×1000 1/16
2023 年 5 月第一次印刷 印张:23
字数:447000
定价:168.00 元
(如有印装质量问题,我社负责调换)

前　　言

　　本书是作者近十年来对艇载高分辨率成像探测系统技术及其应用研究的工作总结，主要内容涵盖了国内外研究进展以及作者在此领域最新研究成果，主要特点如下：

　　(1)针对飞艇平台特点和应用需求，系统地论述艇载微波和光学高分辨率成像探测系统的技术体制、主要指标、关键技术和实现方案。

　　(2)关于艇载微波载荷的发展，提出应重点突破大口径共形轻量化天线关键技术，在系统总体设计上，应考虑成像探测一体化和主被动结合技术体制；重点分析基于子阵结构大口径稀疏阵列天线的系统性能，同时探讨基于大型阵列的低频信号产生和应用问题。

　　(3)关于艇载光学载荷的发展，提出应重点突破大口径轻量衍射光学系统关键技术，优先发展红外目标成像系统，积极研究激光主动探测技术；提出激光本振红外阵列探测器和光学合成孔径相干成像的概念，有望大幅提高现有望远镜的红外成像能力，为进一步提高非制冷红外相机探测性能也提供了新的技术途径。

　　本书的主要内容由李道京等撰写。李道京确定了本书研究思路和内容框架，并撰写了第 1 章，第 2 章 2.1 节，第 3 章 3.1 节，第 5 章 5.1 节、5.4.1 节、5.4.2 节和 5.4.4 节，第 6 章 6.1 节、6.5 节、6.6 节和 6.9 节内容，参与了第 2、3、4 章的撰写工作。李烈辰撰写了第 2 章 2.2 节和 2.3 节内容，田鹤撰写了第 2 章 2.4 节内容，马萌撰写了第 2 章 2.5 节内容，周建卫撰写了第 3 章 3.2 节、3.3 节和 3.4 节内容，赵绪锋撰写了第 3 章 3.5 节和 3.6 节内容，崔岸婧撰写了第 4 章主要内容和第 5 章 5.4.5 节、5.7 节和 5.8 节内容，高敬涵撰写了第 5 章 5.2 节、5.3 节、5.4.3 节、5.4.7 节和 5.6 节内容，周凯撰写了第 5 章 5.4.6 节、5.5 节和第 6 章 6.2 节、6.3 节、6.4 节内容，吴疆撰写了第 6 章 6.7 节、6.8 节和 6.10 节内容。

　　感谢西安电子科技大学邢孟道教授、全英汇教授、邵晓鹏教授、刘飞教授、孙艳玲副教授等在雷达信号处理、光电探测器设计工作上给予的支持和帮助。

　　感谢中国科学院长春光学精密机械与物理研究所丁亚林研究员、张志宇研究员、远国勤研究员、姚园副研究员、谭淞年助理研究员和王烨飞助理研究员，中国科学院西安光学精密机械研究所杨洪涛研究员、谢永军研究员等在光学系统设计工作上给予的支持和帮助。

感谢中国空间技术研究院张润宁研究员等在系统总体和雷达系统设计工作上给予的支持和帮助。

感谢西北工业大学胡楚锋研究员、中国科学院国家空间科学中心王劲东研究员等在磁探系统设计工作上给予的帮助。

感谢中国科学院空天信息创新研究院杨燕初研究员、王生研究员、吕静工程师、孙慧峰副研究员、李安其助理研究员等在飞艇平台和阵列天线设计工作上给予的支持和帮助。

在本书的撰写和研究过程中，得到了中国科学院空天信息创新研究院吴一戎院士、丁赤飚院士、张毅研究员、李王哲研究员、王宇研究员、党雅文副研究员、吴淑梅副研究员、杨宏高级工程师、牛云峰高级工程师、郑浩高级工程师，中国科学院国家空间科学中心郗莹高级工程师等领导和同志的指导、帮助和鼓励，在此向他们表示最诚挚的感谢。

本书的撰写和出版得到中国科学院空天信息创新研究院创新项目和教育部科技委项目的资助，在此表示感谢。

艇载高分辨率成像探测系统技术还在不断完善和发展之中，限于作者水平，难免存在疏漏或不足之处，恳请读者批评指正。

目　　录

第 1 章 绪　　论

1.1　研　究　意　义

平流层飞艇可在 20km 以上高空长时间驻留，这为其在通信服务、高空成像探测、遥感[1]等领域的应用提供了有利条件。平流层飞艇长在 100m 量级，直径在 30m 量级，飞艇巨大的体积不仅可满足微波载荷大尺寸天线的布设要求，由于工作在高空，大气影响小，也为大口径光学/红外载荷的应用提供了一个新型平台。目前平流层飞艇及其载荷已成为国内外研究热点，深入研究艇载高分辨率成像探测系统技术并分析其应用方向，具有重要意义。

1.2　艇载微波载荷系统的研究进展

1.2.1　主动雷达

艇载主动雷达的典型代表为美国的集成传感器即结构 (integrated sensor is structure，ISIS) 系统[2]。ISIS 缩比艇 X 波段雷达天线阵面积为 98m^2，由约 35 万个收发 (transmitter and receiver，TR) 单元构成，甚高频 (ultra high frequency，UHF) 波段雷达天线阵面积为 530m^2，由 4 万个 TR 单元构成，采用柱面天线形式 (未成功)。ISIS 正式艇 X 波段雷达天线阵面积将达到 5725m^2，组件数将近2030 万个，UHF 雷达可以搜索 600km 外的空中目标。其天线以有源阵为主，对质量密度要求很高，需达到 2kg/m^2。由于 ISIS 缩比艇实验未能成功，其项目进展近年来已很少报道。

国内也开展了艇载主动雷达研究工作[3]，为在有限的体积质量约束条件下获得较高的空间分辨率，对艇载稀疏阵列天线雷达技术也进行了研究[4,5]，文献[6]研究了基于子阵结构稀疏阵列天线艇身共形设置问题，其主要应用方向为目标探测和对地成像。

飞艇供电能力有限，需大尺寸接收天线才能实现远距离目标探测，而目前飞艇质量密度小，虽能实现大尺寸的 P 和 L 波段轻量天线，但其对地成像能力较差。P 波段具有较好的小目标探测性能，但其背景干扰较多，因此也应关注 L 波段轻量天线的发展。

飞艇运动速度较慢，选用小尺寸 X 波段天线对地合成孔径雷达成像时，在目标距离 30km 、分辨率 1m 条件下，全孔径成像积分时间需 1min。由于成像时间很长，作用距离也不远（仅几十千米），应用前景还不明确。

未来若 X 波段天线实现轻量化，飞艇即可使用大尺寸天线实孔径雷达成像和合成孔径雷达成像结合方式，提高成像速度。基于长稀疏阵列天线，文献[7]和[8]研究了共形稀疏阵列形变误差补偿和对地稀疏成像问题。选用大尺寸阵列，除有利于对地成像外，目标探测时也可获得高的测角精度。

现阶段在飞艇上安装 X 波段大尺寸稀疏阵列比较困难，但形成一个正交长基线干涉逆合成孔径雷达（interferometric inverse synthetic aperture radar，InISAR）用于运动目标二维和三维成像还是可能的，这将有助于提高目标识别能力。文献[9]研究了地基运动目标毫米波三维成像问题，相关概念和技术可用在飞艇平台。

1.2.2　外辐射源雷达

主动雷达系统要获得远的探测距离，除要使用大尺寸天线以外，还需要有较大的信号发射功率，对飞艇供电能力要求较高。针对平流层飞艇供电能力有限的特点，可考虑设计主被动结合的艇载雷达探测系统，在必要时使用外辐射源信号（地面广播、电视信号和合作辐射源等），以在低功耗条件下实现目标远距离探测。

文献[10]和[11]提出了把稀疏阵列用于艇载外辐射源雷达的设想，设计了系统参数并分析了艇载共形稀疏阵列外辐射源雷达的目标探测性能。分析表明，外辐射源大的有效全向辐射功率（effective isotropic radiated power，EIRP）和艇载接收天线大的面积，是保证其目标探测性能的基础。

使用地面外辐射源信号，雷达受地球曲率半径的影响，其通视探测距离有限，为此可考虑使用天基外辐射源，双站观测结构条件下目标雷达截面积（radar cross section，RCS）也较大，主要有遥感雷达卫星、全球导航卫星系统（global navigation satellite system，GNSS）导航卫星和通信卫星。遥感雷达卫星落地功率密度较大，可用于外辐射源目标探测，但由于目前数量有限，通常处于低轨，不能满足区域连续观测的需求。数量较多的 GNSS 导航卫星和高轨通信卫星为区域连续观测提供了条件，针对成像探测需求，目前开展的研究工作也很多[12,13]，但由于其落地功率密度比遥感雷达卫星低 3～5 个数量级，作用距离较小，应用能力有限。这也许是通导遥一体化研究工作进展缓慢的原因之一，现阶段发射高轨遥感雷达卫星，如地球同步轨道合成孔径雷达（geosynchronous orbit synthetic aperture radar，GEOSAR）卫星，将有助于外辐射源雷达的发展和应用。

1.2.3 无源探测

在飞艇上安装宽带天线，通过接收 100MHz～20GHz 频段范围的所有信号，包括雷达、通信、数据链、广播甚至步话机的信号，经信号分选也可实现目标无源探测。

无源探测目前主要有基于多站信号时差定位[14]和干涉测角两种方法。由于属于一次雷达被动探测，其探测距离通常较远。

平流层飞艇为长基线高精度干涉测角定位提供了有利条件，假定基线长度为 100m，通过对两条飞艇双基线测角信息进行关联，对于 100MHz 的信号源，无源探测的定位精度可以在 100km 处达到 0.5km 量级。

由于无源探测艇载设备量小，作用距离远，多站关联目标定位精度高，技术成熟，其艇载应用很值得关注和发展。

1.2.4 地质勘探

10kHz 量级低频电磁波信号可用于地质勘探，但由于辐射要求其天线尺寸需达到数十千米，在移动平台很难实现，这使其应用受到限制，故基于磁探仪等电磁设备的目标探测技术日益得到重视。近年来国外提出了一种采用机械旋转永磁体[15,16]的方式实现小型其低频发射天线的方法。该方法将机械能转换为电能，利用永磁体机械旋转直接激励电磁波，可突破天线物理尺寸的限制。文献[17]和[18]研究了通过强磁电耦合作用、声波激励机械天线等方式，减小天线尺寸，以实现低频信号在移动平台中的使用。基于航空和地基平台，目前国内外均开展了主动式瞬变电磁技术研究与应用工作，主要用于地质勘探[19]，对陆地的勘探深度已达几百米量级，我国基于运 12 飞机的大型时间域航空电磁测量系统已投入应用。根据飞艇平台的特点，研究新的低频信号产生方法具有重要意义。

1.2.5 关键技术

1. 轻量天线技术

天线面积直接影响平流层飞艇雷达的性能，目前看来要有一定的实用价值，艇载雷达天线面积至少也应在 $50\sim100\text{m}^2$ 量级。ISIS 项目 X 和 UHF 双波段雷达天线的质量密度为 2kg/m^2，这对天线的轻量化提出了很高的要求，在器件全面芯片化和微系统化的同时，天线与艇身和气囊需实现共形集成[20]。轻量天线技术以数字阵列为主，且涉及材料和器件等基础问题，因此轻量天线技术是艇载雷达的关键核心技术，需深入研究。从现阶段的研究工作来看，薄膜天线[21,22]和基于 FR4 薄膜贴片+聚甲基丙烯酰亚胺(PMI)泡沫子阵结构的稀疏阵列天线(长度可达 60m 量级)都是艇载轻量天线的重要形式。

2. 分布式位置和定位测姿系统技术

巨大尺寸的天线装载在飞艇上难免有阵列形变，其形变误差可通过分布式位置和定位测姿系统(position and orientation system，POS)进行测量[23]，获得阵列形变误差后在方向图形成过程中实施误差补偿，故分布式POS对大尺寸天线理想方向图形成具有重要意义。事实上在ISIS项目中也安装了基于多点全球定位系统(global positioning system，GPS)的测量和校准装置。

目前单节点差分GNSS的位置测量精度在3～5cm量级，已基本满足P波段和L波段阵列形变误差测量要求。在阵列上设置参考点，并以其为参考对每个节点的GNSS信号实施差分处理，在500m区间节点间的相对位置精度可达到2mm，这意味着艇载天线的阵列形变相对误差测量精度也可能达到2mm量级，并使X波段阵列形变误差的高精度补偿成为可能。目前国外已有60g小型POS成熟产品，我国一些单位也开始了轻量小型POS的研发工作，相关技术和产品可用于艇载微波载荷系统。

1.3　艇载光学载荷系统的应用需求

1.3.1　载荷种类

由于需求明确，近年来机载激光雷达探测技术发展迅速并获得广泛应用[24]，现阶段也需考虑激光雷达的艇载应用问题。衍射光学系统[25]具有轻量化特点，尤其适用于激光雷达，使用大衍射口径可提高激光雷达探测性能。飞艇平台为大衍射口径激光雷达的安装提供了有利条件，由于不存在收拢展开过程，大口径衍射光学系统的工程实现也较为简单。文献[26]提出了艇载1m衍射口径激光通信和干涉定位系统的概念并分析了其性能，该系统在10m基线下，其作用距离将达到4亿km，激光波长1.064μm时对应的定位精度在6km量级，可用于深空探测[29-35]。若艇载激光雷达口径达到1m并采用相干探测体制，则其对地面和空中目标探测距离将会大幅提高。基于大口径衍射光学系统，研究艇载激光雷达海水深度探测性能[27,28]具有重要意义。

目前有关艇载红外成像探测系统的报道不多，飞艇平台为大衍射口径红外相机的安装提供了有利条件。基于飞艇平台，分析大口径红外相机的目标探测性能，研究相关关键技术需求迫切。

在中国科学院"临近空间科学实验系统"先导专项中，已安排了临近空间35km高度球载行星大气光谱望远镜的研制任务。该望远镜口径0.8m，有7个紫外谱段和4个可见谱段。选择高空球载平台，可回避大气影响，有利于天文观测。

基于两个(或多个)望远镜长基线干涉成像方法，可等效实现口径为基线长度的望远镜分辨率，其原理也可用光学合成孔径成像概念来解释。平流层飞艇具有巨大的体积和设备安装空间，其望远镜口径最大可达 10m 量级，干涉基线长度可达 30m 量级，这为天文观测所需的长基线大衍射口径望远镜的安装提供了有利条件。在此基础上，研究艇载红外光谱干涉成像技术，探索其在天文观测中的应用，不仅对载荷技术的发展具有重要意义，同时也具有重要的科研价值。

1.3.2　关键技术

1. 大口径轻量衍射光学系统

近年来衍射成像光学系统得到了快速发展，使用衍射成像光学系统易于形成大的接收口径，典型的如膜基透镜[25]，其主镜通过衍射器件引入较大的相位变化量实现波前控制，可减小焦距并有利于系统的轻量化。这里的衍射器件相当于移相器，将接收的平面波转为同相球面波在焦点处实现聚焦。

膜基透镜和菲涅耳透镜阵列都属于衍射器件，从原理上讲，也可看成二元光学器件，其性能也可用微波相控阵天线理论和方法进行分析。大口径轻量衍射光学系统直接制造难度较大，实际工作中需采用孔径拼接技术[36]。

和微波系统一样，光学系统聚焦所需的波前控制包括相位和时延两个方面，轻量膜基衍射光学系统仅能实现相位控制，其光谱范围较窄，适用于激光雷达，文献[37]～[39]论述了衍射光学系统在合成孔径激光雷达(synthetic aperture LiDAR，SAL)和激光雷达中的应用问题。用于红外波段时，由于没有时延控制，为减少孔径渡越，在大口径条件下通常采用的焦距较长，即便采用色差校正技术[29]，其工作的光谱范围和观测视场也很有限。为此，一方面，针对轻量化要求需对相关系统进行参数优化设计，在压缩光路也要考虑引入像方摆扫镜扩大视场[40]；另一方面，需研究分段式平面光电成像探测器(segmented planar imaging detector for electro-optical reconnaissance，SPIDER)思路[41]，该思路类似于目前微波雷达的数字阵列天线，有可能同时解决相位和时延问题。

目前，我国的二元光学技术[42]和大口径薄膜主镜色差校正技术已有较好的技术基础。采用衍射光学系统，若能将望远镜的质量密度控制在 20kg/m^2，上述艇载激光和红外成像探测系统就具有可行性，但达到该质量密度指标，并非易事，需要持续攻关。

2. 激光本振红外探测器

近年来单光子探测技术得到快速发展，百万像素级单光子阵列探测器已投入应用[43]。与直接探测激光雷达相比，基于激光本振的相干探测激光雷达和激光通信技术近年也得到快速发展，如 SAL 和逆合成孔径激光雷达 (inverse synthetic aperture lidar，ISAL)[44]。本振信号的存在使目标微弱回波可实施光电转换，为后续信号积累提供条件，其探测灵敏度已远优于 1 个光子。通常激光本振功率可设置得足够高 (在毫瓦量级)，这使得接收端仅受限于量子噪声且容易实现窄带滤波，由此可获得较高的探测灵敏度，其灵敏度可比直接探测激光雷达高 20dB[45]。

分析表明，现有红外相机等效噪声功率比直接探测激光雷达要高出至少 3 个数量级。红外探测器是一个光电转换器件，其性能最终还是在电子学表征，有限的电子学带宽和严重的红外信号频谱混叠，是红外相机等效噪声功率高的主要原因。由于工作波段接近，为降低等效噪声功率提高红外相机探测性能，基于激光本振的探测技术很值得红外相机系统借鉴。假定以激光雷达等效噪声功率作为红外相机探测灵敏度参考，目前红外相机探测性能的改善，应还有很大空间。除了采用制冷型探测器，目前看来，提升其探测灵敏度的另一个思路就是引入波长变化的激光本振信号，在实现红外信号宽谱段接收的同时，通过激光本振实现光谱细分并去除宽带红外信号的频谱混叠，红外回波和激光本振信号的耦合形式可参考激光相控阵结构[46]。

与此同时，激光本振设置后，激光作为载波不仅可保证两个望远镜红外信号相位的正确传递，而且可在电子学实施窄带滤波形成窄带红外信号以利于形成干涉成像，有望大幅提高现有望远镜的红外光谱干涉成像能力[47]。

激光本振红外探测器概念的提出，对进一步提高非制冷型红外相机探测性能和红外光谱干涉成像质量，均具有重要意义。

1.4　本书的内容安排

本书是作者近年来在艇载成像探测系统技术领域研究工作的总结，共 6 章，各章具体内容安排如下：

第 1 章为绪论，主要介绍艇载微波和光学载荷技术的应用需求、研究进展和发展方向，以及本书的内容安排。

第 2 章为主动雷达成像探测，主要分析艇载稀疏阵列天线雷达系统性能，介绍基于压缩感知的艇载稀疏阵列天线雷达对地成像技术，以及基于干涉处理的阵列形变误差补偿和目标探测技术，研究艇载正交长基线毫米波 InISAR 用于解决运动目标二维和三维成像问题。

第 3 章为艇载外辐射源雷达目标探测，主要分析艇载外辐射源雷达系统性能和单源三站外辐射源雷达目标探测精度，介绍直达波抑制和多帧信号处理方法。

第 4 章为阵列结构低频信号产生和应用，主要介绍基于阵列结构和多普勒效应的低频信号产生原理和实现方法，给出实验验证结果和应用方向。

第 5 章为衍射光学系统和激光应用，给出衍射光学系统的相控阵解释，介绍其在激光雷达中的应用，阐述相干探测光学合成孔径概念，给出艇载衍射光学系统 ISAL 方案，以及相关实验验证情况。基于艇载大口径衍射光学系统，分析艇载激光通信系统的性能，给出艇载激光雷达水深探测性能分析结果，介绍面阵探测器激光成像和频域稀疏采样激光成像方法。

第 6 章为红外目标探测和相干成像，基于大口径衍射光学系统，分析艇载红外目标探测系统的性能，介绍激光本振红外光谱干涉成像概念，给出艇载 10m 基线 2m 衍射口径红外光谱干涉成像、6.5m 综合孔径干涉成像和 10m 光学合成孔径相干成像三个系统方案，对其天文应用进行展望。

参 考 文 献

[1] Barbier C, Delaure B, Lavie A. Strategic research agenda for high-altitude aircraft and airshipremote sensing applications[C]. MSE-HAAS Workshop,Antwerp, 2006, XXXVI-1: 44-49.

[2] Clark T, Jaska E. Million element ISIS array[C]. IEEE International Symposium on Phased Array Systems and Technology（ARRAY）, Boston, 2010: 29-36.

[3] 董鹏曙, 李宗亭, 张朝伟. 平流层飞艇载综合脉冲孔径雷达系统研究[J]. 雷达科学与技术, 2012, 10(5): 476-480.

[4] 侯颖妮, 李道京, 尹建凤, 等. 基于稀疏综合孔径天线的艇载成像雷达研究[J]. 电子学报, 2008,(12): 2377-2382.

[5] 侯颖妮, 李道京, 洪文. 基于稀疏阵列和压缩感知理论的艇载雷达运动目标成像研究[J]. 自然科学进展, 2009, 19(10): 1110-1116.

[6] 滕秀敏, 李道京. 艇载共形稀疏阵列天线雷达成像研究[J]. 电波科学学报, 2012, 27(4): 644-649, 656.

[7] 李烈辰, 李道京, 黄平平. 基于变换域稀疏压缩感知的艇载稀疏阵列天线雷达实孔径成像[J]. 雷达学报, 2016, 5(1): 109-117.

[8] 田鹤. 频域稀疏雷达三维成像技术研究[D]. 北京: 中国科学院大学, 2018.

[9] 马萌, 李道京, 李烈辰, 等. 正交长基线毫米波 InISAR 运动目标三维成像[J]. 红外与毫米波学报, 2016, 35(4): 488-495.

[10] 周建卫, 李道京, 田鹤, 等. 基于共形稀疏阵列的艇载外辐射源雷达性能分析[J]. 电子与信息学报, 2017, 39(5): 1058-1063.

[11] 周建卫, 李道京, 胡烜. 单源三站外辐射源雷达目标探测性能[J]. 中国科学院大学学报, 2017, 34(4): 422-430.

[12] 许斌, 曲卫, 何永华, 等. 基于导航信号的空间目标无源探测系统性能研究[J]. 科技信息, 2014,(4): 77-78.

[13] 田卫明, 曾涛, 胡程. 基于导航信号的 BiSAR 成像技术[J]. 雷达学报, 2013, 2(1): 39-45.

[14] 秦兆涛, 王俊, 魏少明, 等. 基于目标高度先验信息的多站时差无源定位方法[J]. 电子与信息学报, 2018, 40(9): 2219-2226.

[15] 周强, 姚富强, 施伟, 等. 机械式低频天线机理及其关键技术研究[J]. 中国科学: 技术科学, 2020, 50(1): 69-84.

[16] 施伟, 周强, 刘斌. 基于旋转永磁体的超低频机械天线电磁特性分析[J]. 物理学报, 2019, 68(18): 314-324.

[17] Barani N, Kashanianfard M, Sarabandi K. A mechanical antenna with frequency multiplication and phase modulation capability[J]. IEEE Transactions on Antennas and Propagation, 2021, 69(7): 3726-3739.

[18] Nan T, Lin H, Gao Y. Acoustically actuated ultra-compact NEMS magnetoelectric antennas[J]. Nature Communications, 2017, 8(296): 1-8.

[19] 赵越, 许枫, 李狝. 时间域航空电磁系统回顾及其应用前景[J]. 地球物理学进展, 2017, 32(6): 2709-2716.

[20] 赵攀峰, 袁军行, 成琴, 等. 雷达天线与柱形气囊共形设计与仿真分析[J]. 雷达科学与技术, 2013, 11(1): 97-100.

[21] 张轶江. 充气背腔薄膜天线[J]. 山东工业技术, 2018, (15): 144, 136.

[22] 国外空间薄膜天线发展与应用近况[EB/OL]. https://www.sohu.com/a/436874428_423129 [2020-03-03].

[23] 李道京, 滕秀敏, 潘舟浩. 分布式位置和姿态测量系统的概念与应用方向[J]. 雷达学报, 2014, 2(4): 400-405.

[24] 贺岩, 胡善江, 陈卫标, 等. 国产机载双频激光雷达探测技术研究进展[J]. 激光与光电子学进展, 2018, 55(8): 7-17.

[25] 焦建超, 苏云, 王保华, 等. 地球静止轨道膜基衍射光学成像系统的发展与应用[J]. 国际太空, 2016, (6): 49-55.

[26] 李道京, 朱宇, 胡烜, 等. 衍射光学系统的激光应用和稀疏成像分析[J]. 雷达学报, 2020, 9(1): 195-203.

[27] 汪权东, 陈卫标, 陆雨田, 等. 机载海洋激光测深系统参量设计与最大探测深度能力分析[J]. 光学学报, 2003, (10): 1255-1260.

[28] 王鑫, 潘华志, 罗胜, 等. 机载激光雷达测深技术研究与进展[J]. 海洋测绘, 2019, 39(5): 78-82.

[29] 任智斌, 胡佳盛, 唐洪浪, 等. 10m大口径薄膜衍射主镜的色差校正技术研究[J]. 光子学报, 2017, 46(4): 422004.

[30] 王兵学, 张启衡, 陈昌彬, 等. 凝视型红外搜索跟踪系统的作用距离模型[J]. 光电工程, 2004, (7): 8-11.

[31] He F. Remote sensing of planetary space environment[J]. Chinese Journal, 2020, 65(14): 1305-1309.

[32] 李春来, 张洪波, 朱新颖. 深空探测 VLBI 技术综述及我国的现状和发展[J]. 宇航学报, 2010, 31(8): 1893-1899.

[33] EVN and global VLBI results and images[EB/OL]. http://old.evlbi.org/gallery/images.html [2019-12-13].

[34] 武向平. 射电天文望远镜：FAST 与 SKA[EB/OL]. https://www.sohu.com/a/233364715_313378?_trans_=000019_wzwza[2018-05-29].

[35] "中国哈勃"诞生记-詹虎（中科院国家天文台，北京大学）[EB/OL]. https://www.xcar.com.cn/bbs/viewthread.php?tid=96202852 [2020-07-30].

[36] 刘骏鹏. 薄膜衍射成像系统设计与分析[D]. 哈尔滨：哈尔滨工业大学，2018.

[37] 胡烜，李道京. 10m 衍射口径天基合成孔径激光雷达系统[J]. 中国激光，2018，45(12)：261-271.

[38] 李道京，胡烜，周凯，等. 基于共形衍射光学系统的 SAL 成像探测研究[J/OL]. http://kns.cnki.net/kcms/detail/31.1252.O4.20191106.1403.022.html[2022-08-26].

[39] 朱进一，谢永军. 采用衍射主镜的大口径激光雷达接收光学系统[J]. 红外与激光工程，2017，46(5)：151-158.

[40] 李刚，樊学武，邹刚毅，等. 基于像方摆扫的空间红外双波段光学系统设计[J]. 红外与激光工程，2014，43(3)：861-866.

[41] 杜彦昌，刘韬. 美国验证微透镜干涉光学成像技术应用可行性[EB/OL]. https://www.sohu.com/a/192985510_635792[2017-09-19].

[42] 金国藩，严瑛白，邬敏贤. 二元光学[M]. 北京：国防工业出版社，1998.

[43] 佳能开发出全球首款 100 万像素 SPAD 图像传感器[EB/OL]. https://www.cirmall.com/articles/34266[2020-07-03].

[44] Barber Z W, Dahl J R. Synthetic aperture ladar imaging demonstrations and information at very low return levels[J]. Applied Optics, 2014, 53(24)：5531-5537.

[45] 王海. 相干光通信零差 BPSK 系统的设计[D]. 成都：电子科技大学，2009.

[46] Sun J, Timurdogan E, Yaacobi A, et al. Large-scale nanophotonic phased array[J]. Nature, 2013, 493: 195-199.

[47] 高端装备产业研究中心. 美国侦察预警卫星体系浅析[EB/OL]. https://www.163.com/dy/article/E9RF207J0511DV4H.html[2019-02-26].

第 2 章 主动雷达成像探测

2.1 引　　言

雷达成像技术包括合成孔径雷达(synthetic aperture radar，SAR)成像、逆合成孔径雷达(inverse synthetic aperture radar，ISAR)成像、干涉合成孔径雷达(interferometric synthetic aperture radar，InSAR)成像、干涉逆合成孔径雷达(InISAR)成像和阵列天线雷达成像等几个方面。

由于飞艇体积大，可装载较大尺寸的载荷长时间安全飞行，且其运行费用一般比飞机低 75%～80%。正因为有如上诸多优点，飞艇的研究在第二次世界大战结束短暂地沉寂后又获得了各国的关注。

平流层飞艇巨大的体积和悬停驻留的特点为布设大尺寸天线实现实孔径雷达成像提供了条件，但是大尺寸的天线阵列需要大量的子阵单元和接收通道，且为了扩大观测范围，天线还需要具备扫描功能，于是可以利用稀疏阵列天线来解决以上问题。而飞艇巡航速度慢，形成合成孔径困难。针对该特点，研究了基于后向投影和压缩感知的实孔径天线对地成像方法，但在此基础上，阵列形变与位置的误差又会对成像造成影响，于是阵列形变误差与补偿也需要相关探讨。另外，由于传统的单天线逆合成孔径雷达通常获取的是目标在距离-多普勒(range-Doppler，RD)二维平面的投影图像，无法得到目标在三维空间中的位置和精确的尺寸信息，可利用正交长基线毫米波 InISAR 运动目标三维成像来对其进行分析与解决。

综上，本章内容安排如下：2.2 节主要对艇载稀疏阵列天线雷达系统性能进行分析；2.3 节研究基于压缩感知艇载稀疏阵列天线雷达对地成像；2.4 节则主要分析对阵列形变误差补偿和目标探测；2.5 节研究正交长基线毫米波 InISAR 运动目标三维成像。

2.2 艇载稀疏阵列天线雷达系统性能分析

相比于机载平台，飞艇平台具有体积空间大、工作周期长等一系列优势。20km以上高空的平流层飞艇可长时间驻留，在高空侦察、区域预警和通信服务等领域有着广阔的应用前景[1]。平流层飞艇巨大的体积和悬停驻留的特点为布设大尺寸天线实现实孔径雷达成像提供了条件，但是大尺寸的天线阵列需要大量的子阵单元和接收通道。同时，为了扩大观测范围，天线还需要具备扫描功能。这些因素使得艇载阵列天线雷达系统的体积、重量和复杂度均大幅度增加。对此，可采用稀疏阵列天线缓解上述问题[2]。

本节结合飞艇平台对地观测和对运动目标探测的应用需求，研究艇载稀疏阵列天线雷达中的相关问题；针对雷达探测的不同模式，对有关指标进行分析；针对平流层飞艇体积大等特点，设计基于组合巴克码的共形稀疏阵列；对稀疏阵列天线在共形约束条件下的探测性能进行分析。

2.2.1　组合巴克码共形稀疏阵列

飞艇平台体积较大，为利用大尺寸天线雷达实现实孔径雷达成像对地观测提供了可能。为了降低系统复杂度，减小功耗和体积重量，可采用具有稀疏特点的阵列天线。出于对飞艇本身空气动力学性能的考虑，需要将天线单元能安装在其表面，使天线阵列的表面与其表面吻合，实现共形布设。使用共形天线还具有简化天线安装结构、能够为其他设备预留出更多的安装空间等特点。

巴克码是一种具有良好相关特性的二相码序列，它具有一定的稀疏性，有助于稀疏重建。但巴克码的码长较短，最长只有 13 位，以其序列形式排布的阵列与飞艇平台不匹配，故考虑采用相关特性略差但码长较长的组合巴克码序列排布稀疏阵列。

组合巴克码的生成方式见文献[3]。根据艇载雷达对空间分辨率的要求，综合考虑阵列长度和稀疏率，本章采用由 4 位巴克码[1110]和 11 位巴克码[11100010010]构成的 44 位组合巴克码序列。该序列共有两种形式，第一种是以 4 位巴克码序列作为 11 位巴克码的码元（4×11），第二种是以 11 位巴克码序列作为 4 位巴克码的码元（11×4），其编码序列分别为[11100010010111000100101110001001000011101101]和[11101110111000010001000111100001000111100001]。这两种编码方法所得组合巴克码序列长度均为 44，均有 21 个阵元，稀疏率约 50%，但其自相关序列有所不同，其自相关函数和对应的方向图如图 2.1 和图 2.2 所示。

由图 2.1(b)可知，第一种组合巴克码峰值旁瓣比（peak side lobe rate，PSLR）较低，达−11.82dB。但图 2.1(a)中±11 延迟处的尖峰和图 2.1(b)反映出该序列远区旁瓣较高。由图 2.2 可知，第二种组合巴克码虽然峰值旁瓣比相对较高（−8.8dB），但远区旁瓣较低，更适于对地成像。综合以上分析，本节阵列采用 11×4 形式的 44 位组合巴克码作为稀疏阵列的排布方式。需要说明的是，本节的阵列相对于文献[4]中的稀疏阵列稀疏率较低，但旁瓣、栅瓣情况较好，可在不换取等效满阵的情况下对地成像。

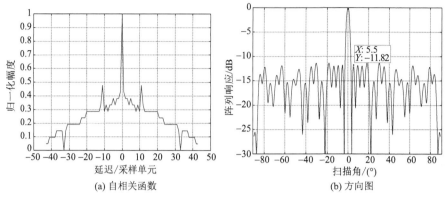

(a) 自相关函数   (b) 方向图

图 2.1   44 位组合巴克码自相关函数与方向图(4×11)

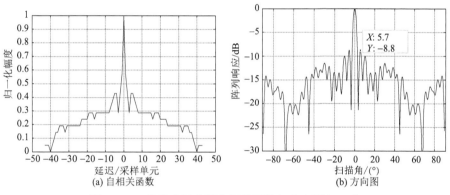

(a) 自相关函数   (b) 方向图

图 2.2   44 位组合巴克码自相关函数与方向图(11×4)

2.2.2   系统方案设计

为了满足艇载雷达对运动目标探测和对地成像观测的需求、降低雷达系统的体积和重量、综合考虑分辨率等因素，一个工作在 Ku 波段、天线与艇身共形稀疏布设的雷达系统应是一个合理的选择。结合组合巴克码阵列，经多方折中考虑确定雷达系统参数和性能指标如表 2.1 所示。

表 2.1   雷达系统参数和性能指标

参数	数值	参数	数值
载频 f_c/GHz	15	脉冲宽度/μs	10
阵元数	21	天线效率/%	50
子阵尺寸/(m×m)	1×0.8	子阵发射带宽/MHz	5
系统损耗 L/dB	6	噪声系数 F_n/dB	3

续表

参数	数值	参数	数值
子阵峰值功率 P_t /W	10	全阵峰值功率/W	210
子阵波束宽度/((°)×(°))	1.37×1.71	目标 RCS σ /m²	3
平台高度 H/km	20	稀疏阵列波束宽度/((°)×(°))	0.03×1.71
雷达作用距离 R/km	30	地物后向散射系数 σ_0 /dB	−14
实孔径顺轨向分辨率/m	6.8	实孔径距离向分辨率/m	1.5

1. 系统组成

雷达系统的子阵天线可采用有源相控阵天线，可由常用的砖块结构或体积小、重量轻的带辐射阵元立体集成的瓦片式结构组成，并采用刚性结构以保证阵面控制精度，子阵尺寸根据飞艇参数选为 1m×0.8m。子阵发射和接收频分(或码分)正交信号，实现全阵收发功能，波束扫描范围可设置为−60°～60°。

由于天线子阵数量和通道数较多，数据量较大，考虑到艇载雷达的实际应用需求，平台应具有一定的实时信号处理能力。信号采集可使用中频采样，相关的实时信号处理硬件结构采用 FPGA(现场可编程逻辑门阵列)+DSP(数字信号处理器)的方式实现，多子阵信号的频率和定时基准采用光纤传输。

由于共形稀疏阵列天线全阵工作在与艇身蒙皮共形的非刚性状态下，为了测量阵列形变，利用安装在子阵天线上的分布式多节点、高精度 POS[5]测量所述天线子阵的相位中心空间位置及其姿态，得到每个子阵在各个时刻的姿态和位置分布信息。有关形变测量及补偿问题将在 2.3.2 节做详细阐述。

综上所述，系统由 21 个子阵(含收发组件、频率合成器、宽带信号产生器、模-数转换器(analog digital converter，ADC)、波控机、惯性测量单元(inertial measurement unit，IMU)和配电单元等)、中央电子设备(含基准频率源、定时器、信号处理器、数据存储器、数据传输设备等)、设备间的光纤和电缆组成。

2. 工作模式

稀疏天线阵列可包含 M 个子阵，占据 N 个空间位置，所有的子阵同时发射和接收正交信号。以 2.1.1 节的组合巴克码阵列为例，当采用该阵列时，M=21，N=44。根据等效相位中心原则，这 M 个子阵可以获得 M_2 个等效相位中心，占据 $2N$−1 个等效相位中心位置。

艇载稀疏阵列天线雷达可工作在地面运动目标探测和实孔径雷达(real aperture radar，RAR)成像两个模式。其中，对运动目标探测的对象为地面和低空目标。不同模式的信号发射如图 2.3 所示，图中 η 代表慢时间。如图 2.3(a)所示，当系统工作在地面运动目标探测模式时，每个子阵 $S_i (i = 1, 2, \cdots, M)$ 在一个脉冲时刻发射不同的正交码分信号。当处理回波信号时，可在脉冲压缩后进行孔径综合和数字波束形成（digital beam forming，DBF），获得等效满阵和窄波束。其中，可使用多脉冲相干积累来提升信噪比，并采用传统的空时自适应处理（space-time adaptive processing，STAP）以实现杂波抑制和进一步的目标探测。

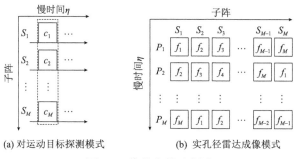

(a) 对运动目标探测模式　　　　　(b) 实孔径雷达成像模式

图 2.3　信号发射示意图

在探测运动目标时，可将 ISAR 的成像处理方法引入处理过程中，用来提高检测目标的信噪比。在此基础上，雷达对远距离目标信号可采用长时间相干积累，对近距离目标信号可采用短时间相干积累，并自动实现一定的灵敏度时间控制（sensitivity time control，STC）功能。在低信噪比条件下探测高速运动目标时，可采用多频信号和双频共轭处理解决高速运动目标回波信号的多普勒模糊问题，并使用 Keystone 变换对运动目标进行距离徙动校正[6]。

除了主动探测，对运动目标探测时，也可以采用被动模式。此时，雷达处于寂静状态，利用地面合作源信号，接收目标反射的信号，稀疏阵列天线雷达工作在接收状态。

图 2.3(b) 给出了实孔径雷达成像模式的信号发射方案。每个脉冲时刻，每个子阵 S_i 发射不同中心频率 f_k 的信号：

$$f_k = f_c + \left(k - \frac{M+1}{2} \right) B_s, \quad k = 1, 2, \cdots, M \tag{2.1}$$

其中，f_c 为系统中心频率；B_s 为子带带宽。每个子阵在不同脉冲重复周期发射不同中心频率的信号 $P_i (i = 1, 2, \cdots, M)$。经过 M 个脉冲重复周期，所有频率的信号均轮发一遍。在成像处理时，补偿等效相位中心的相位误差，对每个频率信号实施孔径综合，获取等效满阵的信号进行成像。最后，在图像域通过相干叠加提高距离分辨率。

当孔径综合后获得的等效相位中心无法与满阵等效时，可使用压缩感知方法，根据稀疏阵列构型和脉冲压缩后的信号形式，构造基矩阵，并通过相应的优

化方法重建场景。基于压缩感知的艇载稀疏阵列雷达对地成像将在 2.2 节进一步
展开讨论。

　　为了扩大照射幅宽，可引入 SweepSAR 的相关概念。SweepSAR 通过发射一
个宽波束并接收窄的波束推扫以获得更大的幅宽，结合 DBF 的 SweepSAR 可以
以较小的代价提供远大于传统模式的覆盖。

　　如图 2.4 所示，和 SweepSAR 相似，由于飞艇平台运动速度较慢，系统对脉
冲重复频率(pulse repetition frequency，PRF)的要求较低，可提高脉冲重复频
率。稀疏阵列天线雷达系统可使用多个窄波束在交轨方向推扫以获取大幅宽，从
而在保证顺轨向分辨率的同时满足飞艇悬停和低速的特点。

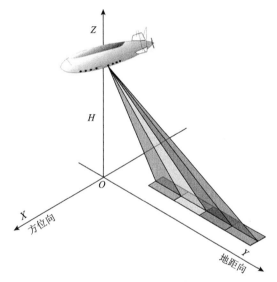

图 2.4　波束扫描示意图

3. 波束扫描范围和数据传输率

1) 方位向

　　稀疏阵列天线雷达系统每个子阵长 1m，全阵可达 44m。那么，方位向波束
宽度为 1.37°。设方位向扫描范围为-60°～60°，则需要 90 个波驻位置。若每个
波驻位置上需要驻留 16ms，90 个波驻位置需要 1440ms，约等于 1.5s。

2) 俯仰向

　　假设平流层飞艇悬停在 20km 高度处，与 100km 斜距相对应，在俯仰向天线
法线与水平面的夹角为-11.5°。考虑初始安装角为-20°，俯仰向扫描范围确定为
-45°～5°(根据作用距离可分档设置)。设俯仰向的波束宽度为 1.71°，则需要 30 个
波驻位置，30 个波驻位置需要 0.5s。

综合两个方向的数据，方位向与俯仰向共需 2700 个波驻位置，扫描一个周期的时间约为 145s。

2.2.3 稀疏阵列信噪比分析

将上述 44 位组合巴克码排布的稀疏阵列子阵在直线上的位置(图中红色点)，分别投影到三叶玫瑰线(蓝色曲线)上，来获得与艇身底部共形的稀疏阵列天线布局(红色圆圈)，根据等效相位中心原则，可获取 21 组等效相位中心(蓝色点)。根据相位差最小的原则，选取对应的等效相位中心(绿色圆圈)，形成孔径综合后的阵列。其投影方式和阵列布局情况如图 2.5 所示。

艇身三叶玫瑰线的极坐标形式为

$$r = a\sin(3\theta) \tag{2.2}$$

传统意义上的密集阵列天线雷达的作用距离分析和计算方法较为成熟，由于天线阵列的布设方式不同，需对稀疏阵列天线雷达的性能进行分析。下面针对稀疏阵列天线雷达不同的工作模式，分别就对地面运动目标探测和实孔径雷达成像的性能进行分析。

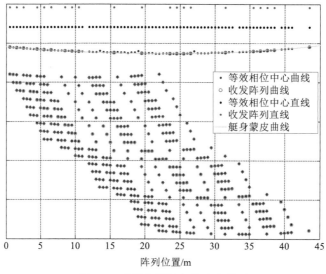

图 2.5 天线和等效相位中心位置

1. 地面运动目标探测模式

要获得良好的运动目标检测性能和成像质量，信噪比是非常重要的一项指标。根据雷达方程，单脉冲信噪比公式可表示为

$$SNR = \frac{P_t \sigma A_e^2 \tau}{4\pi R^4 \lambda^2 L k T_s F_n} \tag{2.3}$$

其中，玻尔兹曼常量 $k=1.38\times10^{-23}$J/K；T_s 在常温下约为 290K；A_e 为子阵有效孔径面积；P_t 为峰值功率；τ 为脉冲宽度；σ 为 RCS；L 为系统损耗；F_n 为噪声系数；R 为雷达和目标间的距离；λ 为波长。根据式(2.3)，当单个子阵自发自收，实现宽发宽收时，假设电效率为 20%，则子脉冲信噪比 $SNR_{ref1} = -11.28$dB。当一个子阵发射，21 个子阵密集排布接收，采用接收 DBF 处理实现宽发窄收时，接收增益可提高约 13.2dB，系统信噪比为

$$SNR_{ref2} = SNR_{ref1} +13.2 = 1.92 \,(dB) \tag{2.4}$$

当使用 21 个子阵同时发射和接收信号时，等效阵列长度提升一倍，等效天线增益可提升 3dB，密集阵孔径综合后获得的系统信噪比为

$$SNR_{dense} = SNR_{ref2} +3 = 4.92 \,(dB) \tag{2.5}$$

稀疏阵列和密集阵列相比，稀疏阵列的等效长度提高了 2 倍，稀疏阵列使用了 80 个等效相位中心，而密集阵列只使用了 40 个等效相位中心，稀疏阵孔径综合后获得的系统信噪比为

$$SNR'_{sparse} = SNR_{dense} + 3 = 7.92 \,(dB) \tag{2.6}$$

对稀疏阵列一次孔径综合后，剩余的等效相位中心还可组成两组近似满阵的阵列，系统信噪比为

$$SNR_{sparse} \approx SNR'_{sparse} + 4.78 = 12.7 \,(dB) \tag{2.7}$$

事实上，对密集阵列做孔径综合时，由于大多数等效相位中心被弃置，存在能量被严重浪费的问题，故对密集阵列使用孔径综合并不合适。当密集阵列使用码分信号时，对不同的码分信号应直接使用相干积累，此时密集阵通过相干积累获得的系统信噪比为

$$SNR'_{dense} = SNR_{ref2} +13.2 = 15.12 \,(dB) \tag{2.8}$$

上述分析表明，在宽发窄收条件下，使用稀疏阵列获得的信噪比比密集阵列情况低 2dB 左右，可用于运动目标探测。

2. 实孔径雷达成像模式

对于对地实孔径雷达成像模式，信噪比公式可以表示为

$$\mathrm{SNR} = \frac{P_{\mathrm{t}} A_{\mathrm{e}}^2 \sigma_0 \delta_{\mathrm{r}} \tau}{4\pi R^3 \lambda L k T_{\mathrm{s}} F_{\mathrm{n}} L_{\mathrm{a}} \sin \theta} \tag{2.9}$$

其中，L_{a} 为天线的顺轨向尺寸；σ_0 为地物后向散射系数；δ_{r} 为采用频分信号实现多输入多输出的合成带宽对应的距离向分辨率。将表 2.1 的参数值代入式(2.9)，可得实孔径雷达成像的信噪比为 SNR=14.20dB，满足对地成像的需要。

以上对组合巴克码稀疏阵列天线雷达的性能分析表明，在宽发窄收条件下，相比于密集阵列天线，稀疏阵列天线雷达在运动目标探测模式下的信噪比降低了约 2dB，但对应的空间分辨率提高了 2 倍，易于实现对运动目标的探测。其对地成像的信噪比也可达到要求，可以用来实现实孔径雷达成像。

实际工作中，在地面运动目标探测模式下，为保证最大作用距离，也可不使用孔径综合，以避免孔径综合带来的信噪比降低问题。

2.3　基于压缩感知的艇载稀疏阵列天线雷达对地成像

对于目前 SAR 成像主要采用基于快速傅里叶变换(fast Fourier transform，FFT)的频域算法，如 Chirp Scaling 算法、ω-k 算法等，这些算法具有运算效率高等优点，但要求天线相位中心(antenna phase center，APC)的运动轨迹或阵列为理想直线。而 2.1 节中设计的基于组合巴克码的共形稀疏阵列天线，由于子阵非直线布设，且飞艇巡航速度慢，不易形成直线合成孔径，给传统的成像方法带来了困难。

由于大气扰动、载荷平台自身性能等因素的影响，其运动轨迹也不可能是理想的直线，而引入的相位误差，会严重影响 SAR 的成像质量。传统 SAR 成像为了降低非直线运动带来的影响，通常在成像过程中实施高精度的运动补偿，去除实际轨迹和理想直线轨迹之间的相位差，从而获得高质量的 SAR 图像。

但在实际中，平台的运动轨迹很复杂，和理想直线中可能存在较大偏差，此时运动补偿中的近似处理难以准确地校正运动误差，导致成像质量降低[7]。除此之外，频域算法通常基于场景中心参考点进行成像，运动轨迹复杂时，对非参考点容易引起失配，导致图像散焦，这种情况在场景较大时尤为显著。对于共形稀疏阵列，其本身的布设由飞艇平台的蒙皮决定，且飞艇飞行时艇身会产生较大的形变，APC 分布和理想直线存在较大差别。显然，使用基于运动补偿处理的频域算法会引入模型误差。

后向投影算法是一种精确的时域成像算法，其处理过程中不存在雷达和目标间的斜距近似误差，适用于非直线阵列的成像。由于阵列稀疏布设，会引入高的旁瓣和栅瓣。为此，利用飞艇悬停的特点，可以引入交轨干涉去除随机初始相位的相关概念，对前后不同时刻两次脉冲的成像结果进行干涉处理，去除分辨单元的随机初始相位，使图像在变换域稀疏。建立回波与变换域系数的数学关系，引入压缩感知(compressive sensing, CS)理论，可以求解变换域系数并反变换获得图像，完成对地成像。

本节针对飞艇平台，研究共形稀疏阵列天线雷达对地成像的问题，并分析阵列形变误差的影响和不同形式正交信号的适用性。

2.3.1　信号处理方法

艇载共形稀疏阵列天线雷达系统的成像几何模型如图 2.6 所示。X-Y(方位向-地距向)平面为成像平面，稀疏阵列天线沿 X 轴方向分布在艇身底部，即共形稀疏阵列天线分布在 X-Z 平面，飞艇悬停高度为 H。

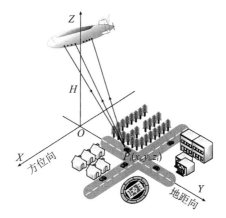

图 2.6　艇载共形稀疏阵列天线雷达系统成像几何模型

由于子阵天线位于 Y=0 的 X-Z 平面中，可令第 m 个子阵的空间位置为 r_m (μ_m, 0, w_m)。假设该子阵发射的信号为 $p_m(t)$，被观测场景中第 i 个散射点的空间位置为 $P_i(x_i, y_i, z_i)$，那么由第 m 个子阵发射第 n 个子阵接收的回波信号可以表达为

$$s(t, r_m, r_n) = \sum_m \sum_i \sigma_i p_m(t - \tau(r_m, r_n, P_i)) \tag{2.10}$$

其中，m, n = 1, 2,···, M；$\tau(r_m, r_n, P_i)$ 为信号从发射子阵 r_m 经散射点 P_i 至接收子阵 r_n 的延时：

$$\begin{cases} \tau(r_m, r_n, P_i) = (R(r_m, P_i) + R(r_n, P_i)) / c \\ R(r_m, P_i) = \sqrt{(u_m - x_i)^2 + y_i^2 + (w_m - z_i)^2} \\ R(r_n, P_i) = \sqrt{(u_n - x_i)^2 + y_i^2 + (w_n - z_i)^2} \end{cases} \tag{2.11}$$

如前所述，由于本章中所用阵列呈曲线分布，并且阵列较长，为了避免复杂的相位中心补偿和距离徙动校正处理，结合反向传播(back propagation，BP)算法的思想，本章利用压缩感知理论直接对回波信号(方位向-地距向)进行二维联合处理。若数据量过大，则可在未来的工作中考虑二维解耦的问题。下面详细介绍运用压缩感知方法实现地面场景重建的过程。

将待重建的图像区域划分为 $N_x \times N_y$ 个网格单元，每个单元代表一个散射点。假设第 i 行第 j 列散射点 $P_{ij}(x_i, y_j, 0)$ 的散射系数为 σ_{ij}，则待重建图像可以表示为

$$\boldsymbol{\sigma} = [\sigma_{11} \cdots \sigma_{1N_y}\ \sigma_{21} \cdots\ \sigma_{2N_y} \cdots \sigma_{N_x 1} \cdots \sigma_{N_x N_y}]^{\mathrm{T}} \tag{2.12}$$

将快时间 t 离散化，令 $\boldsymbol{t} = [t_1\ t_2\ \cdots\ t_{N_r}]^{\mathrm{T}}$，其中 N_r 为距离向采样点数，则第 m 个子阵发射所有子阵接收的回波信号构成的观测数据可表示为

$$\boldsymbol{y}_m = [s(\boldsymbol{t}, r_m, r_1)^{\mathrm{T}}\ s(\boldsymbol{t}, r_m, r_2)^{\mathrm{T}}\ \cdots\ s(\boldsymbol{t}, r_m, r_M)^{\mathrm{T}}]^{\mathrm{T}} \tag{2.13}$$

根据回波信号的生成方式，对场景中的每个点构造回波，即可形成大小为 $MN_r \times N_x N_y$ 的观测矩阵 $\boldsymbol{\Phi}_m$：

$$\boldsymbol{\Phi}_m = \begin{bmatrix} p_m(t - \tau_1(r_m, r_1)) \\ p_m(t - \tau_2(r_m, r_2)) \\ \vdots \\ p_m(t - \tau_M(r_m, r_M)) \end{bmatrix} \tag{2.14}$$

其中

$$
\begin{aligned}
&p_m\left(t - \tau_l\left(r_m, r_l\right)\right) \\
&= \left[p_m\left(t - \tau\left(r_m, r_l, P_{11}\right)\right) \cdots p_m\left(t - \tau\left(r_m, r_l, P_{1N_y}\right)\right) \cdots p_m\left(t - \tau\left(r_m, r_l, P_{N_x N_y}\right)\right)\right]
\end{aligned} \tag{2.15}
$$

其中，$l = 1, 2, \cdots, M$。

综合式(2.14)，可得回波与场景之间的观测方程为

$$\boldsymbol{y}_m = \boldsymbol{\Phi}_m \boldsymbol{\sigma} \tag{2.16}$$

前面的章节已经提到，由于目标在空间的分布通常是连续的，其图像应具有可压缩性，可以被稀疏表示。但 SAR 图像通常为复数，其分辨单元的尺度通常远大于波长量级，由此形成的散射单元随机初始相位使 SAR 复图像频谱较宽，其复图像难以稀疏表示，这使得 CS 无法直接求解。

然而，飞艇悬停驻留的特点，为图像的稀疏表示创造了条件，可以将干涉重构处理应用到方位向。利用前后两个不同时刻的脉冲对场景分别进行实孔径雷达

成像，可获得两幅地物的复图像。由于飞艇的速度较慢，前后两次两幅图像获得的相位基本相同，可对双脉冲成像的结果进行干涉操作，消除散射单元的随机初始相位。使用 BP 算法对第二个脉冲时刻的信号进行成像，可获得图像的相位 $\boldsymbol{P}$。那么，待重建的图像可以表示为

$$\boldsymbol{\sigma} = \boldsymbol{P}\boldsymbol{\sigma}_{\mathrm{new}} \tag{2.17}$$

其中，$\boldsymbol{\sigma}_{\mathrm{new}}$ 为去除分辨单元随机初始相位后的新图像，其在变换域是稀疏的，即可以表示为

$$\boldsymbol{\sigma}_{\mathrm{new}} = \boldsymbol{F}\boldsymbol{\alpha} \tag{2.18}$$

其中，$\boldsymbol{F}$ 为傅里叶逆矩阵(本章的变换域选为频域)；$\boldsymbol{\alpha}$ 为新图像 $\boldsymbol{\sigma}_{\mathrm{new}}$ 的频谱，是稀疏的。综合式(2.16)～式(2.18)，可得

$$\boldsymbol{y}_m = \boldsymbol{\Phi}_m \boldsymbol{P}\boldsymbol{F}\boldsymbol{\alpha} \tag{2.19}$$

由于 $\boldsymbol{\alpha}$ 是稀疏的，可以使用 CS 理论中的稀疏重建算法求解 $\boldsymbol{\alpha}$，并进行傅里叶逆变换获得待重建的场景 $\boldsymbol{\sigma}$。由于相关文献已证明干涉后的 SAR 复图像在频域是稀疏的，故本章的变换域选为频域，即 $\boldsymbol{F}$ 选为傅里叶逆矩阵。其他变换域，如小波域，本方法也适用，关于干涉重构处理后图像的稀疏表示问题值得进一步研究[8]。需要说明的是，由于有 M 个接收子阵，可以获得 M 个如式(2.19)所示的方程。根据工作模式的不同，可将这 M 个方程分别求解后对 M 个解进行相干累加获得最终结果，以提升图像信噪比；或者联合 M 个方程式求解 $\boldsymbol{\sigma}$，获取高分辨率的图像。

2.3.2　阵列形变误差估计

由于飞艇体积较大，阵列天线的尺寸也较大。在平台运动时，稀疏阵列天线的形变是难以避免的，因此，有必要分析阵列形变误差对成像的影响，并研究对应的补偿方法。

使用 POS 可获得子阵的位置信息。由于各个子阵的姿态稳定控制方式不同，每个子阵都需使用 POS，并与其惯性测量单元固联，形成一个分布式的多节点 POS。从系统工程的角度考虑，在飞艇平台上独立地同时使用多个 POS 显然是不合理的。

为了更有效地利用分布式 POS 的信息，在此使用曲线拟合方法，联合处理多个 POS 的信息。假定飞艇在平流层飞行时整个共形阵列会产生低阶形变，而阵列位置误差可以利用分布式 POS 测量得到。那么，对测量值进行多项式拟

合，就可联合处理多个 POS 的数据，估计出整个天线阵列的形变情况，以减小阵列位置误差对成像的影响。

其中，阵列形变误差的拟合可使用最小二乘(least square，LS)估计。最小二乘估计将估计问题归结为直接利用观测数据进行优化处理，其优化准则是使观测数据与假设信号模型之间误差的平方和最小。因此，最小二乘估计方法无须对观测数据做任何概率或统计的描述，只需要被估计量的观测模型。

用矢量参量 $\boldsymbol{\theta} = [\theta_1\ \theta_2\ \cdots\ \theta_m]^{\mathrm{T}}$ 表示待估计的 m 个参量，已得到 $\boldsymbol{\theta}$ 的 L 次观测为

$$x[n] = s[n;\theta] + w[n], \quad n = 0,1,\cdots,L-1 \tag{2.20}$$

其中，第 n 次的观测矢量 $\boldsymbol{x}[n]$、信号模型矢量 $\boldsymbol{s}[n;\theta]$ 以及观测噪声矢量 $\boldsymbol{w}[n]$ 同维，然而每次观测的维数不一定相同，第 n 次观测的维数记为 n_k。令

$$s[\theta] = \begin{bmatrix} s[0;\theta] \\ s[1;\theta] \\ \vdots \\ s[L-1;\theta] \end{bmatrix} \tag{2.21}$$

则式 (2.20) 可以写为

$$x = s[\theta] + w \tag{2.22}$$

其中，$\boldsymbol{x}$ 为 $N = \sum_{k=0}^{L-1} n_k$ 维的矢量，$\boldsymbol{s}[n;\theta]$ 和 $\boldsymbol{w}$ 为与 $\boldsymbol{x}$ 同维的矢量。考察以下性能指标：

$$J(\theta) = (x - s[\theta])^{\mathrm{T}}(x - s[\theta]) \tag{2.23}$$

使式 (2.23) 中的 $J(\theta)$ 最小的 $\boldsymbol{\theta}$ 称为最小二乘估计量，记为 θ_{ls}；$J_{\min} = J(\theta_{\mathrm{ls}})$ 称为最小二乘估计误差的最小值[9]。根据该准则，可求得

$$\hat{\boldsymbol{\theta}} = \left(\boldsymbol{S}\boldsymbol{S}^{\mathrm{T}}\right)^{-1}\boldsymbol{S}^{\mathrm{T}}\boldsymbol{x} \tag{2.24}$$

其中，$\boldsymbol{S}$ 为映射 s 对应的矩阵，即 $s(\theta) = \boldsymbol{S}\theta$。当使用最小二乘估计阵列形变时，观测量 $\boldsymbol{x}$ 为由 POS 测量获得的位置信息，信号模型矢量 $\boldsymbol{s}$ 为拟合多项式，待估计参量 $\boldsymbol{\theta}$ 为多项式系数，$\hat{\boldsymbol{\theta}}$ 为最后估计得到的多项式系数。根据 J 最小的原则，可获得多项式系数的估计值，从而得到整个阵列形变的估计值。将阵列位置 r_m 的估计值代入式 (2.23) 中，去除了 POS 数据测量时的高频误差，可以有效地减小阵列位置误差对成像的影响。

2.3.3　实验和讨论

1. 圆锥场景仿真

本节给出仿真数据的成像结果，以验证本章方法的有效性。本节仿真中，采用基于 $L_{1/2}$ 范数的最优化方法[10]求解变换域系数，然后进行傅里叶逆变换获得图像。图 2.7 显示了仿真圆锥场景。在此选用一个包含椭圆锥的场景而非点目标场景（空间稀疏）来进行仿真实验。仿真的圆锥高为 50m，椭圆锥长轴为 100m，短轴约 40m，位于 100m×280m（方位向×地距向）的平面上。圆锥的后向散射系数为1，地面的后向散射系数为 0.3。仿真采用单输入多输出（single input multiple output，SIMO）模式，即 2.2.1 节所述的共形稀疏阵列中第一个子阵发射线性调频信号，所有 21 个阵元接收信号，线性调频信号形式如下：

$$p_m(t) = \text{rect}\left[\frac{t}{T_{\text{p}}}\right] \cdot \exp\left[\text{j}2\pi\left(f_m t + \frac{k_{\text{r}}}{2}t^2\right)\right] \tag{2.25}$$

其中，f_m 为第 m 个子阵发射信号的中心频率；k_{r} 为调频率。发射信号的带宽设为100MHz。为了减小数据量，脉冲宽度 T_{p} 设为 1μs，此时观测矩阵的大小约为5000×35000，其余参数详见表 2.1。

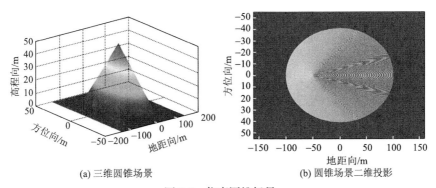

(a) 三维圆锥场景　　　　　　　　　　(b) 圆锥场景二维投影

图 2.7　仿真圆锥场景

图 2.8 显示了 SIMO 模式下分别采用满阵（44 个子阵）BP 成像、稀疏阵列（21个子阵）BP 成像和稀疏阵列 CS 成像的结果。图 2.9 为同样条件下添加噪声后的成像结果，单脉冲信噪比为 10dB。从满阵成像的结果可以得出，基于飞艇的共形曲线阵列的构型良好，可以有效聚焦。从稀疏阵列的成像结果可以看出，在同样条件下，使用基于 CS 的成像方法，可以有效降低旁瓣的影响，正确地重建场景，而传统的 BP 方法则不行。虽然仍有一定的旁瓣干扰，但使用 CS 方法在稀疏阵条件下可以获得与满阵成像接近的效果。

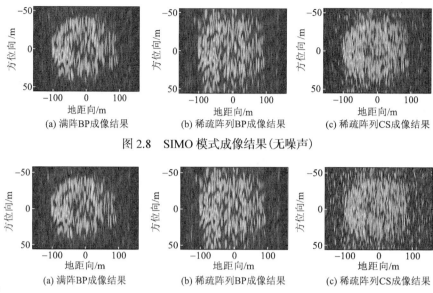

(a) 满阵BP成像结果　　　(b) 稀疏阵列BP成像结果　　　(c) 稀疏阵列CS成像结果

图 2.8　SIMO 模式成像结果(无噪声)

(a) 满阵BP成像结果　　　(b) 稀疏阵列BP成像结果　　　(c) 稀疏阵列CS成像结果

图 2.9　SIMO 模式成像结果(SNR=10dB)

由于 SIMO 阵列的等效阵长只有满阵的一半，该模式下方位向分辨率较低
(约 14m)，成像结果不易直观反映目标场景的信息，故仿真实验又给出了多输入
多输出(multiple input multiple output，MIMO)模式下的成像结果，即每个子阵自
发自收同一频率的线性调频信号。此时，等效阵长与满阵相同，方位向分辨率为
6.8m，不同信噪比下的成像结果如图 2.10 和图 2.11 所示。由图可见，采用本章方法

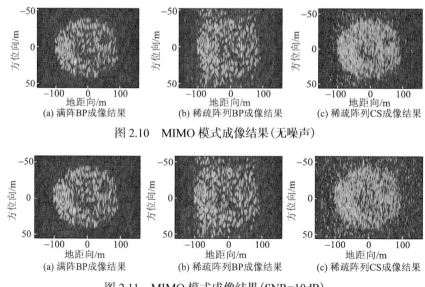

(a) 满阵BP成像结果　　　(b) 稀疏阵列BP成像结果　　　(c) 稀疏阵列CS成像结果

图 2.10　MIMO 模式成像结果(无噪声)

(a) 满阵BP成像结果　　　(b) 稀疏阵列BP成像结果　　　(c) 稀疏阵列CS成像结果

图 2.11　MIMO 模式成像结果(SNR=10dB)

对稀疏阵列成像可达到接近满阵成像的效果。为了更准确地评价本章方法，在此使用均方误差(mean square error，MSE)来比较重建图像的质量。使用真实场景的图像做参考，分别与满阵 BP、稀疏阵列 BP 和稀疏阵列 CS 成像方法的结果进行比较，具体结果如表 2.2 所示。

表 2.2　重建图像评价结果

项目		满阵 BP 成像方法	稀疏阵列 BP 成像方法	稀疏阵列 CS 成像方法
SIMO 模式 MSE	无噪声	0.1430	0.2553	0.1431
	SNR = 10dB	0.1431	0.2572	0.1552
MIMO 模式 MSE	无噪声	0.1411	0.2496	0.1344
	SNR = 10dB	0.1422	0.2498	0.1465

从表 2.2 中数据可以看出，本章基于 CS 的方法在稀疏阵列条件下，可获得接近传统 BP 方法满阵成像的效果，其成像误差明显小于稀疏阵列条件下的 BP 成像结果。由于阵型、变换基等因素的影响，一些成像结果存在高旁瓣的影响。但综合来看，基于 CS 的方法远优于稀疏阵列 BP 的成像效果。需要注意的是，CS 方法易受到噪声的影响，本章仿真中噪声水平较低的情况下，图像质量已受到一定影响。本章方法如何应用到低信噪比条件下，值得进一步研究。

为了验证 2.3 节阵列形变误差估计方法的正确性，在以上仿真的基础上，加入最大形变为 0.2m 的三阶形变误差，设测量误差服从均值为 0、均方根为 2.5mm 的高斯分布，在 MIMO 模式下对圆锥场景进行了实验。

使用本章基于 CS 的方法，分别使用形变测量值和拟合后的形变值对圆锥场景进行成像。图 2.12 显示了两种情况下的成像结果。从图中可以看出，本章基于 CS 的方法，适用于阵列存在一定形变且测量误差较小的情况。有关阵列误差对

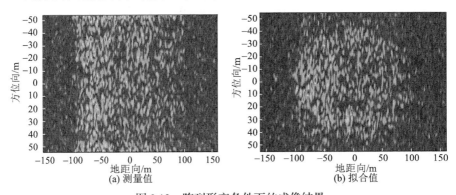

图 2.12　阵列形变条件下的成像结果

成像的影响将在后面进行深入探讨。

2. 阵列形变误差分析

本部分就阵列形变和测量误差对成像的影响展开详细的分析。实验采用MIMO 模式，对圆锥场景进行仿真。场景中圆锥的后向散射系数为 1，地面的后向散射系数为 0。仿真中其他参数和 2.2.3 节中的相同。

实际中，阵列天线在 X、Y、Z 三个方向均存在形变。为了简化计算，仿真中固定了阵列在 X 方向的位置(无形变)，假设整个天线阵列只在 Y 方向和 Z 方向存在形变，且形变最大幅度相同。令 D 为形变的最大幅度，在每个子阵上设置 POS，并假定其测量 MSE 为 σ_D，服从高斯分布。为了避免稀疏采样对分析带来的影响，仿真采用满阵，阵型按前面曲线等间隔共形布设。

首先，对形变最大幅度 $D=0.2\text{m}$ 的情况进行仿真。图 2.13(a)显示了无形变时的成像结果，图 2.13(b)则为最大形变 $D=0.2\text{m}$ 时无测量误差得到的成像结果。从成像结果可以看出，在无测量误差时，0.2m 的形变对成像影响不大。图 2.13可作为参考以评判存在测量误差对成像结果的影响。

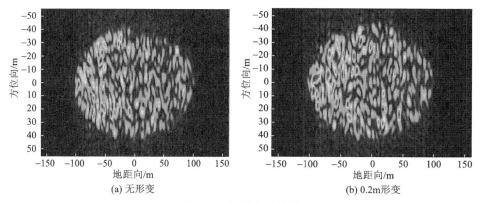

(a) 无形变　　　　　　　　　　　　(b) 0.2m形变

图 2.13　满阵成像结果

图 2.14～图 2.16 分别显示了 $\sigma_D=10\text{mm}$(1/2 波长)、$\sigma_D=5\text{mm}$(1/4 波长)和$\sigma_D=2.5\text{mm}$(1/8 波长)时的仿真结果。仿真中，假设阵列形变为三阶多项式，采用五阶多项式对测量值进行拟合。图 2.14～图 2.16 中，图 2.14(a)为地距向的形变测量值、真实形变值和拟合值。由于高程向(Z 方向)的拟合过程和地距向(Y 方向)类似，故图中不再显示高程向的结果。图 2.14(b)显示了地距向和高程向两个方向拟合后的误差以及子阵到场景中心的斜距差。图 2.14(c)为存在测量误差时使用测量值直接成像的结果。图 2.14(d)显示了使用拟合后的位置信息成像的结果。

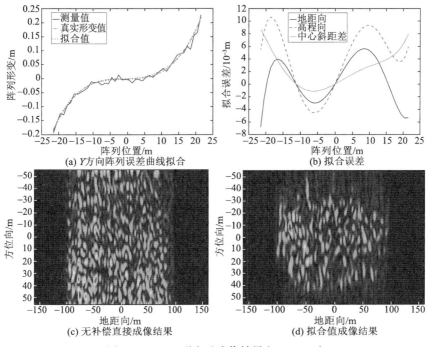

图 2.14　0.2m 形变及成像结果 (σ_D=10mm)

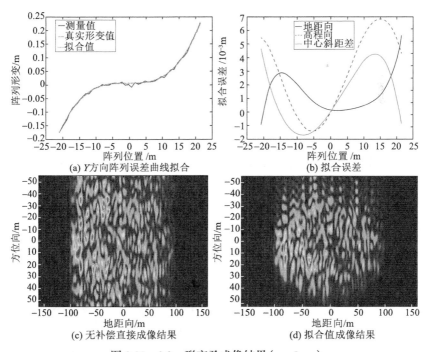

图 2.15　0.2m 形变及成像结果 (σ_D=5mm)

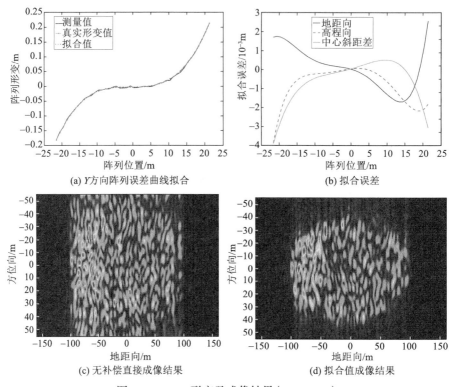

(a) Y方向阵列误差曲线拟合　　　　　　　　(b) 拟合误差

(c) 无补偿直接成像结果　　　　　　　　(d) 拟合值成像结果

图 2.16　0.2m 形变及成像结果(σ_D=2.5mm)

　　从成像结果可以看出，当 POS 存在测量误差时，若直接使用 POS 测量数据进行成像，则图像会产生严重的散焦现象，无法重建场景。当测量 MSE σ_D 达到 1/2 波长时，曲线拟合后拟合结果仍然和真实形变值存在较大差距，在阵列边缘的拟合结果和真值之差仍能达到 1/2 波长量级，成像结果对比度低，图像质量差。

　　随着测量 MSE 的减小，拟合误差也逐渐减小，图像质量提升。当测量 MSE σ_D 达到 1/4 波长时，图像虽然仍然存在散焦，但图像对比度较图 2.14 已经有了明显的提升，成像结果已经能反映图像场景的特征。当 σ_D 减小至 1/8 波长时，拟合误差进一步减小，特别是在阵列中间部分，拟合后的 POS 信息和真值基本相同。从图 2.16 也可以看出，使用拟合值的成像结果和图 2.13 中无误差的成像结果已非常接近。

　　表 2.3 列出了不同条件下成像结果的图像指标，在此使用图像熵和 MSE 来比较成像结果和理想参考圆锥场景的差距。其中，真实场景的图像熵为 6.4795，而图 2.13 中两种情况的图像熵分别为 6.1702 和 6.3229，和真实场景之间的 MSE 分别为 0.1483 和 0.1507。表中数据也验证了以上从仿真图像结

果中得到的结论。当测量误差较大时，由于图像散焦严重，其图像对比度低，图像熵较大，误差较大。随着测量误差的减小，拟合精度和图像质量均会提升。

实际情况中，阵列形变的幅度可能会更大。为了分析更大形变对成像带来的影响，令形变最大幅度 $D=0.4\mathrm{m}$，对同一场景进行了对比实验。

从 $D=0.4\mathrm{m}$ 的实验可以得出，形变幅度增大对成像的影响并不显著，成像质量和拟合精度仍主要取决于 POS 测量误差。如图 2.17 所示，当直接使用测量值时，图像仍然无法聚焦；由于测量误差较大，拟合误差较大，甚至引入了方位位置偏移。对比图 2.17～图 2.19，随着 MSE 减小，图像质量逐渐提高。当 σ_D 减小至 1/8 波长时，拟合后的位置信息已和真值非常接近，对成像带来的影响较小，可以进一步进行成像。

对拟合后的剩余误差，可以使用相位梯度自聚焦(phase gradient autofocus，PGA)等算法进行聚焦处理，进一步提升图像质量。

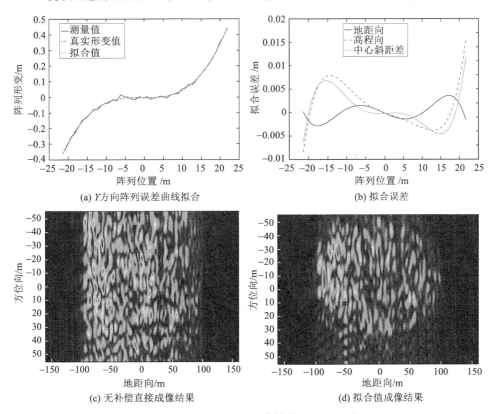

(a) Y方向阵列误差曲线拟合　　　　　　　　(b) 拟合误差

(c) 无补偿直接成像结果　　　　　　　　(d) 拟合值成像结果

图 2.17　0.4m 形变及成像结果(σ_D=10mm)

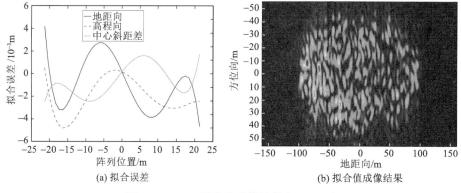

(a) 拟合误差　　　　　　　　　(b) 拟合值成像结果

图 2.18　0.4m 形变及成像结果(σ_D=5mm)

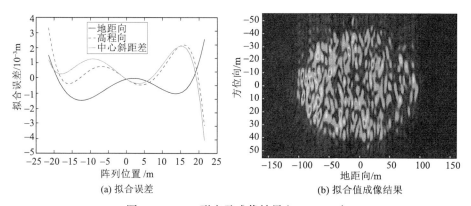

(a) 拟合误差　　　　　　　　　(b) 拟合值成像结果

图 2.19　0.4m 形变及成像结果(σ_D=2.5mm)

表 2.3　不同形变的成像结果误差

形变	指标	10mm	5mm	2.5mm
0.2m	图像熵	7.4748	6.8879	6.3250
	MSE	0.1798	0.1567	0.1485
0.4m	图像熵	6.7545	6.1504	6.3140
	MSE	0.1986	0.1767	0.1488

3. 正交信号成像分析

2.3.3 节对 SIMO 模式下系统成像性能进行了仿真,但成像分辨率较 MIMO 模式低。为进一步提高成像分辨率,需考虑使用正交信号实现多输入多输出,本章在此简单地分析不同正交信号(频分信号、码分信号和正交频分复用 (orthogonal frequency division multiplexing,OFDM)Chirp 信号)在对地成像时的性能及特点,为本章方法的适用性提供参考。

本章使用了频分信号 MIMO 模式，该信号正交性较好，且对多普勒频移不敏感。但在使用频分信号时，需要在不同脉冲时刻轮流发射不同子带信号等效换取等效相位中心(effective phase center，EPC)(即 2.2.3 节分析的情况)，无法在一个脉冲时刻获取等效满阵阵长，不适合强调时间要求的场合。

若采用码分信号，则不需要轮发不同频率的子带信号，使用单脉冲即可获得等效满阵阵长，从而实现实孔径雷达成像。在此以 Gold 码为例分析码分信号的特点。Gold 码由 m 序列优选对生成[11]，当寄存器阶数 n 增加时，Gold 码序列的数量远多于 m 序列的数量。而且 Gold 码序列具有良好的自相关特性和互相关特性，适合在多输入多输出系统中使用。Gold 码的互相关函数为如下三值函数：

$$R_{a,b} = \begin{cases} -1/p \\ -t/p \\ (t-2)/p \end{cases} \tag{2.26}$$

其中，$p=2n-1$，为 Gold 码长。当 n 为奇数时，$t=2^{(n+1)/2}+1$；当 n 为偶数且不是 4 的整倍数时，$t=2^{(n+2)/2}+1$。从式(2.26)可以看出，互相关值随着阶数 n 的增加而减小。码长越短，码间串扰越大，成像质量受到的影响越严重。以 $n=6$ 为例，其相关函数如图 2.20 所示。此时码长 $p=63$，$\max|R_{a,b}|=0.2698$，约 -11dB 的码间串扰在对地成像中是无法接受的。而当 $n=11$，码长达到 2047 时，$\max|R_{a,b}|=0.0318$，互相关函数最大值约为-30dB。在这种条件下，有可能使用码分信号实现对地成像。

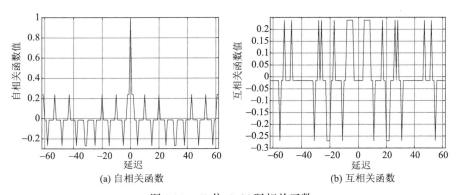

(a) 自相关函数　　　　　　　　(b) 互相关函数

图 2.20　63 位 Gold 码相关函数

OFDM Chirp 信号是近几年多输入多输出领域研究的热点[12,13]，该信号具有频谱利用率高、峰均比(peak-average ratio，PAR)低等特点，也可使用一个脉冲获得等效满阵的效果。但同码分信号一样，互相关特性影响其对地成像性能。如文献[12]中所述，由于互相关的影响，多输入多输出的成像性能较单输入单输出系统略差，其在对地成像中的应用还需要更深入的研究。

2.4 基于干涉处理的阵列形变误差补偿和目标探测

平流层飞艇因其在高空可驻留的特点，在高空侦察、区域预警和通信服务等领域有着广阔的应用前景[14]。平流层飞艇巨大的体积为使用大尺寸天线实现实孔径阵列成像提供了条件。在平台运动时，阵列天线的形变难以避免。目前针对艇载共形阵列形变误差补偿的研究工作不多，因此有必要分析阵列形变误差对成像的影响，并研究对应的补偿方法。

鉴于上述问题，本节提出一种基于干涉处理和频域 CS 的艇载雷达阵列形变误差补偿和目标探测方法。在对地成像模式下，利用艇载雷达两个不同时刻的阵列回波数据进行实孔径雷达成像，得到两幅复图像并进行干涉处理，去除阵列形变误差产生的相位误差；通过频域稀疏图像重建，等效实现阵列形变误差精确补偿，获得聚焦良好的对地成像结果。在地面运动目标探测模式下，当阵列回波数据通过孔径综合或脉冲串方式获得时，所述方法可同时去除目标运动带来的散焦影响，改善雷达目标探测性能。

2.4.1 成像模型

艇载雷达对地成像和运动目标探测几何模型如图 2.21 所示。其中，共形阵列沿方位向(X 方向)布设在艇身底部，系统工作在侧视模式下，Y 方向为地距向，Z 方向为高程向，飞艇悬停高度为 H。其中，艇载共形阵列可按文献[14]~[16]

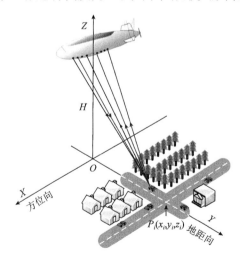

图 2.21 艇载雷达对地成像和运动目标探测几何模型

的共形稀疏阵列方式布设。

2.4.2　信号处理

1. 对地成像模式

假设飞艇以速度 v_a 沿方位向匀速直线运动，艇载雷达两个不同时刻分别为 t_1、t_2，阵列回波数据间隔 $T = t_1 - t_2$；在对地成像模式下，t_1、t_2 时刻对应的雷达与目标各散射单元的斜距矩阵分别为 r_1、r_2；雷达工作在正侧视条件下，且 r_1 为雷达与目标的最近斜距，则 r_1、r_2 满足关系式：

$$r_2 = \sqrt{r_1^2 + (v_a T)^2} \tag{2.27}$$

利用艇载雷达两个不同时刻的阵列回波数据对地物场景或运动目标进行实孔径雷达成像，得到两幅二维复图像 α 和 α_{ref}：

$$\begin{cases} \boldsymbol{\alpha} = \boldsymbol{A}\exp(\mathrm{j}\boldsymbol{\varphi}) = \boldsymbol{A}\exp\left[\mathrm{j}\left(\dfrac{4\pi}{\lambda}\boldsymbol{r}_1 + \dfrac{4\pi}{\lambda}\Delta\boldsymbol{R} + \boldsymbol{\varphi}_r\right)\right] \\ \boldsymbol{\alpha}_{ref} = \boldsymbol{A}\exp(\mathrm{j}\boldsymbol{\varphi}_{ref}) = \boldsymbol{A}\exp\left[\mathrm{j}\left(\dfrac{4\pi}{\lambda}\boldsymbol{r}_2 + \dfrac{4\pi}{\lambda}\Delta\boldsymbol{R}' + \boldsymbol{\varphi}_r'\right)\right] \end{cases} \tag{2.28}$$

其中，$\boldsymbol{A}$ 为复图像的二维幅度矩阵；$\boldsymbol{\varphi}$ 和 $\boldsymbol{\varphi}_{ref}$ 分别为两幅复图像的二维相位矩阵；$4\pi/\lambda \cdot \boldsymbol{r}_1$ 和 $4\pi/\lambda \cdot \boldsymbol{r}_2$ 分别为对地成像模式下两幅复图像中由信号往返路径确定的二维相位矩阵；$\boldsymbol{\varphi}_r$ 和 $\boldsymbol{\varphi}_r'$ 分别为分辨单元对应的二维随机初始相位矩阵；$\Delta\boldsymbol{R}$ 和 $\Delta\boldsymbol{R}'$ 分别为两幅复图像中阵列形变引起的斜距偏移量矩阵；$4\pi/\lambda \cdot \Delta\boldsymbol{R}$ 和 $4\pi/\lambda \cdot \Delta\boldsymbol{R}'$ 分别为两幅二维复图像中阵列形变相位误差矩阵。

由于艇平台具有运动速度慢和近似悬停的特点，艇载雷达前后两个不同时刻的阵列回波数据对应的阵列形变高度相关，阵列形变引起的斜距偏移量近似相等，即 $\Delta\boldsymbol{R} \approx \Delta\boldsymbol{R}'$，$4\pi/\lambda \cdot \Delta\boldsymbol{R} \approx 4\pi/\lambda \cdot \Delta\boldsymbol{R}'$；则在对地成像模式下，干涉处理后所得地物场景的图像表达式为

$$\begin{aligned} \boldsymbol{\alpha}_{new} &= \boldsymbol{A}\exp\left[\mathrm{j}(\boldsymbol{\varphi} - \boldsymbol{\varphi}_{ref})\right] \\ &= \boldsymbol{A}\exp\left\{\mathrm{j}\left[\dfrac{4\pi}{\lambda}(\boldsymbol{r}_1 - \boldsymbol{r}_2) + (\boldsymbol{\varphi}_r - \boldsymbol{\varphi}_r') + \dfrac{4\pi}{\lambda}(\Delta\boldsymbol{R} - \Delta\boldsymbol{R}')\right]\right\} \\ &\approx \boldsymbol{A}\exp\left[\mathrm{j}\dfrac{4\pi}{\lambda}(\boldsymbol{r}_1 - \boldsymbol{r}_2)\right] \end{aligned} \tag{2.29}$$

由式 (2.29) 可知，干涉后的图像 $\boldsymbol{\alpha}_{new}$ 中去除散射单元的随机初始相位，同时去除阵列形变误差产生的相位误差；干涉后的图像信号频谱压缩至低频段，通过

频域稀疏图像重建，可等效实现阵列形变误差精确补偿。

2. 运动目标探测模式

假设运动目标沿方位向以速度 v 匀速直线运动，t_1、t_2 时刻下雷达与目标各散射单元的距离矩阵分别为 $\boldsymbol{R}_1$、$\boldsymbol{R}_2'$；在正侧视条件下，$\boldsymbol{R}_1$ 为雷达与目标的最近斜距，则有

$$\boldsymbol{R}_2' = \sqrt{\boldsymbol{R}_1^2 + (vT)^2 + (v_aT)^2} \tag{2.30}$$

当 $\boldsymbol{R}_1 \gg vT$ 时，式(2.30)用泰勒级数在 $v=0$ 处展开为

$$\boldsymbol{R}_2' \approx \boldsymbol{R}_2 + \frac{(vT)^2}{2\boldsymbol{R}_2} \tag{2.31}$$

其中，$\boldsymbol{R}_2 = \sqrt{\boldsymbol{R}_1^2 + (v_aT)^2}$。则所述两幅二维复图像 $\boldsymbol{\alpha}$ 和 $\boldsymbol{\alpha}_{\text{ref}}$ 表达式分别为

$$\begin{cases} \boldsymbol{\alpha} = A\exp(j\boldsymbol{\varphi}) = A\exp\left[j\left(\frac{4\pi}{\lambda}\boldsymbol{R}_1 + \frac{4\pi}{\lambda}\Delta\boldsymbol{R} + \boldsymbol{\varphi}_{\text{r}}\right)\right] \\ \boldsymbol{\alpha}_{\text{ref}} = A\exp(j\boldsymbol{\varphi}_{\text{ref}}) = A\exp\left[j\left(\frac{4\pi}{\lambda}\boldsymbol{R}_2 + \frac{2\pi(vT)^2}{\lambda\boldsymbol{R}_2} + \frac{4\pi}{\lambda}\Delta\boldsymbol{R}' + \boldsymbol{\varphi}_{\text{r}}'\right)\right] \end{cases} \tag{2.32}$$

其中，$4\pi/\lambda \cdot \boldsymbol{R}_1$ 和 $4\pi/\lambda \cdot \boldsymbol{R}_2$ 分别为运动目标探测模式下两幅复图像中由信号往返路径确定的二维相位矩阵，其余变量与式(2.29)含义相同。由上述分析得，对两幅图像进行干涉处理，可去除分辨单元的随机初始相位和阵列形变误差产生的相位误差。同理，在运动目标探测模式下，能同时去除目标运动产生的相位误差。干涉后得到的新图像的表达式为

$$\boldsymbol{\alpha}_{\text{new}} = A\exp\left[j(\boldsymbol{\varphi} - \boldsymbol{\varphi}_{\text{ref}})\right] \approx A\exp\left\{j\left[\frac{4\pi}{\lambda}(\boldsymbol{R}_1 - \boldsymbol{R}_2) + \frac{2\pi(vT)^2}{\lambda\boldsymbol{R}_2}\right]\right\} \tag{2.33}$$

经过上述分析可知，在对地成像模式和运动目标探测模式下，干涉后图像 $\boldsymbol{\alpha}_{\text{new}}$ 具备频域稀疏性。因此，以其中一幅复图像相位作为参考相位，建立回波信号-参考相位和复图像频域系数向量乘积之间的关系式；利用 L_p 范数最优化准则，对所建立的关系式进行求解，获得干涉后待恢复图像的频域系数向量。回波信号-参考相位和复图像频域系数向量乘积之间的关系式为

$$\begin{cases} \boldsymbol{s} = \boldsymbol{\Phi P}\boldsymbol{\alpha}_{\text{new}} = \boldsymbol{\Phi P\Psi}\boldsymbol{\beta}_{\text{new}} \\ \boldsymbol{\Phi} = \left[p_m(R_l - z_n)\right]_{L \times N} \\ \boldsymbol{P} = \text{diag}\left\{\exp(j\boldsymbol{\varphi}_{\text{ref}})\right\} \end{cases} \tag{2.34}$$

其中，s 为艇载雷达在 t_1 时刻发射脉冲对应的回波信号；$\boldsymbol{\Phi}$ 为测量矩阵；$\boldsymbol{P}$ 为 t_2 时刻对应的图像参考相位构成的对角矩阵；$\boldsymbol{\Psi}$ 为傅里叶变换基；$\boldsymbol{\beta}_{\text{new}}$ 为干涉后待恢复图像的频域系数向量。$p_m(R_l - z_n)$ 为艇载共形阵列中第 m 个子阵发射的信号形式，其中，R_l 为第 l 个采样点位置，$l = 1, 2, \cdots, L, L$ 为采样点数；z_n 为第 n 个成像单元位置，$n = 1, 2, \cdots, N, N$ 为成像单元个数。

2.4.3　仿真分析

如图 2.22 所示，仿真中阵列形变引起的斜距误差为三阶多项式，可算得误差最大值为 30mm。仿真场景大小为 150m×250m（方位向×地距向），包含地面和一个椭圆锥体，椭圆锥高为 50m，长轴为 100m，短轴约 50m。圆锥的后向散射系数为 1，地面的后向散射系数为 0.3。艇载共形阵列中各子阵发射线性调频信号，等效相位中心个数为 88（由密集阵列或稀疏阵列产生），其余仿真参数如表 2.4 所示。

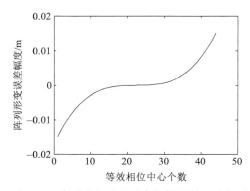

图 2.22　阵列形变误差对应的斜距误差示意图

表 2.4　艇载雷达对地成像仿真参数

参数	数值	参数	数值
载频 f_c/GHz	10	脉冲重复频率/Hz	100
等效相位中心数	88	脉冲重复周期/ms	10
子阵尺寸/(m×m)	1×0.8	脉冲宽度/μs	10
平台高度 H/km	15	子阵发射带宽/MHz	100
雷达入射角/(°)	45	实孔径顺轨向分辨率/m	5.1
平台速度/(m/s)	5	实孔径距离向分辨率/m	2.1

图 2.23 为存在图 2.22 所示阵列形变误差时传统成像方法成像结果示意图。如图所示，当共形阵列存在形变误差时，若直接使用测量数据进行成像，则图像会产生严重的散焦现象，无法重建场景。

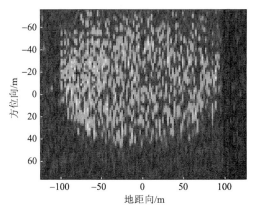

图 2.23　存在阵列形变误差时直接成像结果

图 2.24 为对地成像模式下，存在阵列形变误差时采用基于干涉处理的艇载雷达阵列形变误差补偿的成像结果示意图。如图所示，本节阵列形变补偿方法对应的成像结果已经能反映图像场景的特征。

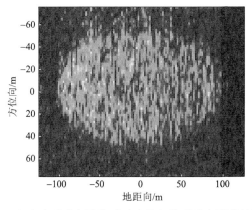

图 2.24　存在阵列形变误差时干涉处理阵列形变误差补偿结果

图 2.25 为运动目标探测模式下，存在阵列形变误差时传统成像方法成像结果示意图。设运动目标为由 9 个点目标组成的十字目标，各点间隔为 20m；运动目标沿方位向匀速直线运动，速度为 50m/s，其余仿真参数如表 2.4 所示。如图所示，阵列形变误差导致的相位误差，使得运动目标成像结果存在散焦现象。

图 2.26 为运动目标探测模式下，存在阵列形变误差时采用本节阵列形变误差补偿和目标探测方法的成像结果示意图。如图所示，所述方法通过去除散焦相位，并通过频域稀疏重建对运动目标重新聚焦，得到的运动目标成像结果聚焦良好，可正确显示目标位置信息。

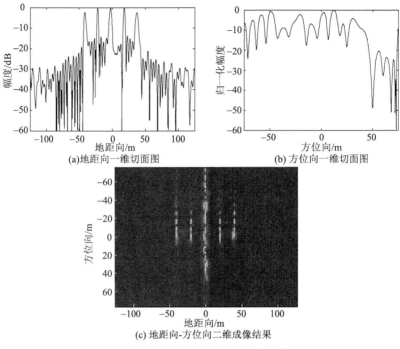

图 2.25　存在阵列形变误差时直接成像结果

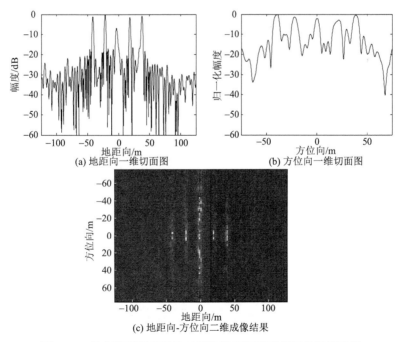

图 2.26　存在阵列形变误差时干涉处理阵列形变误差补偿结果

2.5　艇载正交长基线毫米波 InISAR 运动目标三维成像

　　传统的单天线 ISAR 通常获取的是目标在距离-多普勒二维平面的投影图像，无法得到目标在三维空间中的位置和精确的尺寸信息。为此，结合干涉测角和 ISAR 二维成像的 InISAR 技术成为研究热点[17,18]。InISAR 利用多个天线获取有一定视角差的 ISAR 复图像，通过干涉处理得到目标散射点的三维空间位置，从而对目标的尺寸与形状进行估计。

　　目前，有关正交基线 InISAR 技术的文献报道分别从系统设计与信号处理等方面研究了三维成像的基本原理与数据处理流程[19-21]。此外，国内外一些单位进行了外场实验，如北京跟踪与通信技术研究所对 30km 远的飞机进行了三维成像[22]；意大利比萨大学对入港船只与公路汽车进行三维成像，估计目标尺寸信息[23,24]。在已公开的报道中，通常需要合理地设计系统基线长度，来避免相位缠绕问题。然而，基线长度较短会降低干涉测角精度，影响远距离目标的三维成像效果。为解决该问题，文献[25]设计了长短基线相结合的多基线系统结构，利用多基线进行相位解缠，但这增加了系统的复杂程度；文献[26]和[27]利用邻近散射点的干涉相位差异进行横向定标，解决了由于斜视引起的绝对相位缠绕问题，但当目标尺寸过大时，仍会出现相对相位缠绕；文献[28]直接采用 InSAR 中的路径积分法对 InISAR 缠绕相位进行了相位解缠，但对于 ISAR 目标，目标散射点通常离散分布，干涉相位不满足相位连续性假设，因此该方法受到限制；文献[29]将回波分为中心频率不同的两路信号，通过共轭相乘获取等效差频下的成像结果，扩大了测角不模糊范围，实现了对目标的粗定位，但不能获得目标的三维成像结果。

　　中国科学院电子学研究所于 2014 年研制了正交长基线毫米波 InISAR 原理样机，并在国内首次开展了正交长基线毫米波 InISAR 运动目标三维成像实验。本节基于该实验获取的实际数据研究正交长基线条件下的运动目标三维成像问题。在文献[29]的基础上，本节提出一种基于差频测角定位、等效去平地相位和模糊数估计相结合的相位解缠方法。首先利用波束指向信息在差频下干涉测角，对目标进行粗定位；然后借鉴 InSAR 中的去平地相位技术，实现等效去平地相位，缓解相位解缠压力；最后对模糊数进行统计估计，完成相位解缠。

　　对实际数据的处理结果表明，本节提出的方法可以有效解决长基线带来的相位缠绕问题，实现了对目标的三维定位与三维成像。

2.5.1　正交长基线 InISAR 差频测角定位原理

　　正交长基线 InISAR 系统三维成像几何模型如图 2.27 所示，其中 T_1、T_2 和

T_3 代表组成正交基线的三个天线，T_1 发射信号，T_1、T_2 和 T_3 同时接收。两正交基线的长度分别为 b_{12} 和 b_{13}。目标到三个天线的斜距分别为 r_1、r_2 和 r_3，其中 r_1 与两基线的夹角分别为 α_{12} 与 α_{13}，r_1 对应的方位角与仰角分别为 β 和 γ。设目标速度为 v，其可分解为沿斜距方向的径向速度 v_r 与垂直于斜距方向的横向速度 v_c。

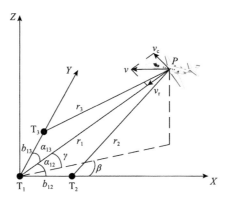

图 2.27　正交长基线 InISAR 三维成像几何模型

参考文献[29]中的成像与干涉处理方法，可以得到两基线的干涉相位为

$$\phi_{1i} = -\frac{2\pi f_0}{C}\left(r_1 - r_i\right), \quad i = 2, 3 \tag{2.35}$$

其中，f_0 为发射信号载频；C 为光速。当斜距远大于基线长度时，有

$$\alpha_{1i} \approx \arccos\left(-\frac{C}{2\pi b_{1i}f_0}\phi_{1i}\right), \quad i = 2, 3 \tag{2.36}$$

则可得到目标散射点在三维空间中的位置：

$$P = r_1\left(\cos\alpha_{12},\ \cos\alpha_{13},\ \sqrt{1 - \cos^2\alpha_{12} - \cos^2\alpha_{13}}\right) \tag{2.37}$$

以上是对单个散射点的三维定位方法，对所有目标散射点进行三维定位，便可得到目标的三维成像结果。接下来分析系统的不模糊测角范围和测角精度，设不模糊测角范围为 $\Delta\alpha_{1i}$，由干涉相位误差引起的测角误差为 $\sigma_{\alpha 1i}(i=2, 3)$，则有

$$\Delta\alpha_{1i} \approx 2\pi\left|\frac{\partial\alpha_{1i}}{\partial\phi_{1i}}\right| = \frac{C}{f_c b_{1i}\left|\sin\alpha_{1i}\right|}$$

$$\sigma_{\alpha 1i} = \left|\frac{\partial\alpha_{1i}}{\partial\phi_{1i}}\right|\sigma_{\phi 1i} = \frac{C}{2\pi f_c b_{1i}\left|\sin\alpha_{1i}\right|}\sigma_{\phi 1i} \tag{2.38}$$

其中，$\sigma_{\phi 1i}$ 为干涉相位 ϕ_{1i} 的测量精度。可以看出，当斜距方向不在基线法线方向时，系统的有效基线长度缩短为 $b_{1i}|\sin\alpha_{1i}|$；当系统的载频降低时，不模糊测角范围将扩大，而测角精度会随之降低。

为扩大系统的不模糊测角范围，文献[29]将回波信号在快时间频域分为互不重叠的两部分，构建中心频率相差为带宽一半的两路信号，通过共轭相乘等效将回波信号的载频降低为带宽的一半。该方法称为双频共轭处理。由于系统发射线性调频信号，双频共轭处理后的信号仍为线性调频信号，后续的成像处理与干涉处理流程不变。

双频共轭处理在成像前等效降低了回波信号的载频，导致成像结果在多普勒维分辨率下降，不能获得目标的轮廓信息。本节同时借鉴双频共轭处理与多频率相位解缠技术[30]，对上述两路信号分别进行成像与干涉处理，然后对两路干涉相位进行共轭相乘操作，从而得到具有多普勒维高分辨率的差频干涉相位。设系统带宽为 B_r，两路信号的中心频率分别为 f_1 和 f_2，其对应的干涉相位分别为 ϕ_{1i}^1 和 ϕ_{1i}^2 （$i=2,3$），通过共轭相乘可以得到

$$
\begin{aligned}
\phi_{1i}^{21} &= \arg\left[\exp\left(j\phi_{1i}^2\right)\cdot\exp\left(j\phi_{1i}^1\right)\right] \\
&= -\frac{2\pi\left(f_2 - f_1\right)}{C}\left(r_1 - r_i\right) \\
&= -\frac{\pi B_r}{C}\left(r_1 - r_i\right)
\end{aligned}
\tag{2.39}
$$

其中，ϕ_{1i}^{21} 为差频干涉相位，其等效载频与双频共轭处理后相同，为 $B_r/2$。相比于原始载频，差频干涉相位对应的不模糊测角范围扩大了 $2f_0/B_r$ 倍。在实际处理过程中得到的差频干涉相位仍存在绝对相位缠绕，当不模糊测角范围大于系统的波束宽度时，可通过波束指向信息进行相位解缠，得到差频下的绝对相位，实现对目标的测角定位。

2.5.2　基于等效去平地相位的模糊数估计方法

2.5.1 节介绍了正交长基线 InISAR 差频测角定位原理，在差频下，干涉相位解缠主要体现为绝对相位解缠，利用系统的波束指向角即可实现相位解缠。虽然差频测角定位能够实现对目标的三维成像，但随着等效载频的降低，系统的测角精度也下降，三维成像结果受干涉相位误差的影响较大，未能发挥长基线的优势。本节将利用差频测角定位结果，对原始载频下的相位缠绕模糊数进行估计，在原始载频下实现干涉相位解缠。

差频下解缠得到的干涉相位等比例扩大后即原始载频下的绝对干涉相位，只

是在扩大的同时干涉相位误差也随之增加，不能达到提高测角精度的目的。然而，同一模糊区间内的干涉相位模糊数相同，可以根据原始载频下的干涉相位获得具有相同模糊数的二维图像区域，然后统计对应区域内由扩大后的差频干涉相位计算得到的模糊数，实现对该区域模糊数的估计。根据文献[31]的分析，干涉相位误差满足零均值对称分布，因此计算相同模糊区间内模糊数的平均值或中位数即可得到原始载频下的模糊数估值，实现相位解缠。

但是，在原始载频下干涉相位缠绕严重，具有相同模糊数的区间较小，这给模糊区间划分带来了困难，同时样本点较少也不利于模糊数的准确估计。这里考虑借鉴 InSAR 中的去平地相位技术来减轻相位缠绕程度。InSAR 中的去平地相位本质上是利用参考平面高程这一先验信息，去除参考平面引起的相位缠绕，使得去平地后的干涉相位仅仅反映目标相对于参考平面的高程信息，从而有效地降低干涉条纹密度，缓解相位解缠压力。而对于 InISAR，去平地相位操作在三维空间内进行，参考平面的空间位置与实际目标位置的接近程度决定了等效去平地相位的效果。图 2.28 给出了等效去平地相位原理的示意图，设目标以速度矢量 v 运动，则可以等效为目标静止而天线以相反的速度 v' 运动。以坐标原点处的天线为中心，根据目标速度构建等多普勒锥面与等斜距球面，二者的割线即等多普勒等斜距圆。每个等多普勒等斜距圆对应于 ISAR 二维图像中的一个像素。现将基线 b 分解为平行于目标速度的平行基线 $b_{//}$ 与垂直于目标速度的垂直基线 $b_\perp$。在同一个等多普勒等斜距圆上，不同位置处平行基线产生的干涉相位相同，干涉相位差异主要由垂直基线产生。因此，当目标速度估计准确时，等效去平地相位操作实质去除了平行基线产生的干涉条纹，而剩余干涉相位主要由垂直基线产生，此时可以通过估计目标平面的姿态(如横滚角)来获取更接近实际目标位置的参考平面，进一步去除垂直基线产生的干涉条纹。

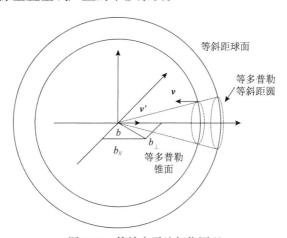

图 2.28　等效去平地相位原理

为获取目标的速度信息，本节采用文献[32]中的方法，对目标进行三维速度分解，然后结合差频测角定位结果计算参考平面对应的干涉相位，完成等效去平地相位操作。生成参考平面干涉相位的具体流程如图 2.29 所示，主要步骤如下：

（1）对差频测角定位的结果进行统计平均，得到的平均值认为是目标几何中心位置 $P_0(x_0, y_0, z_0)$。

（2）根据速度分解结果，确定目标速度矢量 $\boldsymbol{v}=(v_x, v_y, v_z)$。

（3）设目标平面横滚角为 θ，与横滚角相关的单位向量设为 $\boldsymbol{u}_r$，其在目标平面内且与目标速度矢量垂直。当横滚角为 0 时，$\boldsymbol{u}_r = \boldsymbol{u}_{r0} = \left(v_y \big/ \sqrt{v_x^2 + v_y^2}, -v_x \big/ \sqrt{v_x^2 + v_y^2}, 0 \right)$。

根据目标平面内的两个向量可以确定参考平面的法线向量 $\boldsymbol{n}=(n_x, n_y, n_z)^{\mathrm{T}}$，即求解方程组

$$\begin{cases} \boldsymbol{n} \cdot \boldsymbol{v} = 0 \\ \boldsymbol{n} \cdot \boldsymbol{u}_r = 0 \\ \boldsymbol{v} \cdot \boldsymbol{u}_r = 0 \\ \boldsymbol{u}_r \cdot \boldsymbol{u}_{r0} = \cos \theta \end{cases} \tag{2.40}$$

得到法线向量后可根据目标平面过点 P_0 计算参考平面的空间位置表达式：

$$(x - x_0)n_x + (y - y_0)n_y + (z - z_0)n_z = 0 \tag{2.41}$$

（4）根据目标速度矢量确定空间位置与二维图像采样点的对应关系，计算采样点的空间位置，即求解方程组：

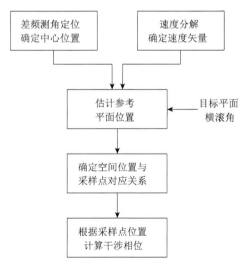

图 2.29　生成参考平面干涉相位流程图

$$
\begin{cases}
\left(x-x_0\right)n_x + \left(y-y_0\right)n_y + \left(z-z_0\right)n_z = 0 \\
xv_x + yv_y + zv_z = rv_r \\
x^2 + y^2 + z^2 = r^2 \\
f_d = -\dfrac{2v_r f_0}{C}
\end{cases}
\tag{2.42}
$$

(5) 根据采样点空间位置，计算其到三天线的斜距，根据式 (2.35) 得到对应的干涉相位。

通过上述操作可以生成参考平面干涉相位。需要注意的是，步骤 (3) 中需要目标平面的横滚角信息。在实际应用中，可以结合先验信息设置横滚角初值 (由于飞机一般平飞，通常可设置为零)，然后根据等效去平地相位后的效果对横滚角进行搜索，以尽可能降低干涉条纹密度；参考平面的干涉相位与目标实际所在平面的干涉相位会有差别，但后续可以通过恢复平地相位操作来确保最终相位解缠的正确性，只要参考平面干涉相位的变化趋势与目标干涉相位相近，即可达到降低干涉条纹密度的目的。

经过等效去平地相位处理后，原始载频下的干涉条纹密度降低，甚至出现相位不再缠绕的情况，有利于模糊区间的划分与模糊数的统计。在模糊区间划分时，应遵循以下原则：尽可能多地将具有相同模糊数的区域划为同一区间，以增加统计样本个数；对于离散分布的目标散射点，由于无法判断其模糊数是否相同，应将其划分为不同的区域。在干涉相位分区完成后，对相应区域内由扩大后的差频干涉相位得到的模糊数进行统计，计算其平均值或中位数即可完成模糊数的估计。

对以上相位解缠方法进行总结，得到相位解缠方法流程如图 2.30 所示。其中，

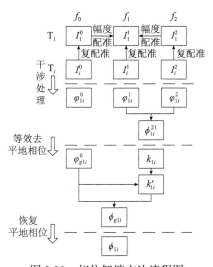

图 2.30　相位解缠方法流程图

I_i^j (i=1,2,3; j=0,1,2)表示天线 T_i 在载频 f_j 下得到的二维图像，k 与 k' 分别为对应干涉相位的模糊数及统计后的模糊数估值，下标 g 表示等效去平地后的相位，φ 表示未解缠的相位。

2.5.3　实际数据处理

本节的实际数据来自中国科学院电子学研究所研制的正交长基线毫米波InISAR 原理样机对飞机目标的三维成像实验。表2.5 给出了主要的系统参数与目标运动参数，其中波束指向对应的方位角与俯仰角由安装在天线上的指示器测量得到，精度较低；目标速度矢量采用文献[32]中的方法估计得到。根据实际数据对应的参数，计算得到基线12 与基线13 对应的等效基线长度分别约为 3.6m 与10.4m，测角不模糊范围分别约为 0.14° 与 0.05°，对应的目标不模糊尺寸分别约为 12m 和 4m。对于飞机目标尺寸，两基线都有可能产生测角模糊，在三维成像中需要进行相位解缠。

表 2.5　实验参数

参数	数值
系统载频 f_0 /GHz	35
系统带宽 B_r /MHz	400
基线 12 长度 b_{12} /m	9.4
基线 13 长度 b_{13} /m	10.6
波束宽度/((°)×(°))	3×3
波束指向方位角 β /(°)	−168
波束指向俯仰角 γ /(°)	19
目标斜距 r_1 /m	5050
目标速度矢量 v /(m/s)	(3.36, −129.36, 10.86)

采用文献[14]中的成像方法进行成像，天线 T_1 的二维成像结果如图 2.31 所示。

从图 2.31 中可以看出，单天线获取的二维图像在斜距-多普勒域，无法对飞机的尺寸进行有效估计。此外，图像中飞机右翼与机身完全分离，是由于机腹的遮挡产生了阴影，因此传统的相位解缠方法已不再适用。

经过干涉处理后，得到两条基线在原始载频下的干涉相位图，如图 2.32 所示。为抑制噪声影响，以下所有的干涉相位图均是经过门限处理后形成的，即对图像幅度进行归一化处理后，取−35dB 为幅度门限，只保留幅度高于该门限值的

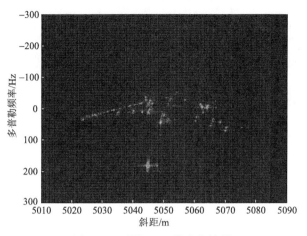

图 2.31　天线 T_1 二维成像结果

区域对应的干涉相位。在原始载频下，由于测角不模糊范围较小，两条基线的干涉相位缠绕严重，尤其是基线 13，干涉条纹在纵向的分布十分密集，仅根据干涉相位图进行相位解缠十分困难。

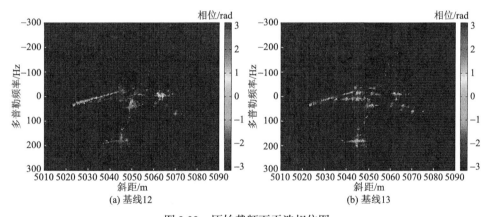

图 2.32　原始载频下干涉相位图

　　采用本节提出的差频测角定位方法进行处理，得到在差频 200MHz 下的干涉相位如图 2.33 所示。可以看出，等效载频的大幅度降低使得目标尺寸不会引起相对相位缠绕。而且对于实验系统，差频下的测角不模糊范围在 8° 以上，远大于波束宽度，因此可以根据波束指向角计算差频下 α_{12} 与 α_{13} 对应的干涉相位模糊数，实现差频下的绝对相位解缠。

　　在得到差频绝对干涉相位后，可以进行三维成像处理。但由于差频下测角精度较低，三维成像结果已无法反映目标的真实形状与尺寸。然而，可以利用其统计平均值对目标的三维位置进行粗估计，统计得到目标所在的方位角与俯仰角分

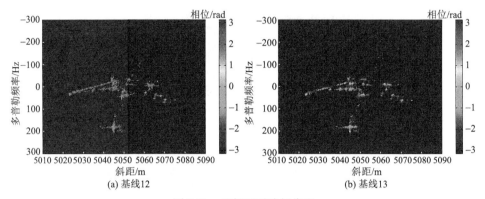

(a) 基线12　　　　　　　　　　　　　　(b) 基线13

图 2.33　差频下干涉相位图

别为-167.8°与18.9°，为后续的等效去平地相位提供了条件。

按照 2.4.2 节中的方法生成参考平面干涉相位，这里令目标平面横滚角为零。在原始载频下，经过等效去平地后的干涉相位如图 2.34 所示。根据 2.4.2 节的分析，可以计算得到基线 12 分解后的垂直基线长度约为 9.39m，基线 13 分解后的垂直基线长度约为 0.93m。考虑到斜距方向不在基线法线方向，可计算得到基线 12 与基线 13 的垂直基线对应的有效基线长度分别约为 3.45m 与 0.93m，对应的测角不模糊范围分别约为 0.14°与 0.53°，对应的目标不模糊尺寸分别约为 12m 和 46m。因此，经过等效去平地相位操作，图 2.34 中基线 13 的干涉条纹已基本去除；而对于基线 12，其垂直基线对应的目标不模糊尺寸与等效去平地相位前相同，图 2.34 中基线 13 的相位缠绕程度有所降低，说明零横滚角假设合理，估计的目标平面与目标真实平面接近。

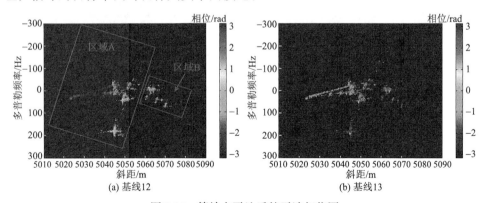

(a) 基线12　　　　　　　　　　　　　　(b) 基线13

图 2.34　等效去平地后的干涉相位图

由于飞机右侧机翼与机身间断，现将干涉相位分为两个区域进行模糊数统计，分区示意图如图 2.34(a)所示(统计时滤除区域 A 左侧相位缠绕部分)。基线 13 的干涉相位分区情况与基线 12 相同，统计得到的模糊数直方图如图 2.35 所示。

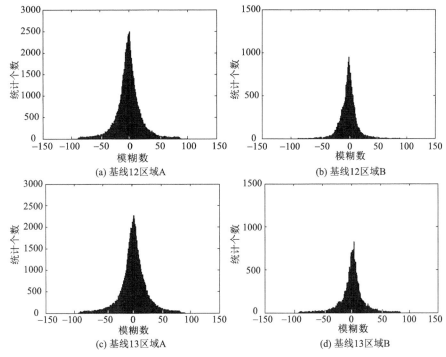

图 2.35　模糊数统计结果

可以看出，统计的模糊数基本满足对称分布，计算模糊数均值与中位数以对其进行估计。计算结果为：基线 12 区域 A 平均值-1.17、中位数-1，区域 B 平均值-1.13、中位数-1；基线 13 区域 A 平均值 1.93、中位数 2，区域 B 平均值 0.46、中位数 1。从基线 12 的统计结果来看，区域 A 与区域 B 模糊数相同，均为-1，这也进一步验证了之前的推测：图像中的间断部分由阴影造成，而阴影前后的入射角相同，干涉相位不变。而从基线 13 的统计结果来看，两个区域不在同一个模糊区域。考虑到概率统计的随机性与阴影前后干涉相位的一致性，这里认为基线 12 得到的结果更为可信，即区域 A 与区域 B 模糊数相同。再次对基线 13 整个区域进行模糊数统计，以确定其模糊数，统计结果如图 2.36 所示，得到模糊数平均值为 1.63，中位数为 2，因此确定其模糊数为 2。

根据估计的模糊数对去平地后的干涉相位进行相位解缠，然后恢复平地相位即可得到目标的绝对干涉相位，实现三维成像与三维定位。目标的三维成像结果如图 2.37 所示。从图中可以看出，目标飞机的三维成像结果轮廓清楚，并可估计其翼展约 65m，机身长度约 70m，目标位于(-4665, -1020, 1650)m 位置处。

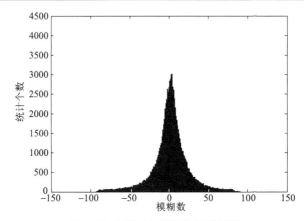

图 2.36　基线 13 模糊数统计结果

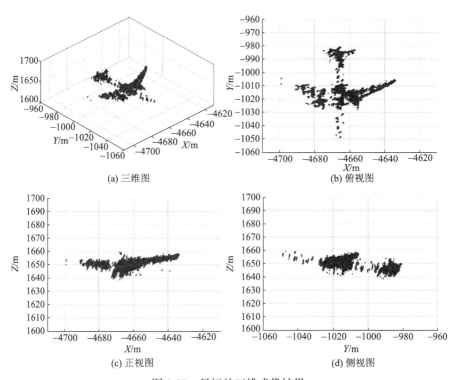

图 2.37　目标的三维成像结果

2.6　本 章 小 结

　　本章主要研究了艇载主动雷达成像探测系统问题。首先对艇载稀疏阵列天线雷达系统性能进行了分析，根据飞艇平台对运动目标探测和对地成像的需求，就共形稀疏阵列天线的构型和性能展开了讨论，设计了基于组合巴克码的共形稀疏阵列。基于子阵级共形稀疏布局的阵列天线方案具有宽波束发射、DBF 窄波束接收处理的特点，易于大尺寸天线实现稀疏布设，对提高雷达的实孔径成像分辨率有利。所设计的稀疏阵列天线雷达系统不仅可以大幅度地减少设备体积重量，而且在原理上，其天线可在一个方向形成大尺寸的孔径，且工程上易于实现，在运动目标探测和对地成像领域具有重要的应用价值。

　　然后将干涉重构处理的思想应用到飞艇平台上，研究了基于压缩感知的共形稀疏阵列天线雷达对地成像技术。基于后向投影算法，避免了频域算法对直线阵列的要求和复杂的运动补偿处理。利用前后不同脉冲时刻实孔径成像的结果，去除分辨单元的随机初始相位，使图像在变换域稀疏，从而可以使用压缩感知方法重建场景。提出的使用前后两个脉冲去除随机初始相位的方法，可以进一步扩展到多脉冲成像中。

　　接着又介绍了一种基于干涉处理和频域稀疏重建的艇载雷达阵列形变误差补偿和运动目标探测方法。在对地成像模式下，通过干涉处理去除阵列形变误差产生的相位误差，通过频域稀疏图像重建，等效实现阵列形变误差精确补偿，获得聚焦良好的对地成像结果。在运动目标探测模式下，当阵列回波数据通过孔径综合或脉冲串方式获得时，所述方法可同时去除目标运动带来的散焦影响，能改善雷达目标探测性能。

　　最后针对正交长基线毫米波 InISAR 三维成像中遇到的相位缠绕问题，提出了基于差频测角定位、等效去平地相位和模糊数估计相结合的相位解缠方法。该方法不基于相位连续性假设，通过等效去平地相位降低干涉条纹密度，并综合利用差频干涉相位与原始载频干涉相位信息，实现对模糊数的统计估计。对实际数据的处理结果表明，该方法能够有效降低干涉条纹密度，以较大的概率准确估计干涉相位的模糊数，实现相位解缠，完成对目标的三维定位与三维成像。

　　本章的研究工作对我国艇载主动成像探测雷达的发展具有一定的参考价值。

参 考 文 献

[1] Barbier C, Delaure B, Lavie A. Strategic research agenda for high-altitude aircraft and airship remote sensing applications[C]. USE-HAAS Workshop, Antwerp, 2006, XXXVI-1: 44-49.

[2] 李道京, 侯颖妮, 滕秀敏, 等. 稀疏阵列天线雷达技术及其应用[M]. 北京: 科学出版社, 2014.

[3] 杨波. 一种设计组合巴克码脉冲压缩旁瓣抑制滤波器的新方法[J]. 现代雷达, 2001, 23(5): 41-45.

[4] 侯颖妮. 基于稀疏阵列天线的雷达成像技术研究[D]. 北京: 中国科学院电子学研究所,

2010.

[5] 李道京, 滕秀敏, 潘舟浩. 分布式位置和姿态测量系统的概念与应用方向[J]. 雷达学报, 2013, 2(4): 400-405.

[6] 刘波. 毫米波 InISAR 运动目标成像探测技术研究[D]. 北京: 中国科学院电子学研究所, 2013.

[7] 潘舟浩. 机载毫米波三基线 InSAR 数据处理技术研究[D]. 北京: 中国科学院电子学研究所, 2014.

[8] Xu G, Xing M D, Xia X G, et al. Sparse regularization of iinterferometric phase and amplitude for InSAR image formation based on bayesian representation[J]. IEEE Transactions on Geoscience and Remote Sensing, 2015, 53(4): 2123-2136.

[9] 马淑芬, 王菊, 朱梦宇, 等. 离散信号检测与估计[M]. 北京: 电子工业出版社, 2010.

[10] Xu Z B. Data modeling: Visual psychology approach and $L_{1/2}$ regularization theory[C]. Proceedings of the International Congress of Mathematicians, Hyderabad, 2010:1-18.

[11] 辛肖明, 陈琼. m 序列优选对及平衡 Gold 码序序列[J]. 北京理工大学学报, 1990, 10(4): 106-113.

[12] Wang W Q. MIMO SAR OFDM Chirp waveform diversity design with random matrix modulation[J]. IEEE Transactions on Geoscience and Remote Sensing, 2015, 53(3): 1615-1625.

[13] Krieger G, Gebert N, Moreira A. Multidimensional waveform encoding: A new digital beamforming technique for synthetic aperture radar remote sensing[J]. IEEE Transactions on Geoscience and Remote Sensing, 2008, 46(1): 31-46.

[14] 滕秀敏, 李道京. 艇载共形稀疏阵列天线雷达成像研究[J]. 电波科学学报, 2012, 27(4): 644-649, 656.

[15] 周建卫, 李道京, 田鹤, 等. 基于共形稀疏阵列的艇载外辐射源雷达性能分析[J]. 电子与信息学报, 2017, 39(5): 1058-1063.

[16] 李烈辰, 李道京, 黄平平. 基于变换域稀疏压缩感知的艇载稀疏阵列天线雷达实孔径成像[J]. 雷达学报, 2016, 5(1): 109-117.

[17] 李道京, 刘波, 尹建凤, 等. 高分辨率雷达运动目标成像探测技术[M]. 北京: 国防工业出版社, 2014.

[18] 刘承兰, 高勋章, 黎湘. 干涉式逆合成孔径雷达成像技术综述[J]. 信号处理, 2011, 27(5): 737-748.

[19] Wang G, Xia X G, Chen V C. Three-dimensional ISAR imaging of maneuvering targets using three receivers[J]. IEEE Transactions on Image Processing, 2001, 10(3): 436-447.

[20] Xu X, Narayanan R M. Three-dimensional interferometric ISAR imaging for target scattering diagnosis and modeling[J]. IEEE Transactions on Image Processing, 2001, 10(7): 1094-1102.

[21] Zhang Q, Yeo T S . Novel registration technique of InISAR and InSAR[J]. IEEE International Geoscience & Remote Sensing Symposium, 2003,1: 206-208.

[22] 黎海林. 干涉 ISAR 三维成像试验研究[J]. 现代雷达, 2010, (5): 1-4.

[23] Stagliano D, Giusti E, Lischi S, et al. 3D InISAR-based target reconstruction algorithm by using a multi-channel ground-based radar demonstrator[C]. International Radar Conference, Lille, 2014: 1-6.

[24] Lischi S, Massini R, Stagliano D, et al. X-band compact low cost multi-channel radar prototype

for short range high resolution 3D-InISAR[C]. Proceedings of the 11th European Radar Conference, Rome, 2014: 157-160.

[25] Zhang Q, Yeo T S, Du G, et al. Estimation of three-dimensional motion parameters in interferometric ISAR imaging[J]. IEEE Transactions on Geoscience and Remote Sensing, 2004, 42(2): 292-300.

[26] Ling M, Yuan W M, Xing W G. Cross-range calibration of interferometric ISAR under a condition of phase ambiguity[C]. Asian-Pacific Conference on Synthetic Aperture Radar, Xi'an, 2009: 903-906.

[27] Lee J S, Grunes M R, Kwok R. Intensity and phase statistics of multilook polarimetric and interferometric SAR imagery[J]. IEEE Transactions on Geoscience and Remote Sensing, 1994, 32(5): 68-78.

[28] 李丽亚, 刘宏伟, 纠博, 等. 斜视干涉逆合成孔径雷达成像算法[J]. 西安交通大学学报, 2008, 42(10): 1290-1294.

[29] 刘波, 潘舟浩, 李道京, 等. 基于毫米波 InISAR 成像的运动目标探测与定位[J]. 红外与毫米波学报, 2012, 31(3): 258-264.

[30] Xu W, Chang E C, Kwoh L K, et al. Phase-unwrapping of SAR interferogram with multi-frequency or multi-baseline[J]. International Geoscience and Remote Sensing Symposium, 1994, 2: 730-732.

[31] Liu C L, He F, Gao X Z. 3-D calibration of InISAR imaging under a condition of phase ambiguity[C]. Proceedings of the 7th European Radar Conference, Paris, 2010: 435-438.

[32] 尹建风. SAR 高速运动目标检测与成像方法研究[D]. 北京: 中国科学院电子学研究所, 2009.

第3章 艇载外辐射源雷达目标探测

3.1 引 言

外辐射源雷达是一种借助第三方辐射源的新体制雷达，可在静默状态下实现目标探测、定位和跟踪。随着机会照射源的广泛出现，尤其是数字电视和导航通信卫星的发展及普及，外辐射源雷达的研究已成为世界各国及相关科研院关注的焦点。

数字电视信号是全向外辐射源，具有带宽大、分布广泛以及全天时全天候发射等优点，是形成空中目标雷达探测系统的理想外辐射源。随着数字电视信号的普及和发展，外辐射源雷达越来越凸显出优势。

基于全向外辐射源的雷达系统主要由主天线、参考天线、回波通道和参考通道接收机、信号处理器等组成，雷达系统结构及信号处理流程如图 3.1 所示。回波通道接收从目标散射回来的目标回波信号，参考通道接收外辐射源的直达波参考信号。回波通道进行直达波对消处理后，将回波信号与参考信号经匹配滤波和相干积累处理后获得目标的距离-多普勒谱，从而进行目标的检测及定位。

平流层飞艇可在 20km 以上高空长时间驻留，这为其在通信服务、高空侦察等领域的应用提供了有利条件。其巨大的体积可满足雷达大尺寸天线的布设要求，从而实现高精度、远距离目标探测。与地基外辐射源雷达相比，艇载外辐射源雷达具有可使用大尺寸天线的条件，可在低功耗条件下实现运动目标的远距离探测，并形成主被动结合的艇载雷达探测系统。主动式雷达系统要获得远的探测距离，除要使用大尺寸天线以外，还需要有较大的信号发射功率，对飞艇供电能力要求较高。针对平流层飞艇供电资源紧缺的问题，可考虑设计主被动结合的艇载雷达探测系统，在必要时使用外辐射源信号[1,2]（地面广播、电视信号和合作辐射源等），以在低功耗条件下实现目标远距离探测。

除了单源单站(single illumination and single observation, SISO)工作方式，外辐射源雷达也可工作在单源多站、多源单站、多源多站方式下。数字地面广播电视通过采用单频网组网技术来提高频谱利用率，降低发射功率并提高覆盖范围，这为实现多站协同组网探测提供了天然有利的条件。通过网络优化设计可灵活构建

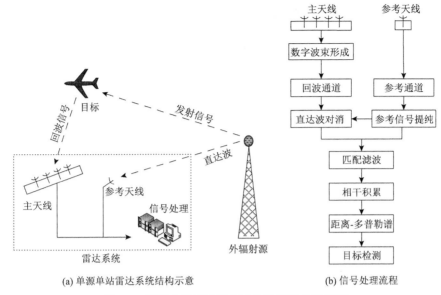

(a) 单源单站雷达系统结构示意　　　　　　(b) 信号处理流程

图 3.1　单源单站雷达系统结构及信号处理流程

多基地收发配置，可扩展雷达探测范围，提高系统检测和跟踪能力，改善系统测量精度，是未来外辐射源雷达的一个重要研究方向。

参考信号在外辐射源雷达中起着十分重要的作用，一方面需要用于对消主天线通道的多径杂波和直达波，另一方面需要用来做匹配滤波，从而检测目标以及进行参数估计。但是不同于传统体制雷达，参考信号获取因常伴有杂波、强噪声等，给外辐射源雷达带来诸多影响[3]。实际工作环境通常比较复杂，参考通道中多径杂波将引起信噪比下降，增加虚警，降低目标检测性能。因此，参考通道多径杂波抑制成为关键问题之一。

雷达信号的长时间积累，可极大地改善雷达对目标的检测信噪比[4]，目前的信号积累方法分为非相干积累和相干积累两类。非相干积累的典型方式为脉冲串非相干处理、多帧联合处理(3~5 帧的相关处理已很常见)。目前基于多帧信号非相干积累的检测前跟踪技术，使用的帧数较大，已成为解决低信噪比目标探测问题的一种有效方法。当目标信噪比较低时，可通过多帧信号联合处理实现能量积累，实现检测和跟踪的一体化。

综上，本章内容安排如下：3.2 节对外辐射源雷达面临的主要问题及系统体制损失进行分析；3.3 节研究共形稀疏阵列在艇载外辐射源雷达中的应用问题；3.4 节针对单源单站和单源三站两种系统布局，对比分析其雷达目标探测性能；3.5 节分析参考通道多径杂波的强度和影响，研究外辐射源雷达系统参考通道信号多径杂波抑制方法；3.6 节基于多帧信号处理，分别研究基于聚类分析、基于目标速度信息和动态规划的目标探测问题。

3.2　面临的主要问题及系统体制损失

广播和电视信号是一类重要的全向外辐射源，其具有带宽大、发射功率稳定、低空覆盖区域广等优点，可用来形成空中目标雷达探测系统[5,6]。调频(frequency modulation，FM)广播信号具有较大的发射功率，适合用于外辐射源雷达远距探测，但较低的信号频率和较小的带宽使雷达的距离和角度分辨率受限。数字视频广播(digital video broadcast，DVB-T)信号具有较高的发射功率，其信号频率较高、带宽较大，有助于外辐射源雷达实现远距离高分辨率探测。

本节主要介绍基于数字电视信号的外辐射源雷达系统所面临的主要问题及系统体制损失。

3.2.1　参考信号获取问题

与传统雷达不同，外辐射源雷达存在参考信号获取问题。参考信号在外辐射源雷达中主要有两个作用：一是用来对消回波通道中的直达波及多径杂波；二是用来重构发射信号对目标回波进行时延和多普勒频移两维匹配滤波，以实现目标检测和参数估计。

参考信号获取主要有两条途径：一是根据外辐射源的位置信息，设置方向性强的参考天线接收外辐射源的直达波信号；二是根据广播电视信号的波形特征直接对参考信号进行重构，如恒模算法[7]、基于编解码的重构算法[8,9]等。目前技术水平下，接收站参考信号的获取主要通过独立设置的定向参考天线接收直达波信号实现，对固定接收站，有条件时可考虑在收发站间铺设光缆，传输发射信号，形成失真较小的参考信号。

无论采用哪种途径获取参考信号，由于电磁波在空间传播过程中路径与回波通道存在差异，参考信号与目标回波信号都存在去相关问题，并会在匹配滤波环节产生去相关失配损失，对此在实际系统设计中应予以考虑。

使用参考天线获取直达波，假定外辐射源发射天线高度100m，接收站参考天线高度9m，对应的通视距离约50km。当收发站间距50km时，由于地球曲率影响，参考天线收到直达波困难；当收发站间距40km时，由于地形和地物遮挡的影响，参考天线中多径直达波功率和直达波功率有可能达到相当的水平，由此会和目标回波信号产生2～3dB的去相关损失。多径直达波主要来自于近距离地物，接收站周围地形越开阔、直达波方向地物越少、参考天线的高度越高、波束越窄、旁瓣越低，多径直达波影响越小。

参考信号中多径直达波的存在，不仅会产生去相关失配损失，而且会降低直达波的时域对消效果，产生虚假目标并增加虚警概率，因此必须要对其进行提纯处理。数字电视信号的带宽较宽，距离分辨率较高，当直达波分量较弱，基于主成分分析的提纯方法[10]效果有限时，可开展基于高距离分辨率特征的直达波提纯研究工作。

3.2.2　直达波抑制问题

外辐射源雷达的直达波抑制问题类似于传统连续波雷达的收发隔离问题，由于其直接影响雷达的探测灵敏度和作用距离，是外辐射源雷达要解决的核心问题，在系统设计中要有充分考虑，目前分空域抑制和时域抑制两个环节。

1. 空域抑制

直达波空域抑制的主要方法是主天线采用低旁瓣天线或在主天线产生方向图凹口对准外辐射源，减少直达波进入接收机的功率，并使用大动态范围接收机和多位数模数转换器(ADC)。空域干扰抑制对旁瓣干扰具有较好的抑制效果，但对主瓣内的多径干扰无抑制能力。

假定通过相干积累预期实现的信噪比改善因子为60dB(如脉冲压缩时宽带宽积为30dB，慢时间域1000个脉冲相干积累增益为30dB)，基于16位ADC的仿真分析表明[11]：当输入信噪比为−40dB时，输入杂噪比为0～60dB，为保证小信号无损失采样和大信号不出现多普勒频谱杂散，接收机噪声电平应淹没ADC 8位，由此确定接收机增益和动态范围，此时输入杂噪比为60dB的信号已使16位ADC接近饱和，显然为保证小信号探测能力提高接收机噪声电平，会使16位ADC的动态范围有较大缩小。

将直达波看作杂波，上述分析表明，空域抑制应保证直达波信号功率不大于接收机灵敏度60dB。当进入接收机的直达波信号功率较大时，为避免ADC饱和，可降低接收机增益，但由此会产生目标检测损失，这实际上明确了空域直达波抑制的要求。

主天线收到的直达波功率与收发站间距和主天线的旁瓣电平相关，主天线收到的直达波信号功率计算公式如下：

$$P_{\mathrm{d}} = \frac{P_{\mathrm{t}}G_{\mathrm{t}}G_{\mathrm{er}}\lambda^2}{(4\pi)^2 D^2} \tag{3.1}$$

其中，P_{t}为辐射源的平均发射功率；G_{t}为发射天线增益；G_{er}为主天线在辐射源方向的接收增益；λ为信号波长；D为辐射源到接收站的距离。

当D=20km、$G_{\mathrm{er}}=5$dB时，主天线收到的直达波产生的杂噪比已接近 60dB；

当 D=40km、G_{er}=-10dB 时，主天线收到的直达波产生的杂噪比接近 40dB。在实际系统中，由于要兼顾参考信号接收，收发站间距不能太大，要实现主天线对直达波接收增益达到-10dB 并非易事，由于在此波段天线旁瓣不可能很低，只能通过在辐射源方向使天线旁瓣区自适应形成凹口[12]，或者机械移动主天线使方向图凹口对准外辐射源。小尺寸宽波束天线一般具有较低的旁瓣，且容易采用机械方式使方向图凹口对准外辐射源。

2. 时域抑制

目前直达波的时域抑制方法主要为自适应杂波对消方法[12-17]。文献[18]分析了直达波时域抑制方法的性能，其性能主要由参考信号和主天线收到的直达波信号的相干系数决定，并将其转化为参考通道和接收通道的一致性问题。结合直达波抑制算法，在目前技术水平下直达波时域对消增益可达到 35dB。假定空域抑制使直达波杂噪比在 40dB 水平，时域对消后剩余 5dB 的杂噪比仍会对目标的探测性能产生影响。

由于广播电视信号是一类随机信号，其模糊函数为图钉形，距离-多普勒平面旁瓣较高，其直达波抑制的杂波剩余会提高距离-多普勒平面的检测基底，并直接影响目标探测性能，故其测试是一项重要的工作内容。考虑到近距离静止杂波空间分布的影响，应在距离-多普勒平面分远近距和高低多普勒频率区间测试，其比对值应为仅有接收机噪声条件下的距离-多普勒平面基底。

要特别注意的是，目前基于最小二乘(least mean square，LMS)算法实施杂波对消处理后，杂波残余功率最多会被降低到噪声功率水平[18]。杂波残余会使检测基底升高，即使参考信号中没有噪声，杂波对消环节也会带来 3dB 的检测损失。当参考信号存在噪声或多径直达波时，杂波残余会增大到参考通道噪声加多径直达波水平并由此产生更大的检测损失。

3.2.3 数字电视信号特有问题

1. 信号频率高和带宽大

外辐射源雷达系统辐射源与接收站分置的观测结构，对于运动目标在原理上就容易产生多普勒散焦。数字电视信号频率较高，对具有横向速度的运动目标更容易产生多普勒散焦，从而降低探测性能。与此同时，由于其带宽较大，等效的距离分辨率比较高，约 8MHz 的信号带宽对应的距离分辨率约为 20m，当目标径向运动速度较高为 300m/s，信号积累时间为 1s 时，存在 15 个距离单元跨越问题。由此产生的距离徙动会造成较大的探测性能损失。

目前，距离徙动可采用 Keystone 变换实施校正[19]，以减少探测损失。外辐射源雷达天线波束通常不扫描，对远距离目标信号可采用长时间相干积累，对近

距离目标信号可采用短时间相干积累，并自动实现一定的灵敏度时间控制
(sensitivity time control，STC)功能。由于运动目标的多普勒散焦程度与距离成反
比，对远近距离目标采用不同信号积累时间并形成不同的数据传输率，不仅是一
个合理的选择，显然也有利于缓解目标多普勒散焦问题。

当信号频率为 500MHz、目标横向运动速度为 300m/s、距离为 50km、信号
积累时间为 1s 时，多普勒散焦可达 6Hz，远大于多普勒频率分辨率 1Hz，会产
生较大的信噪比损失。把信号积累时间调整为 0.3s，由于 2Hz 的多普勒散焦值小
于 3Hz 的多普勒频率分辨率，可避免多普勒散焦带来的探测损失。

当目标径向运动速度为 300m/s 时，其对应的多普勒中心频率可达到 1kHz，
这意味着系统的等效重复频率至少要达到 2kHz，由此限制了系统的不模糊测距
范围仅为 75km。为了综合解决不模糊测距/测速以及距离徙动/多普勒散焦问题，
可考虑将约 8MHz 带宽的电视信号进行频率分割，形成等效载频为 4MHz 的长
波长信号，再使用双频共轭处理去除多普勒模糊完成低信噪比高速运动目标探测
和参数估计[20]。

2. 多站单频网

数字电视信号目前采用多站组网结构在降低发射功率的同时提高了覆盖范
围，客观上形成了分布式的外辐射源，而且单频网已成为主要的发展方向。为了
保证地面用户的使用，其信号在高度方向的覆盖范围有限，这在原理上限制了基
于单接收站的外辐射源雷达系统的探测距离，因此研究基于组网方式的多源多站
(包括单源三站)雷达系统具有重要的意义。

不同于简单的单频网，数字电视单频网是指网中若干发射点同时在同一频带
发射相同的信号，依托先进的调制解调技术可防止同频带发射站间互扰，实现对
一定服务区域的可靠覆盖。由于可得到各个发射站调制解调的先验信息，在原理
上可考虑通过信号处理的方法实现多源同频信号的分选。文献[21]介绍了 CS 理
论在外辐射源雷达中的应用情况，其核心思想为在信号的匹配滤波环节上通过使
用 CS 方法抑制随机信号旁瓣的干扰，提高空间分辨率和目标定位精度。将 CS
方法引入数字电视单频网外辐射源雷达系统，有可能同时提高直达波抑制能力，相
关研究工作值得深入开展。

以上论述了数字电视信号外辐射源雷达的特有问题，由此可能产生的系统性
能损失在实际应用中应予以重视。

3.3　基于共形稀疏阵列的雷达系统性能分析

本节结合平流层飞艇区域侦察预警应用需求，提出把稀疏阵列用于艇载外辐

射源雷达的设想，设计系统参数并分析艇载共形稀疏阵列外辐射源雷达的目标探测性能。针对平流层飞艇的特点，设计基于组合巴克码的大型共形稀疏阵列，分析直线稀疏布阵和共形曲线稀疏布阵及天线方向图指标。针对曲线阵列的弯曲和形变问题，提出曲线阵列到直线阵列的补偿方法。

3.3.1 直线稀疏布阵及分析

1. 直线稀疏阵列天线布局

本节基于组合巴克码设计稀疏阵列，子阵阵元数为 3×3。巴克码是一种具有良好相关特性的二相码序列，它具有一定的稀疏性，有助于稀疏重建[22]。但巴克码的码长较短，最长只有 13 位，故考虑采用码长较长的组合巴克码序列排布子阵实现稀疏布阵。组合巴克码的生成方式见文献[23]。根据艇载雷达对空间分辨率的要求，综合考虑阵列长度和稀疏率，这里采用以 11 位巴克码[11100010010]作为 4 位巴克码[1110]码元构成的 44 位组合巴克码序列[24]。该编码方法所得的组合巴克码序列长度为 44，可排布 21 个子阵，稀疏率约为 50%。在方位向，子阵依组合巴克码序列排布，子阵与子阵间的间隔为子阵方位向长度。每个子阵在方位向和俯仰向均等间隔布设 3 个阵元，俯仰向的 3 个阵元采用功率合成，21 个子阵在方位向阵元级做数字波束形成处理。

基于组合巴克码的稀疏阵列如图 3.2 所示，其中实心表示该码元位置有子阵，空心表示该码元位置无子阵。若将图中的空心子阵换成实心子阵则可变成满阵。本节主要分析阵列方位向天线方向图。

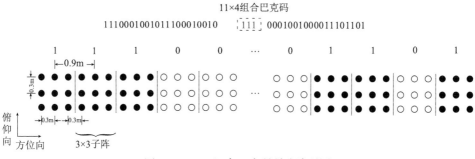

图 3.2 11×4 组合巴克码稀疏阵列图

2. 直线稀疏阵列性能分析

通过线阵列常规窄带波束形成，可在不同方位角上形成相应的数字波束天线方向图。

对于由间距为 d 的 M 个全向阵元组成的均匀线阵列，λ 为波长，θ 为信号入射角，Θ 为入射角范围，θ_0 为波束指向角，相邻两阵元间波程差引起的相位差为 $(2\pi/\lambda)d\sin\theta$，则阵列的天线方向图为

$$p(\theta) = \boldsymbol{w}^{\mathrm{H}}(\theta_0)\boldsymbol{a}(\theta) = \sum_{i=0}^{M-1} w_i(\theta_0)a_i(\theta), \quad \theta \in \Theta \tag{3.2}$$

其中，$\boldsymbol{w}(\theta_0)$ 为阵列加权向量，$\boldsymbol{w}^{\mathrm{T}}(\theta_0) = \begin{bmatrix} w_0(\theta_0) & w_1(\theta_0) & \cdots & w_{M-1}(\theta_0) \end{bmatrix}$；$\boldsymbol{a}(\theta)$ 为阵列导向向量，$\boldsymbol{a}^{\mathrm{T}}(\theta) = \begin{bmatrix} a_0(\theta) & a_1(\theta) & \cdots & a_{M-1}(\theta) \end{bmatrix}$，$a_i(\theta) = \mathrm{e}^{\mathrm{j}\frac{2\pi}{\lambda}id\sin\theta}$，$i = 0,1,2,\cdots,$ $M-1$。本节阵列波束形成均采用均匀加权。

对于满阵，有 $w_i(\theta_0) = \dfrac{a_i(\theta_0)}{M}$，$i = 0,1,2,\cdots,M-1$，由式(3.2)可知其天线方向图为

$$p(\theta) = \frac{1}{M}\sum_{i=0}^{M-1} \mathrm{e}^{\mathrm{j}\frac{2\pi}{\lambda}id(\sin\theta-\sin\theta_0)}, \quad \theta \in \Theta \tag{3.3}$$

对于稀疏阵，设 N 为其全向阵元数，$a_k(\theta)(k=0,1,2,\cdots,N-1)$ 为稀疏阵列导向向量中第 k 个阵元分量，$w_k(\theta)(k=0,1,2,\cdots,N-1)$ 为稀疏阵列加权向量中第 k 个阵元分量，则稀疏阵列的天线方向图为

$$p_{\mathrm{sp}}(\theta) = \sum_{k=0}^{N-1} w_k(\theta_0)a_k(\theta), \quad \theta \in \Theta \tag{3.4}$$

设 $i_k(k=0,1,2,\cdots,N-1)$ 为稀疏阵中第 k 个阵元对应在满阵中的阵元序列值，则 $a_k(\theta) = \mathrm{e}^{\mathrm{j}\frac{2\pi}{\lambda}i_kd\sin\theta}$，$w_k(\theta_0) = \dfrac{a_k(\theta_0)}{N}$，$k = 0,1,2,\cdots,N-1$，有

$$p_{\mathrm{sp}}(\theta) = \frac{1}{N}\sum_{k=0}^{N-1} \mathrm{e}^{\mathrm{j}\frac{2\pi}{\lambda}i_kd(\sin\theta-\sin\theta_0)}, \quad \theta \in \Theta \tag{3.5}$$

稀疏阵天线方向图有比较高的旁瓣，为降低旁瓣，可采用子阵天线方向图加权的方式[25]。从线阵列常规窄带波束形成原理可知，利用连续子阵天线方向图对稀疏阵天线方向图进行加权，连续子阵数量越多，加权效果越好，限于组合巴克码编码方式，本节最多只能使用连续 3 子阵。下面考虑使用组合巴克码中间的连续 3 子阵即 1×9 个阵元对稀疏阵天线方向图进行加权，如图 3.2 中虚线框内所示。

令连续 3 子阵阵元数为 M_s，$p_{\mathrm{sub}}(\theta)$ 为子阵天线方向图，$p_{\mathrm{sp}}(\theta)$ 为稀疏阵天线方向图，那么根据式(3.3)和式(3.5)可得到子阵加权后的天线方向图表达式为

$$p_{\text{w\_sp}}(\theta)=p_{\text{sub}}(\theta)p_{\text{sp}}(\theta)=\frac{1}{M_s N}\sum_{r=0}^{M_s-1}\sum_{k=0}^{N-1}\text{e}^{\text{j}\frac{2\pi}{\lambda}(r+i_k)d(\sin\theta-\sin\theta_0)},\quad \theta\in\Theta \qquad (3.6)$$

3. 仿真结果和指标对比情况

这里设置信号波长 λ=0.6m，每个子阵方位向阵元间隔为 $\lambda/2$，即 0.3m。由图 3.2 可知满阵阵元数为 132 个，连续 3 子阵阵元数为 9 个，根据式(3.3)、式(3.5)、式(3.6)可分别获得直线满阵、直线稀疏阵和加权直线稀疏阵天线方向图，如图 3.3 所示。

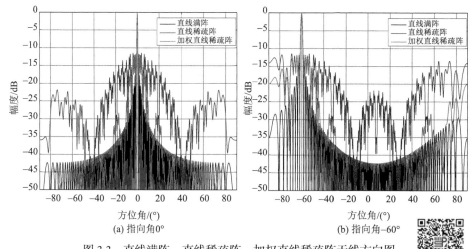

图 3.3 直线满阵、直线稀疏阵、加权直线稀疏阵天线方向图

根据图 3.3 中的天线方向图，表 3.1 给出了不同阵列形式下天线方向图的相关性能指标。

表 3.1 直线满阵、直线稀疏阵、加权直线稀疏阵天线方向图指标

指标	直线满阵		直线稀疏阵		加权直线稀疏阵	
	指向角 0°	指向角–60°	指向角 0°	指向角–60°	指向角 0°	指向角–60°
–3dB 波束宽度/(°)	0.768	1.54	0.704	1.41	0.704	1.41
峰值旁瓣比/dB	–13.26	–13.26	–11.82	–11.82	–11.93	–11.93
积分旁瓣比/dB	–9.57	–9.34	2.35	2.72	–3.04	–1.92

由图 3.3 和表 3.1 可以看出，利用连续 3 子阵方向图加权的方法可有效抑制稀疏阵列天线旁瓣和栅瓣的影响，从而大大改善其积分旁瓣比(integration side lobe rate，ISLR)，但其峰值旁瓣比和–3dB 波束宽度几乎无改善。从表 3.1 中数

据可以推得积分旁瓣比可提高 5.39dB（0°指向角）/4.64dB（-60°指向角）。

3.3.2 共形曲线稀疏布阵及分析

1. 共形曲线稀疏阵列天线布局

目前设计的平流层飞艇艇身大都呈水滴形，常见的有近似椭圆形、纺锤体系列和玫瑰线系列等。本节采用三叶玫瑰线来近似表示艇身的外形[26]。三叶玫瑰线在极坐标下的表达式为

$$\rho = a\sin(3\theta) \tag{3.7}$$

以其中的一个叶作为飞艇艇身外形曲线的近似形状，本节假设飞艇艇身长度为 150m，即令三叶玫瑰线模型中 $a=150\text{m}$，布设全阵长度为 39.6m。三叶玫瑰线的艇身结构使得子阵的排列变成曲线形式，即稀疏阵列天线变成曲线阵。稀疏阵列天线的弯曲对天线方向图性能指标影响较大，为此需要研究共形曲线稀疏阵列到直线稀疏阵列的阵型补偿问题，这里定义该补偿为弯曲补偿。共形曲线稀疏布阵示意图如图 3.4 所示，图中给出了稀疏阵列的共形曲线排列形式以及弯曲补偿后的直线排列形式。

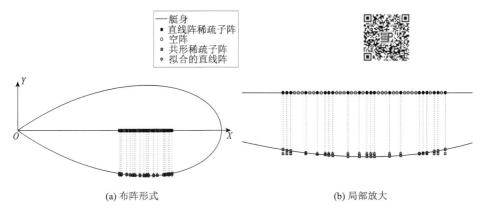

(a) 布阵形式   (b) 局部放大

图 3.4 共形曲线稀疏布阵示意图

2. 共形曲线稀疏阵列性能分析

这里首先假设曲线阵列无形变，而直线稀疏阵可通过利用最小二乘法对曲线稀疏阵进行一阶线性拟合得到，由此确立每个子阵相位中心在曲线稀疏阵与直线稀疏阵之间对应的斜距误差对应关系。曲线稀疏阵与直线稀疏阵的主要区别在于子阵接收信号的相位变化，该相位变化可通过曲线稀疏阵与直线稀疏阵在斜距上的距离差得到。弯曲补偿的核心即对曲线稀疏阵子阵接收信号相位变化的补偿。

共形曲线稀疏阵与直线稀疏阵相比，假设弯曲距离为 ΔR_{i_k} $(k=0,1,2,\cdots,N-1)$，

则根据式(3.5)可得到共形曲线稀疏阵的天线方向图为

$$p_{cv} = \frac{1}{N} \sum_{k=0}^{N-1} e^{j\frac{2\pi}{\lambda}i_k(d+\Delta R_{i_k})(\sin\theta - \sin\theta_0)}, \quad \theta \in \Theta \tag{3.8}$$

3. 形变误差测量和补偿

由于飞艇体积较大，阵列天线的尺寸也较大，而子阵间不能保证刚性连接，因而共形稀疏阵列天线全阵工作在与艇身蒙皮共形的非刚性状态下。在平台运动时，稀疏阵列天线的形变是难以避免的，有必要分析阵列形变误差测量和补偿问题。

使用分布式 POS 可获得每个子阵的高精度位置信息[27]，并获得阵列形变误差信息。由于信号波长较长，基于差分 GPS 即可能达到 1/10 波长（5~6cm）的位置测量精度，保证阵列形变误差补偿的精度要求。假定艇载共形阵列主要产生低阶形变，为减少分布式 POS 测量误差的影响，可考虑联合处理多个 POS 给出的子阵位置信息并进行曲线拟合。本节采用最小二乘法，对 POS 测量值进行多项式拟合，估计出整个天线阵列的形变情况。

目前差分 GPS 的精度已可满足位置测量精度要求，因而可考虑使用差分 GPS 进行形变误差测量。

设曲线阵形变误差距离为 ΔE_{i_k} $(k=0,1,2,\cdots,N-1)$，根据式(3.8)可得到有形变误差条件下共形曲线稀疏阵的天线方向图为

$$p_{cv} = \frac{1}{N} \sum_{k=0}^{N-1} e^{j\frac{2\pi}{\lambda}i_k(d+\Delta R_{i_k}+\Delta E_{i_k})(\sin\theta - \sin\theta_0)}, \quad \theta \in \Theta \tag{3.9}$$

由式(3.9)可以看出，在实际应用中，减去曲线阵弯曲及形变带来的相位变化即可得到直线稀疏阵天线方向图。

4. 仿真结果和指标对比情况

基于前面阵列形变与共形问题的分析，假定 POS 位置测量精度为 5cm，根据最小二乘准则对 POS 位置信息进行二阶曲线拟合，得到有一定形变误差的曲线阵。对该曲线阵进行形变补偿，再根据最小二乘准则对形变补偿后的曲线阵进行一阶直线拟合，得到与艇身几乎平行的直线阵。比较形变补偿后的曲线阵与对其进行一阶拟合后得到的直线阵在斜距上的位置差，可得到待补偿曲线阵弯曲距离。这里波长和阵元间隔参数同上。

图 3.5(a)为无形变曲线阵、有随机误差的形变曲线阵、拟合后的形变曲线阵以及弯曲补偿后的直线阵的阵列位置图。图 3.5(b)为随机误差拟合前后的形变情

况，其中虚线表示由分布式 POS 得到的带有随机误差的形变误差，点画线表示拟合后只有阵列形变的形变误差。从图中可以看出，经二阶曲线拟合后，可在一定程度上减少 POS 位置测量误差带来的影响。

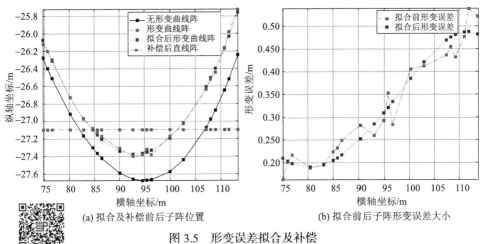

(a) 拟合及补偿前后子阵位置　　　　　(b) 拟合前后子阵形变误差大小

图 3.5　形变误差拟合及补偿

根据式 (3.9) 可得到有形变误差条件下共形曲线稀疏阵的天线方向图。有形变曲线稀疏阵与加权直线稀疏阵的对比如图 3.6 所示。从图中可以看出，经过形变误差拟合、形变补偿、弯曲补偿、连续三子阵加权后，稀疏阵天线方向图旁瓣得到了很好的抑制。

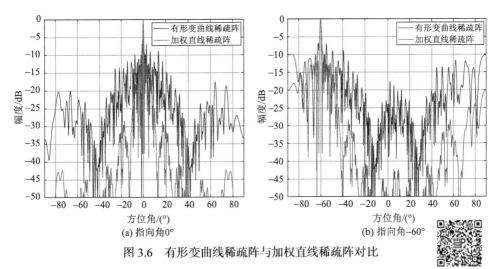

(a) 指向角0°　　　　　　　　　(b) 指向角−60°

图 3.6　有形变曲线稀疏阵与加权直线稀疏阵对比

表 3.2 给出了不同阵列形式下天线方向图的相关性能指标。从表中可以看出，有形变曲线稀疏阵的积分旁瓣比 7.72dB（指向角 0°）/8.17dB（指向角−60°）非常高，

经过形变误差拟合、形变补偿、弯曲补偿、连续三子阵加权后，积分旁瓣比改善
10.76dB（指向角 0°）/10.09dB（指向角–60°）。

表 3.2　有形变曲线稀疏阵、加权直线稀疏阵指标对比

指标	有形变曲线稀疏阵		加权直线稀疏阵	
	指向角 0°	指向角–60°	指向角 0°	指向角–60°
–3dB 波束宽度/(°)	0.7470	1.4920	0.7040	1.4050
积分旁瓣比/dB	7.72	8.17	–3.04	–1.92

这里峰值旁瓣比未列出来，因为有形变曲线稀疏阵的 PSLL 非常差，几乎分
不清主瓣和旁瓣。

3.3.3　外辐射源雷达探测性能分析

1. 系统参数设计

外辐射源雷达系统参数如表 3.3 所示。

表 3.3　外辐射源雷达系统参数

系统参数	数值	系统参数	数值
信号频率/MHz	500	阵元间隔/m	0.3
噪声温度/K	300	信号积累时间/s	3
噪声系数/dB	3	辐射源发射功率/kW	10
系统损耗/dB	13	目标 RCS/m^2	3
检测信噪比/dB	16	基线长度/km	50

这里检测信噪比选取为 16dB，对应起伏目标的发现概率约为 0.8，虚警率
约为 10^{-5}；系统损耗选取为 13dB，包括射频系统损失 1dB、波束形状损失
1dB、恒虚警率(constant false-alarm rate，CFAR)损失 2dB、信号处理失配损失
5dB(包括模数转换、目标距离徙动、多普勒散焦、滤波器带宽失配等)、参考
信号与回波信号去相关损失 1dB(相干系数 0.8)、直达波对消使检测基底抬高损
失 3dB。

根据直线稀疏阵布阵，表 3.4 给出了满阵与稀疏阵相关天线参数，表中对比
列出了天线俯仰向阵元数、方位向阵元数、总阵元数、天线面积和天线增益。

表 3.4 满阵与稀疏阵天线参数

指标	满阵	稀疏阵
俯仰向阵元数	3	3
方位向阵元数	3×44	3×21
总阵元数	396	189
天线面积/m²	35.64	17.01
天线增益/dB	30.95	27.7

2. 探测性能分析

根据信号从辐射源到接收机传播中的功率变化情况，由雷达方程可推导出：

$$R_r R_t = \sqrt{\frac{P_t G_t G_r \sigma \lambda^2}{(4\pi)^3 k T_0 (1/T_n) F L_n (\mathrm{SNR})_{\mathrm{omin}}}} \tag{3.10}$$

其中，P_t 为辐射源发射功率；G_t 为发射天线增益；G_r 为接收天线增益；σ 为目标 RCS；λ 为信号波长；R_t 为目标到辐射源距离；R_r 为目标到接收天线的最远接收距离；$(\mathrm{SNR})_{\mathrm{omin}}$ 为接收机最小输出信噪比；k 为玻尔兹曼常量；T_0 为接收机噪声温度；F 为接收机噪声系数；T_n 为接收机信号积累时间；L_n 为系统损耗。

设外辐射源雷达系统结构中基线长度为 D，则根据式 (3.10) 可得到雷达在水平面各个方向上的最大及最小接收距离表达式：

$$R_{\mathrm{rmax}} = \sqrt{\sqrt{\frac{P_t G_t G_r \sigma \lambda^2}{(4\pi)^3 k T_0 (1/T_n) F L_n (\mathrm{SNR})_{\mathrm{omin}}} + \frac{D^2}{4}} + \frac{D}{2}} \tag{3.11}$$

$$R_{\mathrm{rmin}} = \sqrt{\sqrt{\frac{P_t G_t G_r \sigma \lambda^2}{(4\pi)^3 k T_0 (1/T_n) F L_n (\mathrm{SNR})_{\mathrm{omin}}} + \frac{D^2}{4}} - \frac{D}{2}} \tag{3.12}$$

这里假定阵列在艇身两侧均布设，近似形成全向天线的覆盖范围，根据表 3.3 和表 3.4 参数，可得到满阵与稀疏阵条件下的最大作用距离分别为 $R_{\mathrm{fmax}} = 368.83\mathrm{km}$，$R_{\mathrm{spmax}} = 311.12\mathrm{km}$，满阵和稀疏阵的覆盖范围如图 3.7 所示。从图中可以看出，在 11×4 组合巴克码稀疏方式下，稀疏率约 50%，稀疏阵覆盖范围略小于满阵覆盖范围。

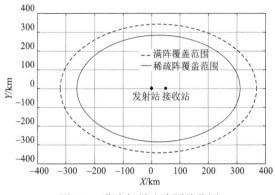

图 3.7   满阵与稀疏阵覆盖范围

3.4   单源三站外辐射源雷达目标探测性能分析

本节针对单源单站(SISO)和单源三站(single illumination and triple observation, SITO)两种工作方式,在接收天线阵元数相同的情况下分别分析其探测距离和定位精度。在单源三站条件下推导直角坐标系中的目标速度矢量表达式,并分析其速度测量精度。这里为了方便分析,假设系统布局中艇载接收站与辐射源均在地面上。

3.4.1   单源单站系统性能分析

1. 单源单站系统参数

单源单站系统通常采用测量目标双基距离和方位角实现对目标的定位[28],辐射源与接收站的系统布局如图 3.8 所示。图中 R_t 为辐射源到目标距离,R_r 为接收站到目标距离,D 为辐射源到接收站基线长度,θ 为目标相对接收站的方位角。

单站考虑使用 4 组阵列天线,每组在方位向覆盖 90°即可实现全向覆盖。每

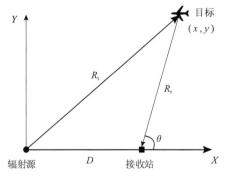

图 3.8   单源单站系统布局

组天线由俯仰 4×方位 6 阵元组成，俯仰上每 4 个阵元采用功率合成后，俯仰向覆盖范围约为 26°(3dB 波束宽度)/36°(6dB 波束宽度)，在方位向形成 6 个通道，通过数字波束形成 5 个方位波束，每个方位波束覆盖约 17°(3dB 波束宽度)，方位向覆盖范围约 85°[29]。系统的总波束数为 4×5=20，对应的信号处理通道数为 20 个。单源单站系统参数如表 3.5 所示。

表 3.5　单源单站系统参数

阵列天线参数	数值	接收机参数	数值	其他参数	数值
信号频率/MHz	500	噪声温度/K	300	辐射源发射功率/kW	1
波束数	4×5	噪声系数/dB	3	发射天线增益/dB	6.5
阵元间隔/m	0.3	接收机灵敏度/dBm	−102	目标 RCS/m²	10
每组阵元数	4×6	检测信噪比/dB	16	基线长度/km	40
每组接收天线增益/dB	18	信号积累时间/s	1	双基距离测量误差/m	100
阵元总数	96	信号带宽/MHz	8	系统损耗/dB	13

这里检测信噪比选取为 16dB，对应起伏目标的发现概率约为 0.8，虚警率约为 10^{-5}[30]；系统损耗选取为 13dB，包括射频系统损失 1dB、波束形状损失 1dB、CFAR 损失 2dB、信号处理失配损失 5dB(包括模数转换、目标距离徙动、多普勒散焦、滤波器带宽失配等)、参考信号与回波信号去相关损失 1dB(相干系数 0.8)、直达波对消使检测基底抬高损失 3dB，后两项损失为外辐射源雷达体制带来的。显然上述参数的设置较为理想，实际的系统损耗可能会更大。

2. 单源单站探测能力

根据图 3.8 及式(3.10)可得雷达在水平面各个方向上的最大及最小接收距离(式(3.11)和式(3.12))。

在表 3.5 参数下，$R_{rmax} = 116\text{km}$，$R_{rmin} = 76\text{km}$，单站覆盖范围约为 28953km²，如图 3.9 所示。

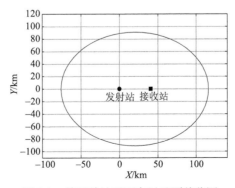

图 3.9　单源单站平面布局及覆盖范围

3. 单源单站目标位置测量精度

单源单站系统通常利用目标的双基距离和方位角实现对目标的定位，一般不测量目标高度。其双基距离测量精度主要由信号带宽、GPS 时钟精度、辐射源和接收站的定位精度构成。对基于数字电视信号的雷达系统，其双基测量精度已可以优于 100m；其方位角测量精度通常在天线方位波束宽度的 1/10 左右。假定天线的方位波束宽度为 10°，其方位角测量精度约 1°。测角方法主要有比幅测角与和差测角两种。要提高方位角的测量精度，需要增大天线尺寸。

图 3.8 所示的单源单站系统布局中，设接收站接收到辐射源的直达波与经目标反射的回波之间的时间延迟为 Δt，目标的双基距离为 R，由三角函数关系知：

$$R_t^2 = R_r^2 + D^2 + 2R_r D \cos\theta \tag{3.13}$$

目标的双基距离是目标到辐射源距离与目标到接收站距离之和，即

$$R = R_t + R_r = c\Delta t - D \tag{3.14}$$

根据式 (3.13) 和式 (3.14) 可推出目标到接收站距离的表达式为

$$R_r = \frac{R^2 - D^2}{2(R + D\cos\theta)} \tag{3.15}$$

由此再结合图 3.8 所示的单源单站系统布局，可得到目标位置 x、y 关于双基距离和方位角的表达式

$$\begin{cases} x = D + R_r \cos\theta \\ y = R_r \sin\theta \end{cases} \tag{3.16}$$

进而根据全微分方程可求得目标的位置精度为

$$\begin{cases} \mathrm{d}x = |\cos\theta| \mathrm{d}R_r + |R_r \sin\theta| \mathrm{d}\theta \\ \mathrm{d}y = |\sin\theta| \mathrm{d}R_r + |R_r \cos\theta| \mathrm{d}\theta \end{cases} \tag{3.17}$$

表 3.6 给出了不同参数下的目标位置测量精度仿真结果，这里设置 dR = 100m，dθ=1°。

从表 3.6 的仿真结果可以看出，在单源单站条件下，基于双基距离和方位角可对目标在 X、Y 方向上实现定位，其位置测量精度与目标距离有关，距离越远，定位精度越低。在双基距离测量精度 100m、方位角测量精度 1° 的条件下，在双基距离 200km 处定位精度约为 1.7km。单源单站对目标的定位精度主要受限于测角精度。

表3.6　单源单站目标位置测量精度仿真结果

R/km	θ/(°)	x/km	dx/m	y/km	dy/m
100	45	63.1	352	23.1	530
100	90	40	733	42	351
100	135	−1.4	1048	41.4	478
150	45	81.4	644	41.4	874
150	90	40	1216	69.6	377
150	135	−20.7	1343	60.7	850
200	45	99.4	945	59.4	1202
200	90	40.0	1675	96	387
200	135	−39.0	1643	79.0	1188

3.4.2　单源三站系统性能分析

1. 单源三站系统参数

下面以一个辐射源、三个接收站为例分析单源多站情况。三个接收站以辐射源为中心呈 Y 形布局，如图3.10所示。图中定义 X、Y、Z 为目标在该坐标系中的直角坐标，D 为发射站到接收站基线长度。为满足 Y 形布局要求，设置辐射源、接收站位置关系如图所示，辐射源与接收站 2 位于 Y 轴上，接收站 3 位于 X 轴上，接收站 1 在 XY 平面任意放置。这里令 $a = 0.5D$，$b = 1.5D$，$c = -0.866D$，$x_1 = 0.866D$，$y_1 = 0$。

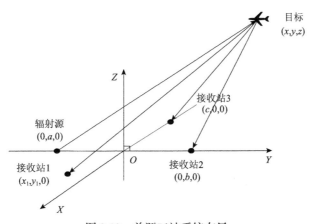

图3.10　单源三站系统布局

这里三个接收站使用的接收天线总阵元数为 96 个，与单源单站工作方式下一致。每个接收站阵元数为 32 个，考虑使用 4 组阵列天线，每组在方位向覆盖 90°，以实现全向覆盖，如图3.11所示。接收站每组天线由俯仰向 4×方位向 2 阵元组成，采用功率合成后形成 1 个通道，方位向覆盖约 60°(3dB 波束宽度)/85°(6dB 波束宽度)，俯仰向覆盖范围约为 26°(3dB 波束宽度)/36°(6dB 波束宽度）。这里，每个接收站的总波束数为 4×1=4 个，对应的信号处理通道数为 4 个，每组接收天线增益约 14dB，其他系统参数同表 3.1。

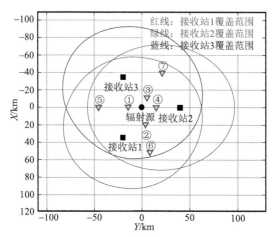

图 3.11　单源三站平面布局及覆盖范围

2. 单源三站探测能力

在上述单源三站系统中，每个接收站的最大作用距离及覆盖范围的计算方法同单源单站。基于单源三站系统参数，对于每个接收站有 $R_{rmax}=98km$，$R_{rmin}=58km$，三站覆盖范围约为 $30172km^2$，如图 3.11 所示。显然单源三站的覆盖范围略优于单源单站的覆盖范围。图 3.11 中每个椭圆的覆盖区为目标可探测区，根据每个接收站的目标回波信息可测量目标的双基距离。利用三个接收站获得的双基距离通过共视区数据关联处理后，通过解目标定位方程，即可实现目标定位，同时包括目标一定的高度信息，无须对目标进行单站测角。

3. 单源三站目标位置测量精度

假设目标到接收站 1、2、3 的双基距离分别为 R_1、R_2、R_3，根据辐射源、接收站及目标的位置关系有

$$\begin{cases} R_1 = \sqrt{x^2 + (y-a)^2 + z^2} + \sqrt{(x-x_1)^2 + (y-y_1)^2 + z^2} \\ R_2 = \sqrt{x^2 + (y-a)^2 + z^2} + \sqrt{x^2 + (y-b)^2 + z^2} \\ R_3 = \sqrt{x^2 + (y-a)^2 + z^2} + \sqrt{(x-c)^2 + y^2 + z^2} \end{cases} \quad (3.18)$$

根据式 (3.18) 可得到 x、y、z 关于双基距离的表达式为

$$\begin{cases} x = \dfrac{(K_1R_2 - K_2R_1)N_2 - (K_3R_2 - K_2R_3)N_1}{2(cN_1 - x_1N_2)R_2} \\[3mm] y = \dfrac{c(K_1R_2 - K_2R_1) - x_1(K_3R_2 - K_2R_3)}{cN_1 - x_1N_2} \\[3mm] z = \sqrt{\left[\dfrac{K_2 + 2(b-a)y}{2R_2}\right]^2 - x^2 - (y-a)^2} \end{cases} \tag{3.19}$$

其中，$K_1 = R_1^2 + a^2 - x_1^2 - y_1^2$，$K_2 = R_2^2 + a^2 - b^2$，$K_3 = R_3^2 + a^2 - c^2$，$N_1 = 2(b-a)R_1 - 2(y_1 - a)R_2$，$N_2 = 2(b-a)R_3 + 2aR_2$。

进而根据全微分方程求得目标的位置精度为

$$\begin{cases} dx = \left|\dfrac{\partial x}{\partial R_1}\right|dR_1 + \left|\dfrac{\partial x}{\partial R_2}\right|dR_2 + \left|\dfrac{\partial x}{\partial R_3}\right|dR_3 \\[3mm] dy = \left|\dfrac{\partial y}{\partial R_1}\right|dR_1 + \left|\dfrac{\partial y}{\partial R_2}\right|dR_2 + \left|\dfrac{\partial y}{\partial R_3}\right|dR_3 \\[3mm] dz = \left|\dfrac{\partial z}{\partial R_1}\right|dR_1 + \left|\dfrac{\partial z}{\partial R_2}\right|dR_2 + \left|\dfrac{\partial z}{\partial R_3}\right|dR_3 \end{cases} \tag{3.20}$$

式 (3.20) 给出了目标的位置精度表达式，据此可分析不同参数下的目标定位精度。表 3.7 给出了几组典型参数下的目标位置测量精度分析结果。这里先确定双基距离，然后求解目标在直角坐标系中对应的位置。

表 3.7　单源三站目标位置测量精度仿真结果

目标	R_1/km	R_2/km	R_3/km	x/km	dx/m	y/km	dy/m	z/km	dz/m	俯仰角/(°)
①	50	69	50	0	102	5.8	152.5	3.7	533.5	14
②	50	60	76	16.5	129.98	23.53	140.33	8.77	367.13	27.46
③	67	51	50	−10.86	130.6	25.67	131.14	7.3	331.4	30.8
④	69	44	69	0	146.4	35.92	110	9	204	29.5
⑤	90	132	90	0	126.5	−25.4	216.4	8.7	945.7	10.86
⑥	89	115.5	146	52.3	184.7	28.9	208	9.3	1400	9.8
⑦	132	90	90	−39.3	187.4	42.7	171.4	8.7	1150	10.8

表 3.7 中的目标俯仰角对应于辐射源。从表 3.7 的仿真结果可以看出，在单源三站条件下基于双基距离，目标在 X、Y 方向上的位置测量精度约为 200m。在此条件

下，系统虽具有一定的目标高度测量能力，但其测高误差与目标俯仰角成反比。

与单源单站工作方式相比，利用单源三站可以对目标在 X、Y 方向在原理上实现较高的精度定位，但由于存在三站共视区、三站目标数据空时同步和关联等问题，实际的目标定位测量精度可能比上述仿真结果低，而且三站共视区要比三站覆盖范围小。由于该定位方法基于同时交汇探测，要求系统对目标具有较高的发现概率并正确关联。

4. 单源三站目标速度测量精度

数字电视信号频率较高，故其目标径向速度测量精度较高，而三站观测结构具有求解目标速度矢量的可能，相关研究对多目标航迹生成具有重要意义。

在收发分置观测结构下，将目标径向速度方向定义在收发双基地角平分线上。设目标到接收站 1、2、3 的径向速度分别为 v_1、v_2、v_3；直角坐标系下目标速度矢量在三个方向的分量分别为 v_x、v_y、v_z。目标位置坐标为 $\boldsymbol{p}_{ta} = (x \quad y \quad z)^T$，辐射源站位置坐标为 $\boldsymbol{p}_{tr} = (0 \quad a \quad 0)^T$，接收站 1 位置坐标为 $\boldsymbol{p}_{r1} = (x_1 \quad y_1 \quad 0)^T$，接收站 2 位置坐标为 $\boldsymbol{p}_{r2} = (0 \quad b \quad 0)^T$，接收站 3 位置坐标为 $\boldsymbol{p}_{r3} = (c \quad 0 \quad 0)^T$。

接收站 1、2、3 的双基地角平分线矢量分别为 $\boldsymbol{a}_{t1} = \dfrac{\boldsymbol{p}_{r1} - \boldsymbol{p}_{ta}}{|\boldsymbol{p}_{r1} - \boldsymbol{p}_{ta}|} + \dfrac{\boldsymbol{p}_{tr} - \boldsymbol{p}_{ta}}{|\boldsymbol{p}_{tr} - \boldsymbol{p}_{ta}|}$，

$\boldsymbol{a}_{t2} = \dfrac{\boldsymbol{p}_{r2} - \boldsymbol{p}_{ta}}{|\boldsymbol{p}_{r2} - \boldsymbol{p}_{ta}|} + \dfrac{\boldsymbol{p}_{tr} - \boldsymbol{p}_{ta}}{|\boldsymbol{p}_{tr} - \boldsymbol{p}_{ta}|}$，$\boldsymbol{a}_{t3} = \dfrac{\boldsymbol{p}_{r3} - \boldsymbol{p}_{ta}}{|\boldsymbol{p}_{r3} - \boldsymbol{p}_{ta}|} + \dfrac{\boldsymbol{p}_{tr} - \boldsymbol{p}_{ta}}{|\boldsymbol{p}_{tr} - \boldsymbol{p}_{ta}|}$。

令 $\boldsymbol{A} = \begin{bmatrix} \boldsymbol{a}_{t1} & \boldsymbol{a}_{t2} & \boldsymbol{a}_{t3} \end{bmatrix}^T$，$\boldsymbol{Y} = \begin{bmatrix} v_x & v_y & v_z \end{bmatrix}^T$，$\boldsymbol{B} = \begin{bmatrix} |\boldsymbol{a}_{t1}| v_1 & |\boldsymbol{a}_{t2}| v_2 & |\boldsymbol{a}_{t3}| v_3 \end{bmatrix}^T$，则根据速度投影关系有

$$\boldsymbol{A}\boldsymbol{Y} = \boldsymbol{B} \tag{3.21}$$

即

$$\boldsymbol{Y} = \boldsymbol{A}^{-1}\boldsymbol{B} \tag{3.22}$$

该式表明只要目标位置矩阵可逆，其直角坐标系速度矢量 $\boldsymbol{Y}$ 就可求解。

另外，令 $\boldsymbol{D} = \begin{bmatrix} \dfrac{\partial v_x}{\partial v_1} & \dfrac{\partial v_y}{\partial v_1} & \dfrac{\partial v_z}{\partial v_1} \\[2mm] \dfrac{\partial v_x}{\partial v_2} & \dfrac{\partial v_y}{\partial v_2} & \dfrac{\partial v_z}{\partial v_2} \\[2mm] \dfrac{\partial v_x}{\partial v_3} & \dfrac{\partial v_y}{\partial v_3} & \dfrac{\partial v_z}{\partial v_3} \end{bmatrix}^T$，$\boldsymbol{E} = \begin{bmatrix} |\boldsymbol{a}_{t1}| & 0 & 0 \\ 0 & |\boldsymbol{a}_{t2}| & 0 \\ 0 & 0 & |\boldsymbol{a}_{t3}| \end{bmatrix}$，则根据偏导公式有

$$\boldsymbol{D} = \boldsymbol{A}^{-1}\boldsymbol{E} \tag{3.23}$$

A、**E** 均为只与目标位置及系统布局有关的矩阵，所以式(3.23)说明直角坐标系下速度矢量对径向速度的偏导矩阵 **D** 只与目标位置及系统布局有关。

令直角坐标系下的速度精度矢量为 $d\boldsymbol{Y} = \begin{bmatrix} dv_x & dv_y & dv_z \end{bmatrix}^T$，径向速度精度矢量为 $d\boldsymbol{X} = \begin{bmatrix} dv_1 & dv_2 & dv_3 \end{bmatrix}^T$，则根据全微分方程有

$$d\boldsymbol{Y} = \text{abs}|\boldsymbol{D}|d\boldsymbol{X} \tag{3.24}$$

目标径向速度的测量需通过三个接收站多普勒频率测量实现，故直角坐标系下的目标速度精度矢量与目标位置、系统布局和多普勒频率测量精度有关。设信号积累时间为 1s，多普勒频率分辨率为 1Hz，假设多普勒频率精度与其分辨率相当，则根据多普勒频率精度表达式 $dv = df\lambda/2$，求得三个接收站的径向速度测量精度均为 $dv = 0.3\text{m/s}$。

根据式(3.24)，即可分析直角坐标系中不同参数下目标的速度测量精度。表 3.8 给出了图 3.11 中①、②、⑥、⑦所示位置目标的速度测量精度分析结果。仿真中假定直角坐标系下目标高程向速度为零，即速度矢量位于 XY 平面，同时给出了与之对应三个接收站的径向速度。

表 3.8　单源三站目标速度测量精度仿真结果

目标	俯仰角/(°)	v_1/(m/s)	v_2/(m/s)	v_3/(m/s)	v_x/(m/s)	v_y/(m/s)	dv_x/(m/s)	dv_y/(m/s)	dv_z/(m/s)
①	14	−30.50	−49.35	−30.50	0	−50	0.40	0.76	2.83
		43.97	−49.35	−104.96	100	−50			
②	27.46	38.25	−21.99	15.25	100	−50	0.65	0.70	1.39
		15.42	−101.29	−74.68	0	−50			
⑥	9.8	27.03	−9.04	12.02	100	0	1.07	1.19	6.84
		−53.61	−105.87	−84.07	100	−50			
⑦	10.8	24.74	2.69	40.88	0	−50	1.07	0.96	6.40
		110.42	100.18	94.26	100				

由表 3.8 可以看出，在单源三站条件下，基于径向速度，可在直角坐标系下对目标进行速度矢量测量，X、Y 方向的速度测量精度约 1m/s，与 X、Y 方向相比，Z 方向的速度测量精度较差，其测量误差与目标俯仰角成反比。

3.5　参考通道多径杂波抑制

本节主要介绍数字电视外辐射源雷达参考通道多径杂波的强度和影响分析，指出多径杂波对外辐射源雷达目标探测的相关影响。针对该问题，提出单通道自

参照的 k-前向预测自适应滤波方法，通过仿真和实际数据验证此方法的有效性。

3.5.1 多径杂波强度和影响分析

1. 多径杂波强度

参考信号通常包含来自发射塔的直达波信号以及地物反射产生的大量多径杂波。直达波信号为需要提取的有用信号。下面假定收发站间距 40km 时，分析参考信号中多径杂波功率 P_r 和直达波的功率 P_d 之比。根据已知条件有

$$P_d = \frac{P_t G_t G_r}{\left(4\pi\right)^2} \frac{\lambda^2}{R^2} \tag{3.25}$$

$$P_r = \sum_{i=1}^{N} P_{ri} = \frac{P_t G_t G_r}{\left(4\pi\right)^3} \lambda^2 \left(\sum_{i=1}^{N} \frac{M\sigma_i}{R_{1i}^2 R_{2i}^2} \right) \tag{3.26}$$

$$\frac{P_r}{P_d} = \frac{R^2}{4\pi} \left(\sum_{i=1}^{N} \frac{M\sigma_i}{R_{1i}^2 R_{2i}^2} \right) \tag{3.27}$$

其中，G_t 为发射天线功率增益；P_t 为发射功率；G_r 为接收天线功率增益；λ 为辐射源信号波长；N 为地物分布的距离段数；M 为每个距离段里面地物数量。

数字电视信号的波长较短，波长为 0.6m 时，对一个几何尺寸为 6m×9m=54m^2 的地物(如建筑)，若其前向散射系数为 0.1，其 RCS 即可约为 10000m^2。假定参考天线的方位波束宽度为 40°，对这样 RCS 的地物，在 200m 距离范围内有 10 个，在 500m 距离范围内有 60 个，在 1000m 距离范围内有 120 个，多径杂波功率与直达波功率相比即可达到–3dB。当参考天线俯仰向波束也较宽时，可同时接收高度较高地物产生的多径杂波，进一步考虑到参考天线旁瓣的影响，多径杂波与直达波功率相当是可能的。

以上采用全向散射模型分析了多径杂波的影响，当接收站附近地物导致反射多径直达波进入参考天线时，即使地物很少，其强度也可能较大[31]。由以上分析可以得知，近距离地物(如房屋建筑、山丘地形等)是多径直达波的主要产生原因。接收站周围地形严格影响了多径直达波的产生及强度，为减小多径直达波，参考天线宜架设在地物少的开阔环境中；参考天线设计时也应具有更窄的波束、更低的旁瓣。为了减少多径直达波的干扰，接收站的布设应避开城区并选择周围近距离没有高大建筑物的区域。

2. 多径杂波影响分析

记直达波信号为 $s(n)$，多径杂波为 $s(n)$ 延迟 j 个单元的结果，α_j 为杂波强

度系数，$g_x(n)$、$g_y(n)$ 分别为参考天线和主天线的噪声，n_0 为目标所在单元。于是参考天线信号为

$$x(n) = s(n) + \sum_j \alpha_j \cdot s(n-j) + g_x(n) \tag{3.28}$$

假设主天线无杂波干扰，记为

$$y(n) = s(n-n_0) + g_y(n) \tag{3.29}$$

主天线和参考天线的互相关函数为

$$R_{yx}(n) = y(n) * x^*(-n) = R'_{yx}(n) + R_{yp}(n) \tag{3.30}$$

$$R'_{yx} = \left[s(n-n_0) + g_y(n) \right] * \left(s(-n) + g_x(-n) \right)^* \tag{3.31}$$

$$
\begin{aligned}
R_{yp}(n) &= \left[s(n-n_0) + g_y(n) \right] * \left(\sum_j \alpha_j \cdot s(-n-j) \right)^* \\
&= s(n-n_0) * \left(\sum_j \alpha_j \cdot s(-n-j) \right)^* + g_y(n) * \left(\sum_j \alpha_j \cdot s(-n-j) \right)^*
\end{aligned} \tag{3.32}
$$

其中，R'_{yx} 为参考信号中无多径杂波影响时主天线信号和参考信号互相关结果；$R_{yp}(n)$ 为 $y(n)$ 和参考信号中多径杂波部分互相关结果，即因多径杂波存在，产生的额外影响。

$R_{yp}(n)$ 共由两部分组成：

(1) 目标回波与多径杂波的互相关，将在 $n_0 - j$ 位置引起虚警，虚警数目及强度取决于参考信号中多径杂波分布，多径杂波越强，虚警幅度越大；多径杂波越多，虚警越多。在互相关检测图中呈现出"目标分裂"、增加虚警现象。该现象不仅存在于运动目标检测，对静止杂波也有影响。

(2) 主天线噪声同多径杂波的互相关，将造成相关检测时噪声基底抬升，引起信噪比下降。

另外，主天线信号存在较强杂波时，在杂波位置附近也会产生虚警。通常主天线信号杂波抑制采用主参杂波对消方法[32]，若参考信号含有多径杂波，会影响主天线杂波对消性能[33]。

参考信号中多径杂波的存在，不仅会降低直达波的对消效果，产生虚假目标增加虚警概率，而且会和目标回波信号产生去相关失配损失。当多径杂波和直达波的功率相当时，参考信号和目标回波信号去相关失配损失 2～3dB，对系统的

探测性能影响很大，因此必须要对其进行提纯处理。参考通道中的多径杂波主要分布在近距离，数字电视信号带宽较大，相关处理后，对不同距离单元的多径杂波区分能力强，可据该性质在时域滤波实现多径杂波抑制。

3.5.2 多径杂波抑制算法与原理

1. 无限冲激响应理想滤波

参考信号模型由式(3.28)给出，进行 z 变换得

$$X(z) = S(z)\left(1 + \sum_j \alpha_j \cdot z^{-j}\right) + G_x(z) \tag{3.33}$$

$$\Leftrightarrow S(z) = \frac{1}{1 + \sum_j \alpha_j \cdot z^{-j}}\left[X(z) - G_x(z)\right] \tag{3.34}$$

$$\Leftrightarrow \frac{1}{1 + \sum_j \alpha_j \cdot z^{-j}} X(z) = S(z) + \frac{1}{1 + \sum_j \alpha_j \cdot z^{-j}} G_x(z) \tag{3.35}$$

上述推导了参考信号提纯的理想滤波方式，理论上，将参考信号通过一个理想无限冲激响应(infinite impulse response，IIR)滤波器可以得到较纯净的直达波，其中 IIR 滤波器参数取决于多径分布。IIR 滤波器的优点在于其设计可以直接使用模拟滤波器设计的结果，因为模拟滤波器本身具有无限长的脉冲响应。实际工作中 IIR 参数估计困难并且信道多变，以及 IIR 很难保证系统稳定性，因此要采用自适应的有限冲激响应(finite impulse response，FIR)滤波器做提纯滤波。

2. LMS 自适应滤波

在实际应用中，信号和噪声的统计特性的先验知识通常是无法获取的。淹没在强背景噪声中的有用信号通常很弱且不稳定，并且背景噪声通常是非平稳的并随时间而变化，因此传统方法很难解决噪声背景下的信号提取问题。

自适应滤波器采用可变权重，可以工作在噪声未知的环境中，选取代价函数，通过一段工作时间下的监督学习实现某种意义下的最优滤波。在此基础上，如果自适应滤波收敛后，信道长期稳定，则可以将自适应滤波权值参数更新周期加长，从而增加系统稳定性的同时可以减小计算负担。常用的自适应信号处理滤波方法以最小均方自适应滤波器、格型滤波器和递归最小二乘滤波器等为代表，在包括系统辨识、自适应噪声消除、自适应均衡、自适应谱线增强、线性预测、

自适应陷波滤波，以及自适应天线阵列等众多领域，自适应滤波技术因在应对这种不确定的信息过程或者系统中表现出的优秀性能而得到广泛应用。

LMS 滤波器框图如图 3.12 所示。

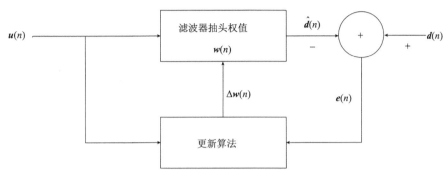

图 3.12　LMS 滤波器框图

假设输入信号 $u(n)$ 是期望信号 $d(n)$ 和干扰噪声 $v(n)$ 之和：

$$u(n) = d(n) + v(n) \tag{3.36}$$

可变滤波器具有有限冲激响应结构，这样的脉冲响应等于滤波器系数，故 M 阶滤波器抽头系数定义为

$$w(n) = \begin{bmatrix} w_0(n) & w_1(n) & \cdots & w_{M-1}(n) \end{bmatrix}^{\mathrm{T}} \tag{3.37}$$

将输入信号与抽头权重进行运算获得输出信号，即估计值：

$$\hat{d}(n) = w^{\mathrm{T}}(n) \cdot u(n) \tag{3.38}$$

误差信号（也称为代价函数）是期望信号和估计信号之差：

$$e(n) = d(n) - \hat{d}(n) \tag{3.39}$$

$$u(n) = \begin{bmatrix} u(n), u(n-1), \cdots, u(n-M+1) \end{bmatrix} \tag{3.40}$$

$$w(n+1) = w(n) + \Delta w(n) \tag{3.41}$$

$\Delta w(n)$ 为自适应算法根据输入信号与误差信号生成的校正因子，采用 LMS 误差准则时，滤波器抽头更新方程变为

$$w(n+1) = w(n) + 2\mu e(n) u(n) \tag{3.42}$$

其中，μ 为步长参数，控制每次迭代步长，可以影响算法收敛速度以及收敛

结果。参数 μ 越大，收敛速度越快，但太大的 μ 值会导致发散；若参数 μ 太小，则收敛速度慢且容易陷入局部极小值点。一般情况下，LMS 算法具体流程如下：

（1）选取参数，即全局步长参数 μ 以及滤波器抽头数目 M（也称为滤波器阶数）。具体应用中需要针对具体问题进行优化选取。

（2）对滤波器权值进行初始化。若无更多先验知识，则一般情况下利用高斯分布进行初始化权值。

（3）迭代运算，即利用式（3.38）、式（3.39）和式（3.42）共同构成 LMS 算法的迭代计算核心过程。

3. k-前向预测自适应滤波

k-前向预测自适应滤波为考虑在参考通道进行自参照，进行杂波对消的时域自适应滤波方法。输入为 $\boldsymbol{u}(n)$，参照为 $\boldsymbol{d}(n)$，滤波器权值为 $\boldsymbol{w}$，输出 $\boldsymbol{y}(n) = \boldsymbol{w}^{\mathrm{H}}\boldsymbol{u}(n)$。为分析简便，忽略噪声影响，参考信号表示为

$$\boldsymbol{x}(n) = \boldsymbol{s}(n) + \sum_j \alpha_j \cdot \boldsymbol{s}(n-j) \tag{3.43}$$

记 $\boldsymbol{x}(n) = \left[x(n), x(n-1), \cdots, x(n-M+1)\right]^{\mathrm{T}}$，$M$ 为滤波器长度。滤波器输入 $\boldsymbol{u}(n) = \boldsymbol{x}(n-k)$，训练参照 $\boldsymbol{d}(n) = \sum_j \alpha_j \cdot \boldsymbol{s}(n-j)$，当滤波器收敛后，$\boldsymbol{y}(n)$ 为 $\boldsymbol{x}(n)$ 中的杂波，$\boldsymbol{x}(n) - \boldsymbol{y}(n)$ 即提纯后的直达波。

上述问题为维纳滤波问题，其最优解为

$$\boldsymbol{w}_0 = \boldsymbol{R}^{-1}\boldsymbol{p} \tag{3.44}$$

其中，$\boldsymbol{R} = E\left[\boldsymbol{u}(n)\boldsymbol{u}^{\mathrm{H}}(n)\right]$，$\boldsymbol{p} = E\left[\boldsymbol{u}(n)d^*(n)\right]$；实际中考虑到训练成本以及信道多变的情况，$d(n)$ 无法实时获取，从而无法得到 $\boldsymbol{p}$。通常希望此滤波过程是自参照的，下推导一定条件下可用 $\boldsymbol{p}' = E\left[\boldsymbol{u}(n)\boldsymbol{x}^*(n)\right]$ 近似。

$$E\left[\boldsymbol{u}(n)\boldsymbol{x}^*(n)\right]$$
$$= E\left[\boldsymbol{x}(n-k)s^*(n)\right] + E\left[\boldsymbol{x}(n-k)\left(\sum_j \alpha_j \boldsymbol{s}(n-j)\right)^*\right] \tag{3.45}$$
$$= \varepsilon + \boldsymbol{p}$$

式（3.45）第一项 ε 为近似误差。

$$\varepsilon(i) = E\left[\boldsymbol{x}(n-k-i)\boldsymbol{s}^*(n)\right]$$

$$= E\left[\left(\boldsymbol{s}(n-k-i) + \sum_j \alpha_j \boldsymbol{s}(n-k-i-j)\right)\boldsymbol{s}^*(n)\right] \qquad (3.46)$$

$$= \boldsymbol{r}^*(k+i) + \sum_j \alpha_j \boldsymbol{r}^*(k+i+j)$$

记 $\boldsymbol{r}(i)$ 为直达波信号 $\boldsymbol{s}(n)$ 自相关函数在 i 处的取值，则有

$$p(i) = E\left[\boldsymbol{x}(n-k-i)\left(\sum_j \alpha_j \boldsymbol{s}(n-j)\right)^*\right]$$

$$= E\left[\left(\boldsymbol{s}(n-k-i) + \sum_j \alpha_j \boldsymbol{s}(n-k-i-j)\right)\left(\sum_m \alpha_m \boldsymbol{s}(n-m)\right)^*\right] \qquad (3.47)$$

$$= \sum_m \alpha_m \boldsymbol{r}^*(k+i-m) + \sum_j \sum_m \alpha_j \alpha_m \boldsymbol{r}^*(k+i+j-m)$$

若 $\forall i \in [0, M-1], \varepsilon(i) \to 0$ ，则 $\boldsymbol{p}' \to \boldsymbol{p}$ 。显然，若 k 较小，$\varepsilon(0) = r^*(k)$ 落入直达波信号自相关主瓣，误差较大；同时 k 取值不宜太大，否则近处杂波将不会对消掉。通过观察参考信号自相关函数来选取 k 值，避开直达波自相关函数主瓣，可以得到良好的近似效果。特别地，若取 $k=1$，则为常规的前向预测算法[34,46]。

滤波器权值的求解可以通过最速下降、LMS、归一化最小均方(normalized least mean square，NLMS)等方法，这里采用 LMS 自适应滤波，其具有结构简单、运算量小的优势[40,47]，算法结构如图 3.13 所示。

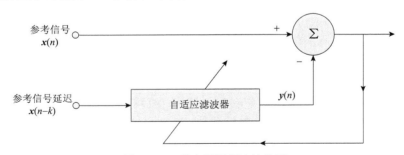

图 3.13　k-前向预测算法结构图

外辐射源雷达采用数字电视信号时，具有带宽大、距离分辨率高的特性，其自相关函数通常主瓣较窄，旁瓣较低。数字电视信号带宽约 8MHz，双基距离分辨率约为 30m，其直达波的自相关函数可近似为主瓣稍宽的冲激函数。多径影响主要在近距离地物，实际系统工作中，可以通过选择工作场地，保证 200m 以内无

地物；假定多径杂波主要分布在近距离，双基距离3km以内，一般取 $3 \leqslant k \leqslant 10$、$M \geqslant 28$ 可满足实际需求。

3.5.3　算法性能评价原则

通过 3.5.1 节分析，参考信号中由于多径杂波的存在，会导致诸多问题，参考信号中多径杂波抑制性能评价主要包括以下几个方面：

(1) 参考信号自相关函数锐化；

(2) 改善目标峰值信噪比；

(3) 减少虚警数量；

(4) 参考天线和主天线信号互相关函数中，多径杂波所在距离单元位置峰值得到抑制，如负半轴峰值数量减少。

3.5.4　仿真分析

用高斯白噪声数据做仿真，分别仿真少量强多径杂波和多个弱多径杂波两种条件下算法的性能。做参考信号和主天线信号互相关，考察理想情况、多径杂波抑制前、多径杂波抑制后目标峰值信噪比 $\mathrm{PSNR_{ideal}}$、$\mathrm{PSNR_{original}}$、$\mathrm{PSNR_{\mathit{k}\text{-}LMS}}$，依据 3.5.3 节所提原则，评价该算法提纯的性能。

1. 两个强多径杂波条件下

参考天线直达波信号信噪比 10dB，两个强多径杂波位于 20、25 点位置，杂噪比 7dB。主天线仿真包含直达杂波 (杂噪比–5dB)、静目标 1 (信噪比–7dB，位于71 点位置)、静目标 2 (信噪比–12dB，位于 191 点位置)。信号长度为 100000 点；滤波器选取 LMS 自适应滤波器，输入 $x(n-k)$，参照 $x(n)$，步长 $\mu = 10^{-4}$，长度 $M = 128$，据上述参数仿真如图 3.14 所示。仿真表明，多径杂波将引起相关处理的底噪抬升，导致峰值信噪比下降。当信杂比为 3dB 时，未提纯参考信号与主天线信号互相关，峰值信噪比降低 1.83dB。

参考信号自相关函数主瓣较宽 (约占 10 个单元，单侧为 5 个单元)，多径杂波抑制前参考信号和主天线信号互相关图中，在目标位置左侧有明显峰值，此时会产生虚警。采用 LMS 自适应滤波，分别做 $k = 1, 2, \cdots, 16$ 的前向预测。

多径杂波所在距离单元处峰值有明显下降，说明多径杂波得到抑制；峰值信噪比改善较小，是由于滤波输出 $y(n)$ 中除参考信号中多径成分外，包含较多直达波成分，导致 $e(n)$ 中直达波损失。

表 3.9 给出了当前仿真条件下，应用该算法提纯后，零距离点信噪比随 k 值变化情况。当 k 取 8 时多径杂波抑制效果最优，此时 ε 较小。由图 3.14 (b)、(d) 比较可知，该提纯算法对多径杂波抑制大于 10dB，降低了虚警；目标峰值信噪

比较杂波抑制前有 1.36dB 提升(理论最优值 1.83dB),效果较为理想,提高了目标检测性能。

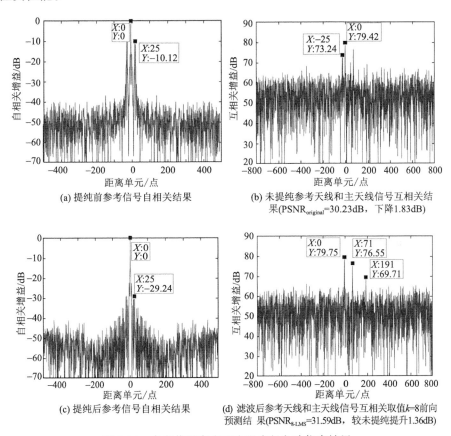

(a) 提纯前参考信号自相关结果

(b) 未提纯参考天线和主天线信号互相关结果(PSNR$_{original}$=30.23dB,下降1.83dB)

(c) 提纯后参考信号自相关结果

(d) 滤波后参考天线和主天线信号互相关取值k=8前向预测结果(PSNR$_{8\text{-LMS}}$=31.59dB,较未提纯提升1.36dB)

图 3.14　参考信号存在两个强多径杂波仿真结果

表 3.9　信噪比随 k 值变化

k	未提纯	1	2	3	...	7	8	9	10	11	...	理想
信噪比/dB	30.23	30.41	30.61	31.23	...	31.53	31.59	31.56	31.54	31.53	...	32.06

2. 多个弱多径杂波条件下

参考信号信杂比 0dB,信噪比 10dB,30 个弱多径杂波随机分布于 10~100 点位置;主天线仿真同上。滤波器选取 LMS 自适应滤波器,输入 $x(n-k)$,参照 $x(n)$,步长 $\mu=10^{-4}$,长度 $M=256$,据上述参数仿真如图 3.15 所示。

图 3.15 仿真结果表明,多个弱多径杂波存在于参考信号中,将引起近距离处产生很多弱虚警。当直达波功率和多径杂波功率相当时,参考天线和主天线信

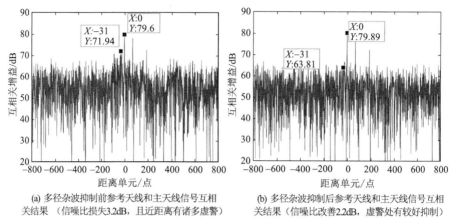

(a) 多径杂波抑制前参考天线和主天线信号互相
关结果 （信噪比损失3.2dB，且近距离有诸多虚警）

(b) 多径杂波抑制后参考天线和主天线信号互相
关结果（信噪比改善2.2dB，虚警处有较好抑制）

图 3.15　仿真多个多径时该算法多径杂波抑制效果

号互相关处理结果的检测基底抬升约 3.2dB。本节算法可以有效抑制多径杂波，多径杂波所在距离单元处因杂波与直达波匹配产生的峰值可以抑制噪声水平，降低虚警；目标峰值信噪比有 2.2dB 改善。

3. 信噪比、信杂比对算法的影响

因算法对噪声或有放大作用，即使抑制了多径杂波，也可能会带来目标检测信噪比下降的情况。定义峰值信噪比改善率为

$$\rho = \frac{\mathrm{PSNR_{LMS}}}{\mathrm{PSNR_{ideal}}} \times 100\% \tag{3.48}$$

ρ 越接近 100%，峰值信噪比改善越接近理想情况，即直达波提纯效果越好。仿真参考天线信号信杂比 1.2dB，信噪比取 $0 \sim 40$dB，验证算法对峰值信噪比的改善能力，如图 3.16 所示。

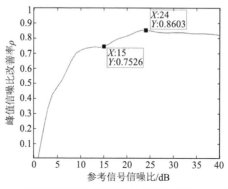

图 3.16　峰值信噪比改善率随参考信号信噪比变化情况

由图 3.16 可知，该算法对目标峰值信噪比改善能力受参考信号信噪比的影响。当信噪比为 0dB 以下时，甚至会出现恶化，$\rho<0$。随着参考信号信噪比升高，目标峰值信噪比改善情况趋于稳定。参考信号信噪比为 10dB 时，$\rho>70\%$；信噪比为 30dB 时，$\rho<80\%$。

通常参考信号中信噪比 10dB 的条件容易满足，此时该算法工作良好，在此条件下考察参考信号信杂比变化对目标峰值信噪比改善情况如图 3.17 所示。

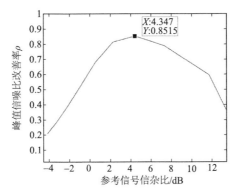

图 3.17　信噪比改善率随参考信号信杂比变化情况

由图 3.17 可知，参考信号信噪比为 10dB 条件下，当信杂比较低时，本节算法对多径杂波抑制效果良好，有 $\rho<80\%$，且随信杂比增加，峰值信噪比接近理想值；当信杂比较高时，该算法改善效果变得不显著。事实上，当信杂比较高时，杂波对目标检测影响变得很小，直达波提纯工作不再是主要问题。

3.5.5　实际数据处理

实际数据采样率 f_s =10MHz，取 0.01s 数据，$k=8$，$M=128$，采用 LMS 算法提纯参考信号。做提纯前后参考信号自相关、参考信号和主天线信号互相关如图 3.18 所示。

本节算法的 k 值选取与待处理信号的具体形式有关。如图 3.18(a) 所示，该数字电视信号实际数据在保证 300m 距离内地物较少，即 1～10 点内多径杂波较少，其自相关函数在近距离内较为锐利，但主瓣仍有约 5 点的宽度，这与信号具体形式以及采样率有密切关联，应用本节算法选取 k 值时要避开主瓣范围。自相关函数图中，在 30 点附近有明显峰值，这主要是由于多径杂波的影响。0.3～3km 距离范围内的多径杂波对目标检测影响较为显著，因此参考通道直达波提纯工作将主要在该距离范围内进行。

通过多次预处理，选取合适的 k 值以及滤波器长度 M，该算法可在实际数据中表现出良好性能。其中 k 值决定该算法的提纯性能，而 M 则决定滤波器抑制多径杂波的距离范围。

如图 3.18(b)所示，实际数据处理过程中，提纯后参考信号自相关函数整体变锐利，多径杂波所在距离单元峰值有明显下降，说明多径杂波得到抑制。

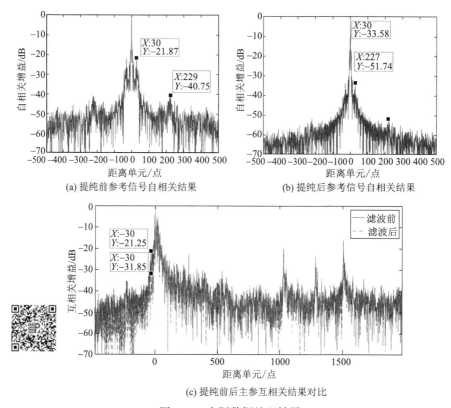

(a) 提纯前参考信号自相关结果　　　　　(b) 提纯后参考信号自相关结果

(c) 提纯前后主参互相关结果对比

图 3.18　实际数据处理结果

此外，图 3.18(c)中虚线标出互相关直达波左侧、静目标回波左侧的峰值均有衰减，降低了虚警，同样说明多径杂波得到抑制，其中−30 点位置多径杂波抑制大于10dB，零距离处峰值信噪比有 0.21dB 改善。应用该算法，外辐射源雷达环境适用性提高，目标检测能力有所改善。

3.6　基于多帧信号处理的目标探测

3.6.1　基于聚类分析的多帧信号处理

微弱目标的探测一直以来是雷达探测技术的难点，典型军事目标的雷达截面积也随着隐身技术的发展而骤减，导致目标回波微弱，雷达系统总体探测性能下降。要提高雷达的探测性能，一方面要尽可能地抑制杂波，另一方面要设法提高目标检测的信噪比。

利用杂波和噪声在帧间是随机性出现，而目标在帧间的连贯运动表现为连续性出现这一特性，存储多帧雷达数据进行信号处理，挖掘目标在帧间的潜在运动信息，进行雷达信号的长时间积累，可极大地改善雷达对目标的检测信噪比。当目标信噪比较低时，设置高虚警率、低阈值的单帧门限，不但可以大大减小运算量，还可以保证减少漏警。为在大数据量下有效地检测微弱目标，本节提出采用基于密度聚类的多帧信号处理方法，其具有流程简单、运算量小、虚警抑制明显等优点。

本节首先介绍检测和跟踪处理流程，然后阐述基于密度的带噪声应用空间聚类(density-based spatial clustering of applications with noise，DBSCAN)算法用于雷达多帧航迹关联的基本原理，对比传统多帧滑窗滤波方法[48-50]进行性能和计算量分析，并通过仿真和实际数据处理进行有效性验证。

1. 跟踪前检测多帧信号处理方法

因为目标具有一定的运动规律，该运动规律信息隐含在多帧数据间，通过多帧信号联合处理的方法，可以有效跟踪目标及抑制航迹噪点。

传统雷达系统一般采用跟踪前检测(track before detect，DBT)方法进行多帧信号处理，其检测和跟踪过程是分立的，一般采用两级门限方法先后顺序执行[51]：第一门限做单帧恒虚警检测，获得多帧二进制点迹，通常为减少数据量，可以将非零值提取出来组成新的数据流，从而雷达数据由二维矩阵变为点迹向量；第二门限为跟踪关联算法阈值检测，如果能量积累超过预设阈值，则宣布目标检出。DBT 多帧信号处理方法流程如图 3.19 所示。

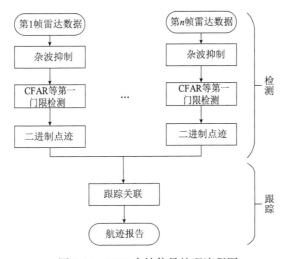

图 3.19　DBT 多帧信号处理流程图

因为 DBT 方法为串行级联结构，单帧检出结果会作为第二级跟踪关联处理的输入，所以第一门限阈值选取对整体算法的检测和跟踪性能影响重大，不同的第一门限阈值将引起不同的单帧虚警和漏警情况，直接影响第二级跟踪关联算法。

1）单帧虚警

单帧虚警在第二级跟踪关联处理中表现为虚假航迹点，关系到多帧关联算法的抗噪性。若第一门限阈值设置较低，则目标检测单帧漏警少、虚警多，对应的第二级跟踪算法输入数据量大，不但会增加关联算法的运算量，而且会增加最终的虚假航迹检出。

2）单帧漏警

单帧漏警在第二级跟踪关联处理中表现为航迹丢帧，该指标关系到关联算法的鲁棒性。当真实目标点在某一帧未过第一门限时，发生航迹丢帧。如果第一门限阈值设置较高，单帧虚警减少、漏警增加，造成第二级关联算法难以关联出准确目标航迹，出现航迹间断甚至是误判为两个目标。

本章在 DBT 方法框架下，提出通过密度聚类分析关联目标航迹信息，并和常用的多帧滑窗处理关联方法做对比，以分析其性能。

2. 基于密度聚类的多帧信号处理算法

1）聚类分析

聚类分析[52]（cluster analysis）是统计数据分析的一门技术，是把相似的对象通过静态分类的处理方法，划分为不同的组别或更多的子集，而每一个子集中的成员对象都具有相似的一些属性，常见的划分依据为空间距离、尺寸特征等。聚类可以在无监督学习方式下发现数据之间的潜在关系，并进一步获得数据的内在模式，在图像处理、数据挖掘、市场分析、模式识别、机器学习、统计学、生物学、空间数据技术和市场营销等诸多领域得到了有效应用。

聚类分析算法主要可以概括为如下五类[53]：

（1）层次法，主要算法有 CURE、BIRCH 等；

（2）划分法，主要算法主要有 k-means、CLARANS、k-medoids 等；

（3）基于网格的方法，主要算法有 STING、CLIQUE、WAVE-CLMSTER 等；

（4）基于密度的方法，主要算法有 DBSCAN、DENCLUE、OPTICS 等；

（5）基于模型的方法，主要算法有 COBWEB、CLASSIT、MRKD-TREES 等；

使用不同的聚类算法及参数选取获得的聚类结果通常不相同，对于数据属性的不同侧重（反映到度量计算中）也会引起差别较大的聚类结果。聚类分析不仅可以有效地获取数据的分布，观察每个类别数据的特征，进一步分析所研究的特定集群，还可以作为预分类和相关分析，甚至作为其他算法的预处理步骤。

各类典型聚类算法对比[54]如表 3.10 所示。

表 3.10　各类典型聚类算法对比

聚类类别	聚类算法	可发现聚类形状	噪声敏感程度	输入顺序敏感程度	伸缩性	高维特性	运算效率
层次法	CURE	任意形状	不敏感	敏感	较差	好	较高
划分法	k-means	(超)球体	很敏感	敏感	好	一般	高
基于网格的方法	STING	任意形状	不敏感	不敏感	较好	一般	一般
基于密度的方法	DBSCAN	任意形状	不敏感	较敏感	好	好	高
基于模型的方法	COBWEB	任意形状	一般	敏感	较好	好	较低

雷达目标通常会具有不规则的运动轨迹，为在低信噪比、高虚警率下仍能正常工作，要求所选取算法对噪声具有一定的鲁棒性和抗噪性。通常雷达数据量较大，选取算法运算量不宜过大。雷达多帧数据为时序数据，具有很强的顺序性，采用顺序敏感的算法将更有利于对时序信息的提取。

综合考量以上因素以及各聚类算法同雷达目标探测过程中的物理模型对应情况，本节主要采用 DBSCAN 算法[55]进行雷达多帧数据处理，关联目标轨迹内在结构特征，将单目标轨迹聚为一类，区分目标与虚警。只要在度量范围内合理设定参数，目标轨迹点都可以提取出来，不存在对于轨迹形态的直线要求，所以对高机动目标航迹的探测具有显著优势。

2) DBSCAN 算法在雷达多帧信号处理中的应用原理

DBSCAN 算法最早于 1996 年提出，属于基于密度的聚类算法[56]。该算法相比基于划分的聚类方法和层次聚类方法，需要更少的领域知识来确定输入参数，可以发现任意形状的聚簇，并且在大规模数据库上具有更好的效率。下面给出 DBSCAN 算法计算过程及可实现的聚类效果示意，如图 3.20 所示[57]。

图 3.20 所示聚类算法中点 A 和其他深灰色点为核心点，即算法初始化计算

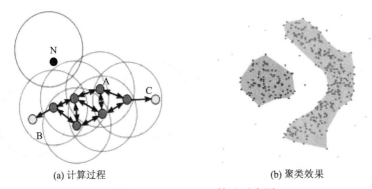

(a) 计算过程　　　　　　　　　　　　(b) 聚类效果

图 3.20　DBSCAN 算法示意图

开始的点，由于它们之间密度可达，它们形成了一个聚类簇；点 B 和点 C 不是核心点，但它们可由点 A 经其他核心点可达，所以也属于同一个聚类簇。点 N 是局外点，它既不是核心点，又不由其他点可达，视为噪声或者其他簇。

在雷达多帧信号联合处理过程中，因为同一目标轨迹具有帧间连续性，所以深灰色和浅灰色的点被视为目标轨迹点，从而得以保留；黑色点将被视为噪声剔除，或者被视为另一个目标的轨迹，宣告多个目标轨迹的发现。

在雷达进行微弱目标检测过程中，通常仅通过单帧检测难以区分真实目标和虚警。由于帧间虚警分布较为分散，而真实目标相邻帧的空间位置变动相对较小，其航迹在帧间具有强相关性，由此可设定距离度量，通过多帧信号积累，对两者进行有效区分。该算法能够将足够高密度的区域划分成簇，抗噪性良好，可以将噪声点孤立，并且无聚类形状限制，原理上可适用于高机动目标曲线航迹的探测。此外，DBSCAN 算法目前也有行之有效的并行解决方案[58]，计算效率得以保证。

采用密度聚类多帧信号处理方法在数据预处理时，首先要将多帧雷达数据做低门限恒虚警检测的预处理获得二进制点迹，根据雷达数据类型及感兴趣目标种类运动特性设定相关算法参数，进而进行聚类分析得到所有目标航迹结果，如图 3.21 所示。其中实心点为目标轨迹，帧间具有强相关性，为密度可达；空心点为噪声点示意图，由于其帧间无明确关联性，和轨迹簇无密度可达性，故在进行聚类分析之后将其孤立并剔除。

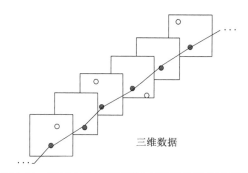

三维数据

图 3.21　DBSCAN 算法用于多帧信号处理示意图

3) 数据预处理及参数设置

因为 DBSCAN 算法主要利用了运动目标轨迹在多帧数据表现出的连续性，所以该算法同时适用于空间域和距离-多普勒域的多帧关联处理。但由于数据量纲不同，应用密度聚类算法在空间域和距离-多普勒域做多帧信号处理时，需要按照不同规则进行数据预处理(归一化)和参数设置。

(1) 数据归一化。

假设待检测目标种类最大速度不超过 $v_{\max}$，最大加速度不超过 $a_{\max}$，对应帧间速度变化范围不超过 $\Delta v_{\max} = a_{\max} \cdot \delta t$，$\delta t$ 为帧间时间间隔。不同数据因其量纲不同需要进行归一化处理。

①直角坐标数据：

$$X' = X / \left(v_{\max} \cdot \delta t\right) \tag{3.49}$$

$$Y' = Y / \left(v_{\max} \cdot \delta t\right) \tag{3.50}$$

②距离-多普勒域数据：

$$R' = R / \left(v_{\max} \cdot \delta t\right) \tag{3.51}$$

$$f' = \lambda f / \left(2a_{\max} \cdot \delta t\right) \tag{3.52}$$

（2）相关参数设置。

DBSCAN 算法主要有两个参数需要设置，分别是邻域样本数阈值 MinPts 和距离阈值 ϵ。

①邻域样本数阈值 MinPts 对应目标航迹的变化情况，该值越大算法对目标出现时间要求越长，同时虚警抑制能力也越强，但也会抑制短时出现的目标，导致发现概率有所降低。为保证 m 帧中至少 n 帧有目标检出，设置邻域样本数阈值 MinPts=n，更小的聚类簇将被视为噪点。

②距离阈值 ϵ 对应目标轨迹点的分布稀疏情况，该参数的设置与感兴趣目标种类、速度范围等有直接关系，其意义为检出绝对速度范围在预设最大速度以下的目标，更低速度目标点迹将被划为同一航迹；更高速度目标点迹将会被割裂为不同簇。该值如果设置太大，将产生许多虚假航迹。注意在做数据归一化后通常可取 $\epsilon=1$。

4) 密度聚类多帧关联处理流程

采用 DBSCAN 算法的多帧数据处理流程如下：

（1）获取连续 N 帧雷达数据；

（2）数据预处理；

（3）对每帧数据进行低阈值的恒虚警检测（高虚警率），获得二进制点迹；

（4）提取非零值组成多帧数据集；

（5）设定 DBSCAN 算法相关参数，进行密度聚类；

（6）提取满足条件的航迹信息。

5) 计算量分析

分析基于回归决策树（boosting decision tree，BDT）框架的密度聚类多帧信号处理方法主要包含两个阶段。

第一阶段：当雷达数据矩阵为 $r \cdot s$ 时，对 t 帧数据进行多帧信号处理（一般 $t<$ 20），第一门限检测需要先遍历一次 $O(rst)$，得到 n 点坐标，$n = rst \cdot P_0$，其中

P_0 为虚警率。

第二阶段：在关联航迹部分采用 DBSCAN 算法，该算法对数据库中的每一点进行访问，可能多于一次（如作为不同聚类的候选者），但在现实的考虑中，时间复杂度主要受 regionQuery 呼叫次数的影响[57]，DBSCAN 算法对每点都进行刚好一次呼叫，且如果使用了特别的编号结构，则总平均时间复杂度为 $O(n\lg n)$，最差时间复杂度则为 $O(n^2)$。可以使用 $O(n^2)$ 空间复杂度的距离矩阵以避免重复计算距离，但若不使用距离矩阵，则 DBSCAN 算法的空间复杂度为 $O(n)$，故虚警率越高，算法复杂度越高。而传统的时域滑窗关联方法需要频繁搜索，计算复杂度较高，相较而言基于密度聚类的 BDT 主要时间消耗在第一次遍历上，运算量小，可以保证很好的工作性能。

3. 仿真分析

本部分仿真不同虚警率下空间域数据，对比分析 DBSCAN 算法和传统滑窗方法处理后的虚警、漏警情况和航迹关联效果。

1）虚警率为 10^{-4} 仿真结果

把目标位置定义在平面域 OXY，在噪声干扰条件下，仿真 10 帧高虚警 CFAR 检测后的结果数据，每帧数据为 1000×1000 单元。设置虚警率为 10^{-4}，仿真两个匀速运动目标 A、B，其中 A 目标发现概率为 0.7，初始位置为（100, 100）单元，速度为（2, 3）单元/帧，即相邻帧之间目标在 X、Y 两个方向分别移动 2 单元和 3 单元；B 目标发现概率为 0.8，初始位置为（300, 300）单元/帧，速度为（1, 1）单元/帧。将不同帧的数据定义在 Z 方向，形成三维数据集。

采用 DBSCAN 算法和多帧滑窗方法对仿真数据进行处理，其中聚类算法数据归一化按照最大速度为 4 单元/帧归一化，参数设置为 MinPts=6，ϵ=1。滑窗算法窗口大小设置为 9×9×4，采用 4 选 3 策略。比较两种算法目标检出和虚警抑制能力，结果如图 3.22 所示。

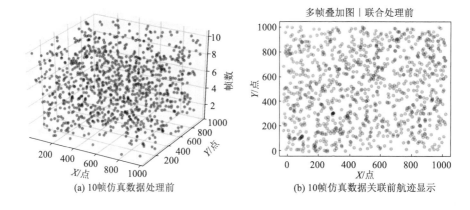

(a) 10帧仿真数据处理前　　　　　　　　(b) 10帧仿真数据关联前航迹显示

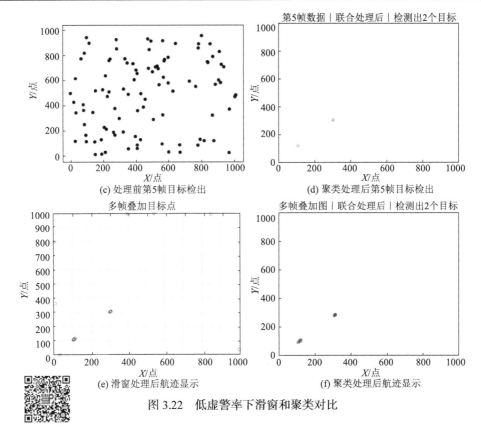

图 3.22　低虚警率下滑窗和聚类对比

图 3.22(a)为 10 帧二值化点迹数据三维可视化显示,其中存在两个真实目标淹没在虚警中,难以通过单帧进行有效区分;图 3.22(b)为 10 帧数据关联处理前航迹叠加结果,处理前虚警较多,无明显航迹特征;图 3.22(c)为处理前第 5 帧数据目标检测,由此可知在高虚警率下,仅通过单帧数据无法有效提取真实目标;图 3.22(d)为密度聚类处理后的第 5 帧目标检测情况,此时去除了大量的虚警,保留了两个真实目标,没有漏警;图 3.22(e)为传统滑窗方法处理结果,可以有效检出两个真实目标航迹;图 3.22(f)为密度聚类处理结果,可以有效检测并区分多个目标航迹,分别用红色和蓝色标出。

仿真结果表明,基于 DBSCAN 算法的跟踪前检测方法的有效性,在保证两个动目标有效检出的前提下,两种方法均可将虚警率从 10^{-4} 抑制到 10^{-5}。为检测更低信噪比目标,可以通过降低第一检测门限方式减少漏警,但此时虚警率会上升。下面进行更高虚警率的仿真验证。

2)虚警率为 10^{-3} 仿真结果

继虚警率 10^{-4} 仿真,提高虚警率为 10^{-3},在相同归一化和参数设置下进行仿真,对比滑窗方法和密度聚类算法处理结果,如图 3.23 所示。

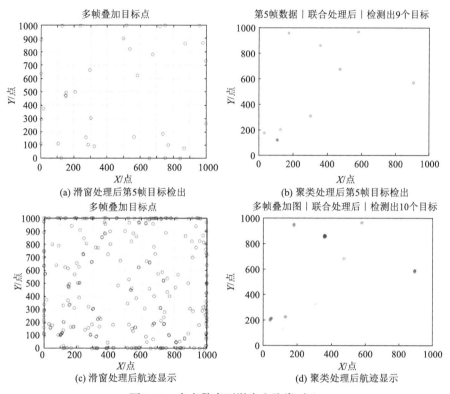

图 3.23　高虚警率下滑窗和聚类对比

图 3.23(a) 为滑窗处理后第 5 帧目标检出结果，未发生漏警，但单帧虚警仍然较多；图 3.23(b) 为密度聚类处理后反演回第 5 帧目标检出结果，未发生漏警且单帧虚警得到很好的抑制；图 3.23(c) 为滑窗处理后航迹叠加显示，结果中未丢失真实目标航迹，但其虚假航迹较多；图 3.23(d) 为密度聚类方法处理后航迹叠加显示，结果中未丢失真实目标航迹，且虚假航迹较少。

多次仿真表明，在保证真实目标有效检出的前提下，通过多帧关联处理，滑窗方法可以将虚警率从 10^{-3} 抑制到 5×10^{-5}，DBSCAN 算法可以抑制到 10^{-5}。由于密度聚类算法参数更多，更具灵活性，通常可以获得较传统滑窗滤波方式更好的关联性能，更容易实现对特定目标的有效检测。

4. 实际数据处理结果

如 3.6.1 节第二部分所述，密度聚类方法在原理上适用于距离-多普勒域数据多帧信号处理，但归一化预处理会因雷达系统参数有所不同，本部分选取多帧外辐射源雷达距离-多普勒实际数据进行聚类处理。取 13 帧距离-多普勒实际数据，帧间间隔为 1s，回波信号的采样率为 10MHz，采样间隔为 0.1μs，距离单元间隔约 15m（双基模式），待探测目标最大速度为 200m/s，最大加速度为 100m/s²。根据式(3.51)和式(3.52)进行归一化后，设置参数 MinPts=8，ϵ=1，做密度聚类分析处理，相关结果如图 3.24 所示。

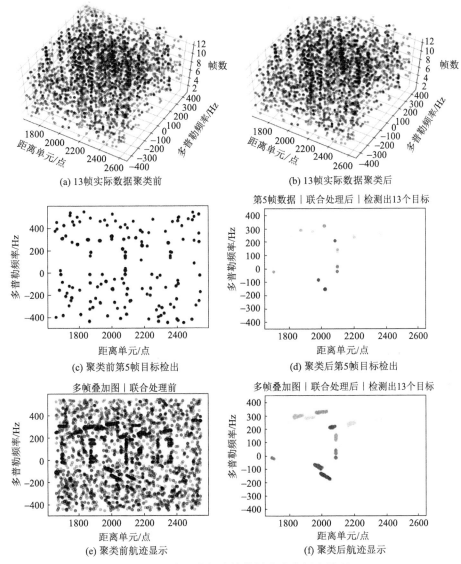

图 3.24　实际数据多帧信号聚类分析和处理

上述实际数据处理中，图 3.24(a)为处理前的 13 帧距离-多普勒域实际数据，虚警较高，难以直接提取目标及航迹；图 3.24(b)为应用聚类算法做 13 帧关联处理，共检测出 13 个目标，并用不同色彩标注区分；图 3.24(c)为聚类处理前第 5 帧目标检出，虚警较多；图 3.24(d) 为聚类处理后第 5 帧目标检出，虚警少、无漏警；图 3.24(e) 为聚类前航迹显示，虚警多导致无法提取准确航迹；图 3.24(f) 为聚类后航迹显示，结果中较多的虚假航迹被剔除，真实目标航迹明显。

实际数据处理结果表明，当选取更低的第一门限检测后，发现在检出概率提高的同时，虚警率也大幅提高。根据真实目标帧间运动具有强关联性的特征，运用密度聚类分析可以有效区分真假目标、区别不同目标，并且提取出各个目标航迹，实际数据处理结果验证了该方法的有效性。

3.6.2　基于目标速度信息和动态规划的多帧信号处理

外辐射源雷达常见组网方式有单源单站、单源多站、多源单站以及多源多站。相比于单源单站外辐射源雷达系统[59]，单源三站数字电视信号外辐射源雷达系统可以获得更多的观测信息、更高的观测精度，通过利用双基距离和径向速度信息解算方程可以获得目标的速度矢量[60]。在直角坐标系下分解速度，可以获得 X、Y、Z 三个方向的测速信息。其中 X 和 Y 方向的测速精度较高，测速精度约为 1m/s，具有很高的实用价值，所以本节主要研究在 OXY 平面探测微弱目标的多帧信号处理算法。

为检测微弱目标，不再在单帧设置恒虚警检测门限或仅设置较低的门限以减少部分计算量，存储多帧雷达数据进行目标的路径搜索，然后做能量积累。假定目标每帧运动范围可达一个空间分辨单元，目标从当前帧参考单元运动到下一帧可能的路径数为 9 条。当做 N 帧信号积累时，为保证不丢失目标，需要搜索的路径数目为 3^{N-1}，呈指数增长。动态规划是解决状态空间爆炸的一类有效方法[61,62]。

本节通过分析动态规划检测前跟踪 (dynamic programing track-before-detect，DP-TBD) 算法原理[63-65]，提出基于单源三站外辐射源雷达平面速度信息的改进算法进行多帧信号处理。通过仿真实验对比传统动态规划检测前跟踪算法和本节基于目标速度信息的改进算法，对算法有效性和实用性进行分析。最后基于双基距离和多普勒直接测量量推导 $OXYZ$ 三维空间坐标下目标跟踪卡尔曼滤波方程，可用于提高速度观测精度，对于可实现高精度观测的雷达体系中微弱目标探测及跟踪具有一定的理论指导意义。

1. 动态规划检测前跟踪

由于民用辐射源通常采用全向辐射，天线增益较低，并且随着近些年隐身技术的大力发展及其广泛应用，如导弹、轰炸机、巡洋舰、战斗机和坦克等典型军事目标的雷达横截面急剧下降等，外辐射源雷达系统所获取的目标回波信号很弱，非常容易淹没在强杂波干扰中。仅通过单帧雷达数据无法进行有效的目标探测，需要采用多帧联合处理的方式，检测和跟踪目标。

传统检测和跟踪方法是分立的，在较高信噪比情况下具有一定的效果，并且具有运算量小的优点。但是 CFAR 处理过程难免会造成一定程度的目标信噪比损失，这不利于微弱目标的检出。

检测前跟踪技术[66]是一种检测和跟踪同时判决的方法，最开始用于光学及红外视频中的微弱及昏暗目标检测和跟踪问题，后在雷达系统及声呐探测系统中有较为广泛的应用。近年来，检测前跟踪技术成功应用于针对弱目标雷达多帧信号处理，许多方法已经取得良好效果而成为研究热点。在低信噪比高噪声杂波的环境中，目标很容易被淹没。通过运动目标的连续性，以及多帧数据的短时帧间相关性，存储并处理多帧数据再进行多帧能量积累，然后同预设阈值比较，目标轨迹和目标检测判决同时完成，如图 3.25 所示。较传统检测跟踪方法，该方法能够最大限度地保持目标的原始信息，避免单帧检测中的 CFAR 造成太大损失，同时利用多帧信息之间的短时强相关性，可以大大减少虚假航迹，有效改善弱目标的检测和跟踪性能。

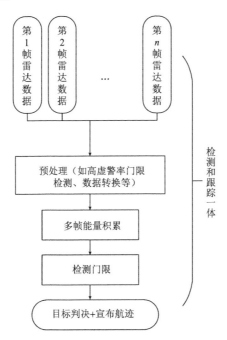

图 3.25　检测前跟踪处理流程图

对于高速机动及近距离目标，可采用短时间相干积累。若采用长时间脉冲积累，则因距离徙动会造成较大的探测性能损失。对于典型的"低小慢"以及远距离目标，可采用长时间相干积累，提高弱目标探测性能。DP-TBD 算法中进行多帧关联处理，通常关联帧数可以选取较大值，覆盖目标运动时间。

单源三站模式下通过低门限、高虚警率的 CFAR 检测，一方面可以降低后续运算量，另一方面可解算出目标速度信息。在此基础上结合检测前跟踪技术思想，进行多帧能量积累后，可以检出真实目标航迹。

为保证微弱目标的高发现概率，通常不进行第一门限检测，直接进行能量积累，或者进行较低阈值的第一门限检测，降低后续运算量[63]再进行能量积累。

动态规划是一种解决多阶段决策优化问题的有效方法，通常用来求解最优化问题，这类问题可以有很多可行解，每个解都有一个值，希望找出具有最优值（最小值或最大值）的解。动态规划算法设计遵循如下四个步骤[62]：

(1) 描述最优解特征；

(2) 递归或者迭代最优解定义；

(3) 计算最优解的值；

(4) 利用上述计算出的信息构造一个最优解。

上述步骤中，(1)、(2)、(3)是动态规划算法求解问题的基础，(4)的应用可以通过在步骤(3)中维护额外的信息，构造出一个最优解，通常采用自底向上的方法。应用于雷达检测前跟踪问题，前三步实现了最优的能量积累方式，步骤(4)可以得到航迹。

1) 目标运动模型

假定在 OXY 平面观测一个匀速直线运动目标在第 k 帧的运动状态为 x_k，则目标状态转移方程为

$$x_k = Fx_{k-1} + w_k \qquad (3.53)$$

其中

$$x_k = \begin{bmatrix} x_k \\ y_k \\ \dot{x}_k \\ \dot{y}_k \end{bmatrix}, \quad F = \begin{bmatrix} 1 & & \delta t & \\ & 1 & & \delta t \\ & & 1 & \\ & & & 1 \end{bmatrix} \qquad (3.54)$$

式中，x_k、y_k 为目标在第 k 帧的位置坐标；$\dot{x}_k$、$\dot{y}_k$ 为目标的速度状态；F 为状态转移矩矩；δt 为帧间时间间隔；w_k 为系统噪声，其协方差矩阵为 $Q_{w,k}$。

2) 目标量测模型

假定 OXY 数据为 $N \times N$ 分辨单元，用 z_k 表示雷达在第 k 帧的观测数据矩阵：

$$z_k = \{ z_k(i,j), 1 \leqslant i, j \leqslant N \} \qquad (3.55)$$

$z_k(i,j)$ 表示在分辨单元 (i,j) 的观测量：

$$z_k(i,j) = \begin{cases} A + w_k(i,j), & \text{分辨单元格}(i,j)\text{内有目标} \\ w_k(i,j), & \text{分辨单元格}(i,j)\text{内无目标} \end{cases}$$

K帧雷达数据中，目标真实航迹为状态序列$\{x_1, x_2, \cdots, x_K\}$，DP-TBD算法将航迹检测问题转换为已知观测序列$\{z_1, z_2, \cdots, z_K\}$的条件下，对目标在该段时间内状态序列的估计问题。

根据值函数选取方法可将DP-TBD算法分为两类：基于信号幅度值累加的算法[63]和基于似然函数的算法[64,65]。第一类算法值函数构造简单，因为目标运动在帧间是相关的，而噪声是随机的，即若目标未出现在(i,j)单元，则认为状态观测只有噪声，否则认为状态观测值等于目标噪声加回波。

动态规划通常有两种等价的实现方法：第一种方法称为带备忘的自顶向下法；第二种方法是分解子问题的迭代方法，一般称为自底而上法。为反演出目标真实航迹[67,68]，DP-TBD算法通常采用自底向上的算法经K帧数据能量积累，该过程表示为值函数累加，最后进行统一阈值检测，报告检测及跟踪结果。

3）状态转移规律

对于离散化的状态空间能量积累，需要保证积累路径有效覆盖目标运动范围，设待检目标速度范围为$v \in [0, v_{\max}]$单元，根据转移方程(3.53)，对于第$k-1$的给定状态x_{k-1}，x_k存在的状态可能性为$\{(x_{k-1} \pm i, y_{k-1} \pm j), 0 \leq i, j \leq v_{\max}\}$，共$Q = (2v_{\max} + 1)^2$个状态。以$v_{\max} = 2$距离单元/帧为例，从第$k-1$帧状态$x_{k-1}$起，下一帧可能的状态有25个，同理对于第$k$帧状态$x_k$，其前一帧可能状态也有25种。

所以当目标运动速度较高时，状态空间数目Q急剧增加。此时DP-TBD算法运算量将很大；另外，在较低信噪比的情况下，位置等观测信息可靠性下降，传统方法难以得到准确航迹，故本节提出基于目标速度信息的改进算法，解决低信噪比下目标探测问题。

4）DP-TBD算法流程

（1）初始化。

对于所有的状态$x_1 = \begin{pmatrix} x_1 & y_1 & \dot{x}_1 & \dot{y}_1 \end{pmatrix}^T$：

$$I(x_1) = z_1(x_1) \tag{3.56}$$

$$\varphi(x_1) = 0 \tag{3.57}$$

（2）能量积累：

$$\varphi(x_k) = \underset{\{x_{k-1}: \forall x_{k-1} \to x_k\}}{\arg\max} I(x_{k-1}) \tag{3.58}$$

$$I(\boldsymbol{x}_k) = I(\varphi(\boldsymbol{x}_k)) + z_k(i,j) \tag{3.59}$$

其中，$\varphi(\boldsymbol{x}_k)$ 记录能量积累路径，用于航迹反演。该优化项的求解从所有可能转换到状态 $\boldsymbol{x}_k$ 的状态集合 $\{\boldsymbol{x}_{k-1}\}$ 中进行。

（3）终止条件：

$$\{\hat{\boldsymbol{x}}_k\} = \{\boldsymbol{x}_k : I(\boldsymbol{x}_k) > G_K\} \tag{3.60}$$

其中，G_K 为检测门限阈值，也可以采取在 K 帧积累后取最大值的方式确定航迹。

（4）反演航迹。

根据 $\varphi(x)$ 存储的轨迹信息，迭代地获得能量积累路径，最终获得航迹估计值 $\hat{\boldsymbol{X}}_K = \{\hat{\boldsymbol{x}}_1, \hat{\boldsymbol{x}}_2, \cdots, \hat{\boldsymbol{x}}_k\}$：

$$\hat{\boldsymbol{x}}_{k-1} = \varphi(\hat{\boldsymbol{x}}_k) \tag{3.61}$$

2. 基于目标速度信息的改进算法

1）基于速度信息缩小状态空间

在单源三站外辐射源雷达系统中，通过较低的第一门限后不但可以大大降低后续运算量，还可解算出目标速度信息。为高效进行多帧能量积累，本小节结合该速度信息和动态规划算法[61]进行多帧信号处理。

基于数字电视信号的单源多站外辐射源雷达系统中，目标速度矢量信息可以通过解算方程获得估计值[60]，在 X、Y 方向分量精度仍然较高。借助目标二维速度信息，有利于雷达在 OXY 二维平面下对微弱目标进行检测和跟踪。目标径向速度测量通过 3 个接收站的多普勒频率测量得到，直角坐标系下目标速度精度和目标位置、系统具体布局和多普勒频率精度有关。典型的单源三站系统布局结构下，数字电视信号距离分辨率较高，约 8MHz 的信号带宽对应的距离分辨率约为 20m，即对应的距离单元格为 20m；目标在 X、Y 方向的速度测量精度约 1m/s，Z 方向测高和测速误差较大，均与目标俯仰角成反比[61]。

如图 3.26 所示，第 3 帧灰色方块为该帧目标所在位置，为考察速度在 v_{max} 以下的目标在第 4 帧中的位置，这里假设 $v_{max} = 60$m/s，则传统 DP-TBD 算法需要考察 $Q = ([v_{max} \cdot \delta t] \cdot 2 + 1^2)$，即 $7 \times 7 = 49$ 个距离单元格（根据目标飞行的物理预测特点，实际只需要考察这个正方形的最大内切圆形，考虑到计算机编程及运算的便捷性，一般仍是考察一个正方形区域）。如果借助先验速度信息，则可以更精准地预测出下一帧目标范围，进而大大减小状态空间。

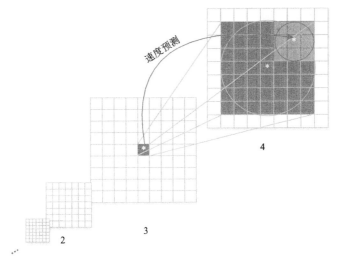

图 3.26　基于速度信息的多帧信号积累的路径变化情况

为分析速度矢量精度对本节算法的影响，不失一般性，假设对一运动目标的速度 $v_{x,y}$ 的观测服从 $N(\mu_{x,y}, \sigma_{x,y}^2)$。在 0.9974 置信水平下，限定 v_x、v_y 搜索范围为 $\lceil \mu - 3\sigma, \mu + 3\sigma \rceil$，改进的搜索算法状态空间数目 $Q = (\lceil 3\sigma_v \cdot \delta t \rceil \cdot 2 + 1^2)$，其中 δt 为帧间时间间隔，$\lceil * \rceil$ 表示速度精度向上取整。典型的单源三站布局下，当长时信号积累时间为 1s 时，速度精度误差远小于距离分辨率，满足 $\lceil 3\sigma \rceil = 1$ 单元格，上述条件下，状态空间为 3×3=9 个距离单元格，其状态空间数目大大减小。一般情况下测速精度较高，当待观测目标最大速度 v_{max} 较大时，该优化方法的状态空间大大减小。当第一门限更低时，测速精度下降，σ 增大，仍可缩短搜索时间并获得更准确的非相参积累轨迹。

2) 位置精度对状态空间的影响

实际工作环境中，在单源三站模式下雷达系统虽具有一定的目标高度测量能力，但其测高误差与目标俯仰角成反比，通常相较 X、Y 方向精度较低。故在实际运用中多采用在 OXY 平面探测目标。考虑实际情况下，当雷达距离精度较低时会引入测距误差，其测距精度和雷达组网布站方式以及双基距离紧密相关，由此观测值为

$$\begin{cases} x_{observe} = x_{true} + x_{noise} \\ y_{observe} = y_{true} + y_{noise} \end{cases} \tag{3.62}$$

为分析方便且不失一般性，假设单源三站组网方式下的外辐射源雷达系统 X 和 Y 方向测距精度均为 σ，该位置测量噪声服从正态分布。不妨从一维数据形式

考察搜索范围，如图 3.27 所示。图中浅灰色圆点代表目标真实位置，黑色点为目标观测位置。从某真实位置出发，为不丢失目标，需要至少搜索 $[-3\sigma, 3\sigma]$ 范围；但如果当前帧的位置测量偏离真实位置(最大偏离 3σ)，为不丢失目标后一帧，需要搜索 $[-6\sigma, 6\sigma]$ 区间范围。

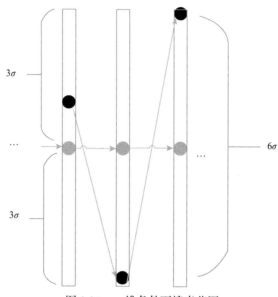

图 3.27　一维条件下搜索范围

在二维 OXY 平面跟踪目标时原理一致，同时考虑 X 和 Y 方向搜索，以及量化到搜索距离单元格中，也考虑目标的运动情况，传统 DP-TBD 算法所需状态空间记为 Q_1，本章提出的改进 DP-TBD 算法状态空间记为 Q_2：

$$Q_1 = \left(\left(6\sigma_x + \lceil v_{\max} \cdot \delta t \rceil \right) \cdot 2 + 1 \right)^2 \tag{3.63}$$

$$Q_2 = \left(\left(6\sigma_x + \lceil 3\sigma_v \cdot \delta t \rceil \right) \cdot 2 + 1 \right)^2 \tag{3.64}$$

由于动态规划检测前跟踪算法性能(主要为对真实目标反演的航迹精度以及虚假航迹两个方面)随状态空间数目增加急速下降[67]，所以理论上本章所提改进算法不但可以缓解因状态空间较大引起的计算量增加压力，还可以改善跟踪性能，从而使反演航迹误差更小。

3) 引入速度约束正则化项

能量积累过程中，一方面要尽量选取能量较大的路径，另一方面由于目标运动速度在相邻帧之间具有强相关性，要尽量保证相邻状态速度具有一致性(更小的速度变化），所以综合两个方面考虑，参照文献[69]中求解最优化问题的代价函数构建方法，引入速度约束正则化项，定义新的最优化路径选取准则如下：

$$\varphi(\boldsymbol{x}_k) = \underset{\{x_{k-1}: \forall x_{k-1} \to x_k\}}{\arg\max} \frac{I(\boldsymbol{x}_{k-1})}{\max I(\boldsymbol{x}_{k-1})} - \alpha \cdot \| \boldsymbol{v}_{x_k} - \boldsymbol{v}_{x_{k-1}} \| \tag{3.65}$$

其中，$\boldsymbol{v}_{x_k}$ 为状态 $\boldsymbol{x}_k$ 时的测速信息，故 $\boldsymbol{x}_k$ 和 $\boldsymbol{x}_{k-1}$ 之间速度之差的范数表示为 $\| \boldsymbol{v}_{x_k} - \boldsymbol{v}_{x_{k-1}} \|$，该值反映了目标在帧间的速度变化程度。$\alpha$ 为正则化系数且 $\alpha \geqslant 0$，反映能量积累过程中对目标帧间速度变化量的约束。α 应根据雷达系统测速精度及目标运动特性进行设定，当雷达系统测速精度较低时应选用较小的值。当 $\alpha = 0$ 时，式(3.65)退化为式(3.58)（分母 $\max I(\boldsymbol{x}_{k-1})$ 的作用是对 $I(\boldsymbol{x}_{k-1})$ 的归一化处理，结果 $\varphi(\boldsymbol{x}_k)$ 没有影响，因此可省略分母），即传统 DP-TBD 所采取的能量积累策略，此时不对目标速度帧间相关性进行约束。

由于该正则项的引入，在做多帧能量积累时，同时考察信号幅度和速度相关性，理论上可以更高效地关联出目标真实路径，下面通过仿真对比传统 DP-TBD 方法和本章基于目标速度信息的改进算法的性能。

3. 仿真分析

1）仿真流程

（1）仿真步骤。

仿真多帧 OXY 平面数据下的检测前跟踪处理流程如下，其中步骤①～⑦完成数据生成，步骤⑧和⑨进行多帧信号处理并反演获得航迹，步骤⑩和⑪为性能对比：

①设定相关参数，如状态转移矩阵等；

②生成 4×K 的零矩阵作为 K 帧状态向量；

③初始化状态，并迭代地获得运动目标真实状态信息 S_1，添加高斯噪声的观测轨迹 S_2；

④生成两个 200×200×K 的零矩阵，记为矩阵 A_1、A_2；

⑤设定噪声平均功率为 1，根据信噪比计算目标平均功率；

⑥在 A_1 根据噪声功率填充噪声，在 A_2 上按照 S_2 轨迹信息及功率添加目标，叠加 $A = A_1 + A_2$ 得目标观测数据；

⑦生成 200×200×K 的零矩阵，添加目标运动速度观测信息并添加噪声，记为矩阵 $\boldsymbol{B}$ 作为本章所提改进算法的速度观测；

⑧采用传统 DP-TBD 算法和本章改进算法进行能量积累及路径保存；

⑨完成 K 帧能量积累后以最大值作为单目标检出，反演得其航迹；

⑩对比两种方法能量积累图以及航迹反演结果;

⑪在多种情景及不同信噪比情况下重复仿真。

(2) 参数设置。

典型的数字电视信号外辐射源雷达,信号带宽为 8MHz,距离分辨率约为 20m。实际工作中的处理单元通常以距离分辨率进行量化。当系统位置误差较小时,可以只考察目标运动引起的状态空间变化。因该参数体系下单源三站目标速度测量方差 $\sigma_v = 1m/s$,计算其 $3\sigma_v$ 范围,在 0.9974 概率意义下,$\delta t = 1s$ 积累时间内所能引起的距离误差小于 3m,远小于距离分辨率,故向上取整量化值 $\lceil 3\sigma_v \rceil = 1$ 单元。

单帧数据为 200×200 距离单元,积累帧数为 10 帧,对比传统 DP-TBD 算法和本章改进算法仿真如下。

2) 没有位置测量误差的仿真分析

(1) 低速目标仿真分析。

仿真 OXY 平面上的一个非起伏点目标,从初始位置(200, 200)m 处开始做匀速直线运动,速度为 40m/s,量化后 v_{max} 为 2 距离单元/帧,此时有

$$Q_1 = \left(\lceil v_{max} \cdot \delta t \rceil \cdot 2 + 1 \right)^2 = 25$$

$$Q_2 = \left(\lceil 3\sigma_v \cdot \delta t \rceil \cdot 2 + 1 \right)^2 = 9$$

分别在信噪比下 8dB、7dB、6dB、5dB 下进行仿真,如下所述。

①信噪比 8dB 仿真结果。

由图 3.28(a)可知,在较低信噪比情况下,单帧数据难以准确探测目标。图 3.28(b)为传统 DP-TBD 算法做 10 帧能量积累的结果,其主峰明显,不易产生虚假航迹。图 3.28(c)为改进算法在 $\alpha=0$ 时的多帧能量积累结果,即帧间关联处理时无速度约束,因其 Q 值较小,搜索范围更加精确,所以远离目标的区域所得能量积累更小,较图 3.28(b)主峰更为明显。图 3.28(d)为改进算法在 $\alpha=0.3$ 时的多帧能量积累结果,在帧间关联处理时有速度约束,远离目标区域能量积累

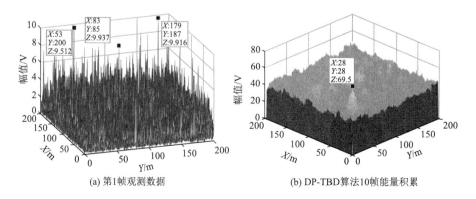

(a) 第1帧观测数据　　　　　　　　(b) DP-TBD算法10帧能量积累

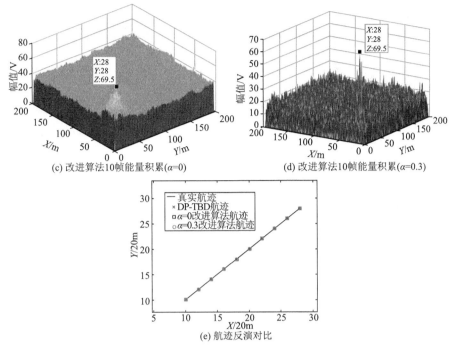

(c) 改进算法10帧能量积累($\alpha=0$)　　　　(d) 改进算法10帧能量积累($\alpha=0.3$)

(e) 航迹反演对比

图 3.28　信噪比为 8dB 的低速度目标仿真(没有位置测量误差)

更小，主峰更为明显。图 3.28(e)为上述三种方法进行 10 帧能量积累后，取峰值反演航迹结果，在较高信噪比条件下具有相近、良好的性能。

②信噪比 7dB 仿真结果。

由图 3.29(a)可知，在低信噪比情况下目标被噪声淹没，单帧数据无法准确探测目标。对比图 3.29(b)和图 3.28(b)可知，在信噪比降低时，多帧能量积累结果中，由噪声引起的峰值增多，进而引起虚假航迹检出增多。图 3.29(c)、(d)所示改进算法做能量积累后虚假峰值较少，主峰明显。结合图 3.29(e)航迹反演结果可知，在该信噪比条件下，改进算法较传统方法目标检出性能有所提高。

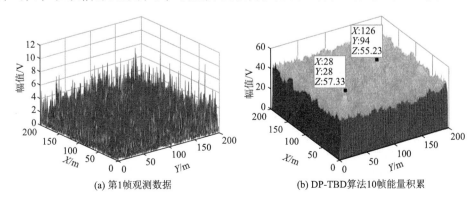

(a) 第1帧观测数据　　　　　　　(b) DP-TBD算法10帧能量积累

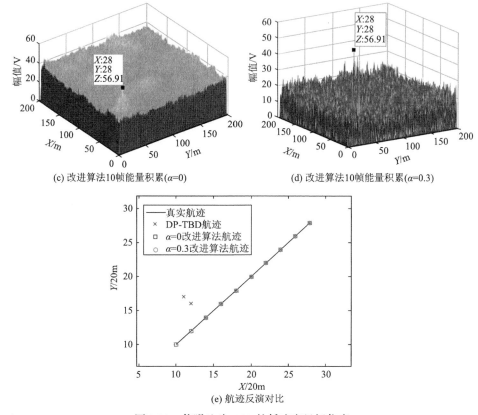

(c) 改进算法10帧能量积累($\alpha=0$)　　　　　(d) 改进算法10帧能量积累($\alpha=0.3$)

(e) 航迹反演对比

图 3.29　信噪比为 7dB 的低速度目标仿真

③信噪比 6dB 仿真结果。

由图 3.30 仿真结果可知，在信噪比 6dB 条件下做 10 帧能量积累，传统 DP-TBD 算法无法有效检测和跟踪目标，改进算法在不添加速度约束时航迹准确性较低，添加速度约束时航迹反演较好。

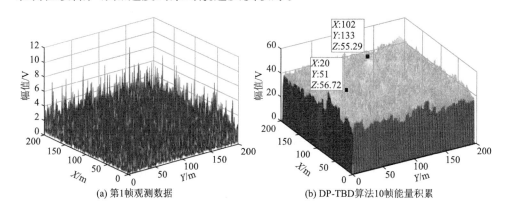

(a) 第1帧观测数据　　　　　　　　　　(b) DP-TBD算法10帧能量积累

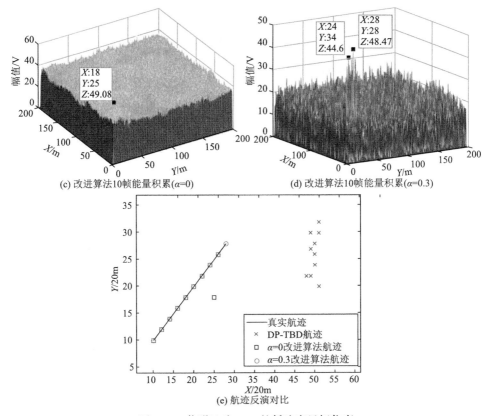

(c) 改进算法10帧能量积累(α=0)　　　　(d) 改进算法10帧能量积累(α=0.3)

(e) 航迹反演对比

图 3.30　信噪比为 6dB 的低速度目标仿真

④信噪比 5dB 仿真结果。

图 3.31 表明在信噪比很低时，传统 BP-TBD 算法和无速度约束(仅缩小状态空间 Q)的改进算法均无法正确反演航迹，添加速度约束的改进算法虚假峰值相对较少，航迹反演相对可靠。

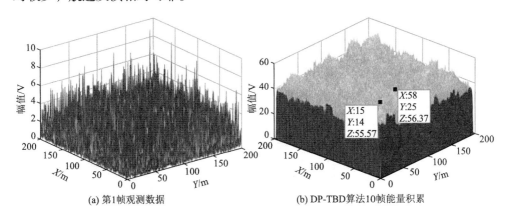

(a) 第1帧观测数据　　　　　　(b) DP-TBD算法10帧能量积累

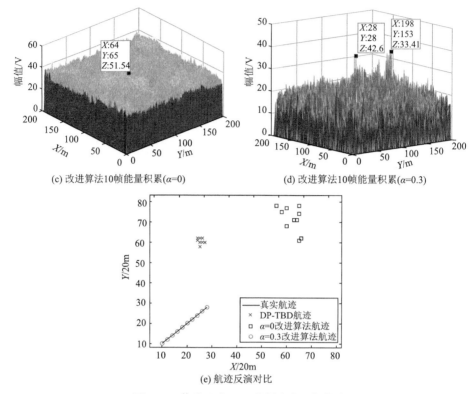

(c) 改进算法10帧能量积累(α=0)　　　(d) 改进算法10帧能量积累(α=0.3)

(e) 航迹反演对比

图 3.31　信噪比为 5dB 的低速度目标仿真

(2)两低速变速运动目标交叉航迹仿真结果。

现实情况中往往不是简单的单航迹问题，所以添加第二个目标仿真航迹交叉问题。在 OXY 平面添加甲(信噪比为 7dB)、乙(信噪比为 8dB)两个目标，分别从 $(200, 200)\,$m 和 $(200, 1800)\,$m 处开始做低速变速运动，使其航迹具有一定的随机性，两目标在 X、Y 方向速度服从 $20\sim40$m/s 的均匀分布。积累帧数为 40，航迹反演结果如图 3.32 所示。

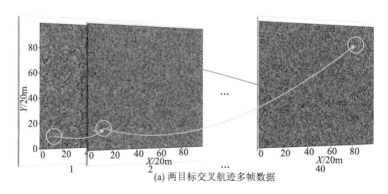

(a) 两目标交叉航迹多帧数据

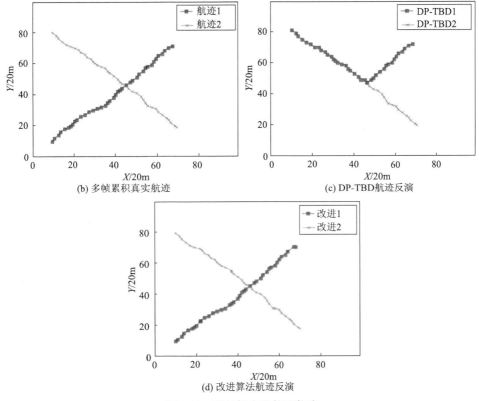

图 3.32 两目标交叉航迹仿真

对于低速目标航迹交叉问题，如典型的两个目标航迹交叉呈 X 形，因为传统 DP-TBD 算法做当前帧能量积累时，会选取前一帧较大状态范围内的值函数的最大值，在出现航迹交叉时（尤其是不同信噪比情况下），两条路径将被归到同一路径，造成交叉点之前的不同航迹难以分辨，从而反演获得航迹通常为 Y 形；而本章所提出的改进算法由于结合较为精确的速度矢量信息，可以有效区分两目标运动趋势，在更加精确的路径中做能量积累，从而所得反演航迹更接近真实航迹。

上述仿真表明，对于信噪比较高条件下的低速目标探测，传统 DP-TBD 算法和改进算法均可有效检测和跟踪目标；当信噪比较低时，改进算法表现出更佳的探测性能。

（3）高速目标仿真分析。

仿真 OXY 平面上的一个非起伏点目标，信噪比 8dB，从初始位置（1600,1600）m 处开始做匀速直线运动，速度为 160m/s，量化后 v_{max} 为 8 距离单元/帧，此时有

$$Q_1 = \left(\lceil v_{max} \cdot \delta t \rceil \cdot 2 + 1 \right)^2 = 289$$

$$Q_2 = \left(\lceil 3\sigma_v \cdot \delta t \rceil \cdot 2 + 1 \right)^2 = 9$$

图 3.33(b)表明检测前跟踪算法在跟踪高速运动目标时，由于 Q_1 较大，多帧能量积累后不仅增大了真实目标状态处的值函数积累，同时也增加了接近真实状态附近的值函数积累，从而引起多帧能量积累结果的能量发散。此外，噪声能量发散也加重了该现象，导致多帧能量积累在整个 OXY 平面上具有很高的基底，主峰不明显，虚警较多，真实航迹检出困难。

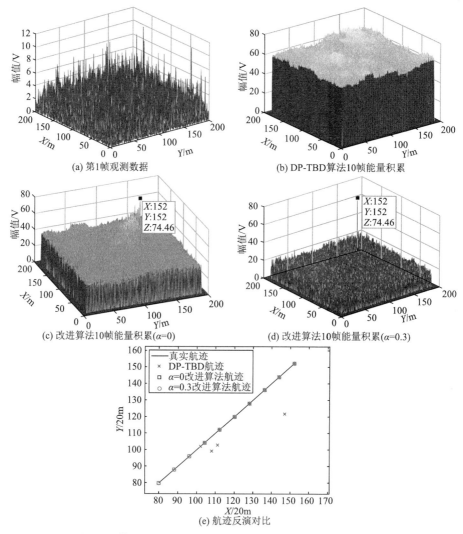

(a) 第1帧观测数据

(b) DP-TBD算法10帧能量积累

(c) 改进算法10帧能量积累($\alpha=0$)

(d) 改进算法10帧能量积累($\alpha=0.3$)

(e) 航迹反演对比

图 3.33　信噪比为 8dB 的高速度目标仿真(没有位置测量误差)

图 3.33(c) 和(d) 表明，基于速度信息缩小 Q 值可以有效地抑制多帧能量积累的能量发散现象，主峰明显，航迹检出更为精准，在高速目标检出问题上，大大减小了计算量，也具有更佳的检出性能。

上述仿真表明，如果目标速度较大，为跟踪目标，传统 DP-TBD 算法状态空间 Q 值通常较大，一方面其计算量较大，另一方面其检测前跟踪性能受严重影响，因此在基于动态规划的检测前跟踪方法中，控制 Q 值具有重要意义。此外，通过挖掘微弱运动目标帧间关联性，改进动态规划路径寻优方案能有效增加真实目标的检出性能。

3) 存在位置测量误差的仿真分析

(1) 低速目标仿真分析。

仿真 OXY 平面上的一个非起伏点目标，信噪比 8dB，从初始位置(1600, 1600) m 处开始做匀速直线运动，速度为 40m/s，量化后 v_{max} 为 2 距离单元/帧。由图 3.34(b) 可知，位置误差将引起状态空间(Q 值)增大，发生类似图 3.33(b) 所示的能量发散现象，主峰不明显，航迹检出性能下降。对比图 3.34(c) 和(d) 可知，未添加速度约束的改进算法，其状态空间也较大，多帧能量积累结果和传统方法类似；当添加速度约束后，改进算法多帧能量积累结果有效抑制了能量发散现象，主峰明显，其航迹检出性能更佳。

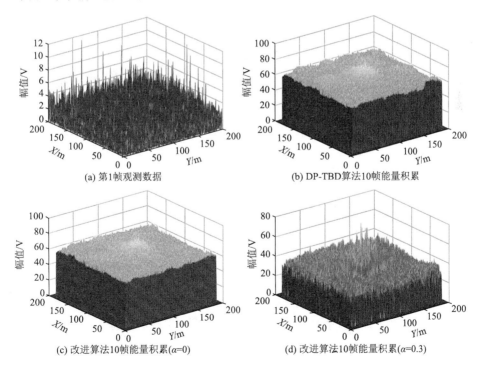

(a) 第1帧观测数据

(b) DP-TBD算法10帧能量积累

(c) 改进算法10帧能量积累($\alpha=0$)

(d) 改进算法10帧能量积累($\alpha=0.3$)

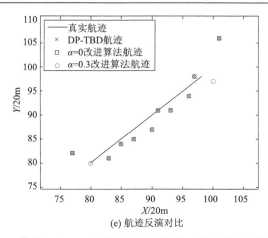

(e) 航迹反演对比

图 3.34   信噪比为 8dB 的低速度目标仿真 1(存在位置测量误差)

由图 3.35 可知，当位置测量误差较大时，应用动态规划的状态空间急剧增大，多帧能量积累结果中能量发散现象严重，传统 DP-TBD 算法性能急剧下降，在信噪比 8dB 时无法正常工作；而添加帧间速度相关性约束的改进算法航迹恢复相对较好。

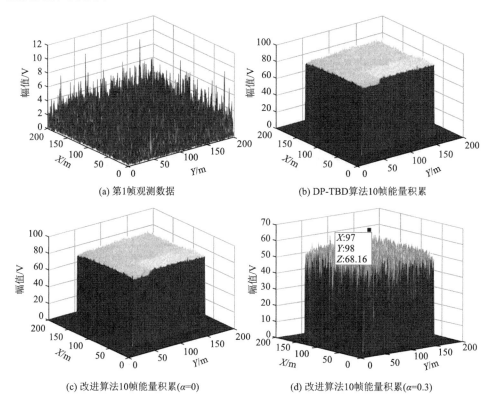

(a) 第1帧观测数据

(b) DP-TBD算法10帧能量积累

(c) 改进算法10帧能量积累($\alpha=0$)

(d) 改进算法10帧能量积累($\alpha=0.3$)

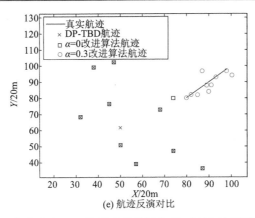

(e) 航迹反演对比

图 3.35　信噪比为 8dB 的低速度目标仿真 2(存在位置测量误差)

上述仿真说明，当目标位置测量误差较大时(如位置测量精度 σ_x 为 100m)，由于状态空间较大，其检测前跟踪性能有限。改进算法中根据目标在帧间速度信息的强相关性，优化能量积累路径选择方案，对真实目标的检测和跟踪性能更好。

(2)高速目标仿真分析。

仿真 OXY 平面上的一个非起伏点目标，信噪比 8dB，从初始位置(1600，1600)m 处开始做匀速直线运动，速度为 160m/s，量化后 v_{max} 为 8 距离单元/帧。

对比图 3.36(b)和(c)可知，目标高速运动将引起传统 DP-TBD 算法状态空间增大，能量积累过程中的能量发散问题突出，无法有效检出真实目标；而改进算法状态空间较小，主峰相对明显，此时改进算法可以有效检出真实目标航迹。

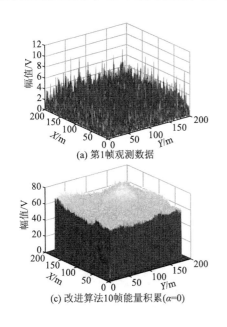

(a) 第1帧观测数据

(c) 改进算法10帧能量积累(α=0)

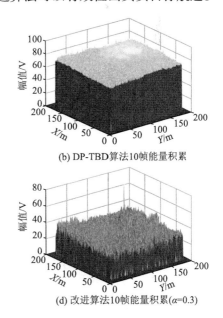

(b) DP-TBD算法10帧能量积累

(d) 改进算法10帧能量积累(α=0.3)

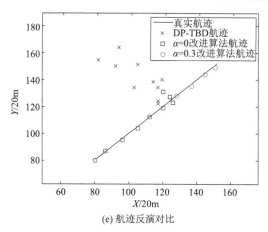

(e) 航迹反演对比

图 3.36　信噪比为 8dB 的高速度目标仿真 1(存在位置测量误差)

在 OXY 位置测量精度 σ_x 为 100m，量化后为 5 距离单元，此时有

$$Q_1 = \left[\left(6\sigma_x + \lceil v_{max} \cdot \delta t \rceil\right) \cdot 2 + 1\right]^2 = 5929$$

$$Q_2 = \left[\left(6\sigma_x + \lceil 3\sigma_v \cdot \delta t \rceil\right) \cdot 2 + 1\right]^2 = 3969$$

由图 3.37 可知，当位置精度较低时，针对高速运动目标做动态规划检测时，传统 BP-TBD 算法状态空间太大，多帧能量积累后能量发散非常严重，无法分辨真实目标航迹，而有帧间速度相关性约束的改进算法仍可有效检出真实目标。

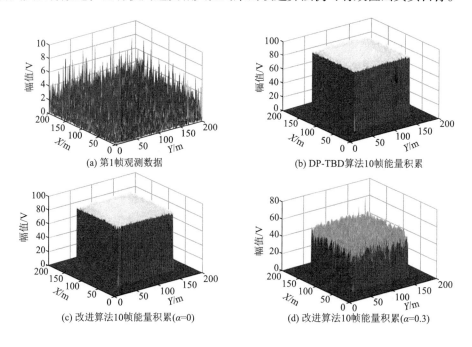

(a) 第1帧观测数据

(b) DP-TBD算法10帧能量积累

(c) 改进算法10帧能量积累(α=0)

(d) 改进算法10帧能量积累(α=0.3)

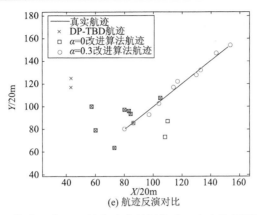

(e) 航迹反演对比

图 3.37　信噪比为 8dB 的高速度目标仿真 2(存在位置测量误差)

为考察改进算法对机动目标的探测性能，将上述仿真中目标运动轨迹更改为曲率较小的曲线运动，其他条件不变，仿真结果如图 3.38 所示。

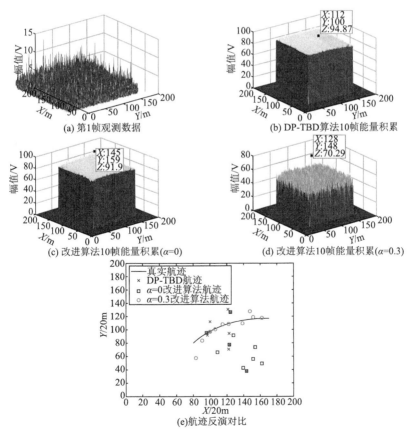

图 3.38　信噪比为 8dB 的高速曲线运动(曲率较小)目标仿真

　　图 3.38 表明，基于速度信息的改进算法可以有效检出较小曲率曲线运动目标，可以获得较传统 DP-TBD 算法更好的探测结果。

　　考察改进算法对于更高机动性运动目标的探测性能，仿真曲率较大的曲线运动目标，其他条件不变，仿真结果如图 3.39 所示。

　　图 3.39 所示曲线运动目标仿真表明，改进算法在较大曲率曲线运动目标跟踪问题上表现略差，但仍能有效探测目标。图 3.39(d) 中出现较多峰值，产生许

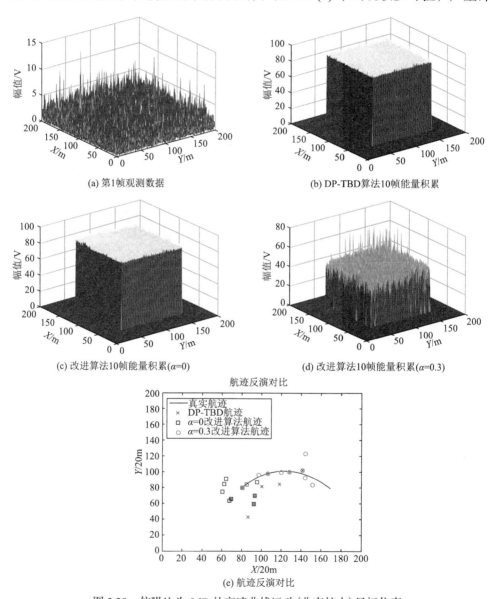

(a) 第1帧观测数据　　　　　　　　　　　(b) DP-TBD算法10帧能量积累

(c) 改进算法10帧能量积累(α=0)　　　　　(d) 改进算法10帧能量积累(α=0.3)

(e) 航迹反演对比

图 3.39　信噪比为 8dB 的高速曲线运动(曲率较大)目标仿真

多虚假航迹，对于真实航迹检出造成一定困难。分析原因为动态规划检测前跟踪模型中对运动目标预测为线性预测，对曲线运动目标的预测基于局部线性，高机动目标曲率较大将引起局部线性预测准确度下降，从而效果变差。多次仿真表明，基于平面速度信息的改进算法可以在较小的状态空间下保持优秀的跟踪能力，对比传统 DP-TBD 算法，在搜索步骤中的运算量更小，并且由于改进算法减小了误搜索区域的大小，故其航迹反演更为精准，可以在信噪比更低的环境下表现出优良的性能。

　　雷达系统检测和跟踪运动目标时，算法的可检测航迹形状、航迹误差、实时性等性能是最重要的考察性能，结合文献[70]～[75]的研究结论和本节研究结果，表 3.11 给出了典型的检测前跟踪算法的航迹误差和运算量性能对比。本章所阐述的基于速度信息的检测前跟踪算法需要工作在单源三站等具有一定平面测速精度的雷达体制中，在结合速度信息的前提下，可以获得较其他检测前跟踪算法更优秀的综合性能，且可以应对复杂形状的航迹。

表 3.11　检测前跟踪算法性能对比

性能对比	可检测航迹形状	航迹误差	运算量
霍夫变换	直线	较大	小
贝叶斯滤波	任意	较小	较大
粒子滤波	任意	小	大
动态规划	任意	一般	一般
基于速度信息改进动态规划	任意	小	较小

4. 采用卡尔曼滤波提高观测速度的精度

　　假设观测噪声服从高斯分布，为提高位置和速度观测精度，可以引入卡尔曼滤波算法，该方法需要预先估计噪声协方差矩阵。

　　上述基于平面速度信息的检测前跟踪方法需要进行坐标转换以及解算速度方程，为在高数据传输率下，基于双基距离和多普勒直接测量量实时对目标进行三维信息多帧关联探测和运动目标跟踪，取空间坐标系下目标位置和速度共 6 个属性作为状态 x_k：

$$x_k = \begin{bmatrix} x_k & y_k & z_k & \dot{x}_k & \dot{y}_k & \dot{z}_k \end{bmatrix}^{\mathrm{T}} \tag{3.66}$$

1）状态转移方程

　　状态转移方程为

$$x_k = F x_{k-1} + w_k \tag{3.67}$$

$$F = \begin{bmatrix} 1 & & \delta t & & & \\ & 1 & & \delta t & & \\ & & 1 & & \delta t & \\ & & & 1 & & \\ & & & & 1 & \\ & & & & & 1 \end{bmatrix} \tag{3.68}$$

其中，F 为状态转移矩阵线性表示；δt 为采样时间间隔；w_k 为系统噪声，其协方差矩阵为 $Q_{w,k}$。

2) 观测方程

单源三站体制下可获得观测信息为目标同三个接收站之间的双基距离以及径向速度，故观测量及观测方程为

$$z_k = \begin{bmatrix} R_1 & R_2 & R_3 & v_1 & v_2 & v_3 \end{bmatrix}^{\mathrm{T}} \tag{3.69}$$

$$z_k = h(x_k) + v_k \tag{3.70}$$

$$R_i = \sqrt{(x-x_0)^2 + (y-y_0)^2 + (z-z_0)^2} + \sqrt{(x-x_i)^2 + (y-y_i)^2 + (z-z_i)^2} \tag{3.71}$$

其中，R_i 为双基距离；(x_0, y_0, z_0) 为发射站坐标，(x_i, y_i, z_i) 为第 i 接收站坐标，$i=1,2,3$；v_k 为观测噪声，其协方差矩阵为 $Q_{v,k}$。

因为观测双基距离和状态之间关系为非线性函数 h，采用扩展的卡尔曼滤波形式，在估计值 $\hat{x}_{k|k-1}$ 处进行泰勒级数展开，其一阶导数为

$$G_k = \begin{bmatrix} \dfrac{\partial R_1}{\partial x}\bigg|_{x=x_{k|k-1}} & \dfrac{\partial R_1}{\partial y}\bigg|_{y=y_{k|k-1}} & \dfrac{\partial R_1}{\partial z}\bigg|_{z=z_{k|k-1}} \\[3mm] \dfrac{\partial R_2}{\partial x}\bigg|_{x=x_{k|k-1}} & \dfrac{\partial R_2}{\partial y}\bigg|_{y=y_{k|k-1}} & \dfrac{\partial R_2}{\partial z}\bigg|_{z=z_{k|k-1}} \\[3mm] \dfrac{\partial R_3}{\partial x}\bigg|_{x=x_{k|k-1}} & \dfrac{\partial R_3}{\partial y}\bigg|_{y=y_{k|k-1}} & \dfrac{\partial R_3}{\partial z}\bigg|_{z=z_{k|k-1}} \end{bmatrix}$$

$$\tag{3.72}$$

$$= \begin{bmatrix} \dfrac{2x_{k|k-1} - x_1 - x_0}{R_{1,k|k-1}} & \dfrac{2y_{k|k-1} - y_1 - y_0}{R_{1,k|k-1}} & \dfrac{2z_{k|k-1} - z_1 - z_0}{R_{1,k|k-1}} \\[3mm] \dfrac{2x_{k|k-1} - x_2 - x_0}{R_{2,k|k-1}} & \dfrac{2y_{k|k-1} - y_2 - y_0}{R_{2,k|k-1}} & \dfrac{2z_{k|k-1} - z_2 - z_0}{R_{2,k|k-1}} \\[3mm] \dfrac{2x_{k|k-1} - x_3 - x_0}{R_{3,k|k-1}} & \dfrac{2y_{k|k-1} - y_3 - y_0}{R_{3,k|k-1}} & \dfrac{2z_{k|k-1} - z_3 - z_0}{R_{3,k|k-1}} \end{bmatrix}$$

又因为径向速度观测值和直角坐标系下速度状态有如下线性映射关系[2]：

$$\begin{bmatrix} v_1 \\ v_2 \\ v_3 \end{bmatrix} = A \begin{bmatrix} \dot{x} \\ \dot{y} \\ \dot{z} \end{bmatrix} \tag{3.73}$$

$$A = \begin{bmatrix} \dfrac{a_1}{|a_1|} & \dfrac{a_2}{|a_2|} & \dfrac{a_3}{|a_3|} \end{bmatrix}^{\mathrm{T}} \tag{3.74}$$

故导出观测方程的雅可比矩阵为

$$H_k = \left. \frac{\partial h}{\partial x} \right|_{\hat{x}_{k|k-1}} = \begin{bmatrix} G_k & \\ & A \end{bmatrix} \tag{3.75}$$

$$\Delta z_k = H_k \cdot \Delta x_k + O(\Delta x_k) \tag{3.76}$$

其中，a_i 为第 i 个接收站的双基地角平分线矢量，可以由位置关系信息解算获得。

3) 扩展卡尔曼滤波更新方程

扩展卡尔曼滤波更新方程如下：

$$\begin{cases} \hat{x}_{k|k-1} = f(\hat{x}_{k|k-1}) = F\hat{x}_{k-1|k-1} \\ P_{k|k-1} = FP_{k-1|k-1}F^{\mathrm{T}} + Q_{w,k} \\ e_k = z_k - h(\hat{x}_{k|k-1}) \\ K = P_{k|k-1}H_k^{\mathrm{T}} \left(H_k P_{k|k-1} H_k^{\mathrm{T}} + Q_{v,k} \right)^{-1} \\ \hat{x}_{k|k} = \hat{x}_{k|k-1} + Ke_k \\ P_{k|k} = (I - KH_k)P_{k|k-1} \end{cases} \tag{3.77}$$

上述推导基于单源三站外辐射源雷达，对 $OXYZ$ 三维空间坐标系下的卡尔曼滤波形式仅做理论推导，理论上可实现三维坐标系下的目标跟踪。结合 DP-TBD 算法，对低小慢目标进行多帧能量积累，理论上可实现三维空间中微弱目标的探测，进而反演获得目标航迹。但由于维度增加引起状态空间的增大，相对于二维目标探测，在三维空间进行目标探测的计算量将大幅增加。由于目前典型的单源三站外辐射源雷达的接收站多采用平面布站，其在 X、Y 方向的位置以及速度测量精度都远高于 Z 方向，在 Z 方向信息不敏感的情景下以及计算资源十分有限的情况下，三维空间的 Z 方向定位能力十分有限。该方程的主要意义为提高目标平面速度精度，以及为具有较高观测精度的单源三站雷达体系下目标检测和跟踪提供一定的理论指导意义。

3.7　本　章　小　结

本章主要研究了艇载外辐射源雷达目标探测系统的主要问题及系统体制损失、共形稀疏布阵、单源多站系统布局、参考通道多径杂波抑制、基于多帧信号处理的目标探测等相关问题。

基于数字电视信号的外辐射源雷达目前得到了广泛的关注和研究，本章介绍了外辐射源雷达面临的主要问题及系统体制损失，如参考信号获取问题、直达波抑制问题和数字电视信号特有问题等，并对该问题进行了仿真分析，提供了相应的解决思路，可为实际系统设计提供参考。

基于组合巴克码可实现艇身稀疏阵列共形布设，采用连续布设多子阵均匀加权控制天线方向图旁瓣，通过形变误差测量和曲线阵到直线阵的补偿可获得理想的数字波束天线方向图。仿真结果表明了该方法的有效性。将共形稀疏阵列用于艇载外辐射源雷达，可减少系统体积重量，在低功耗条件下实现目标远距离探测。针对平流层飞艇供电资源紧缺的问题，可考虑设计主被动结合的艇载雷达探测系统，将稀疏阵列天线设计为主动 X 波段子阵和被动 P 波段子阵共孔径。

通过对比分析单源单站和单源三站两种系统布局下的外辐射源雷达空中目标探测性能，发现在接收天线阵元数相同的条件下，单源三站可得到与单源单站相当的空间覆盖范围，但所需信号处理通道数更少，可实现直角坐标系中的速度矢量测量。单源多站组网方式可降低系统的复杂度，在实现目标探测和定位的同时也可实现直角坐标系中的速度矢量测量，有助于改善目标航迹质量，将是未来发展的一个重要趋势。

参考信号在外辐射源雷达中起着十分重要的作用，参考信号获取因常伴有杂波、强噪声等，给外辐射源雷达带来诸多影响。本章对数字电视信号外辐射源雷达参考通道多径杂波的强度和影响进行了分析，提出了一种基于自适应滤波的参考信号提纯方法，仿真实验和实际数据处理结果验证了该方法的有效性。

本章还介绍了聚类分析用于雷达数据多帧信号处理的原理，基于跟踪前检测技术运用 DBSCAN 算法，通过仿真和实际数据，处理了多帧空间域和距离-多普勒域二维数据，验证了方法的有效性。低信噪比目标探测问题中，通过单帧数据难以准确探测目标，需要通过检测前跟踪等多帧信号处理方法提升雷达探测性能。单源三站外辐射源雷达系统可以获得更多的观测信息，其精度更高，通过解算方程可获得高精度的直角坐标系下的速度信息。

在动态规划检测前跟踪技术的基础上，提出了一种基于二维速度信息的改进算法，缩减动态规划状态空间 Q 值，并引入目标在帧间运动的速度相关性约束，定义新的能量积累路径选择准则，一方面可以大大减少计算量，另一方面有助于更精准地进行状态估计，从而改善目标探测性能，获得更精确的航迹。通过多次多目标、多种类航迹的仿真，与传统动态规划检测前跟踪方法做对比，验证了方法的有效性。

参 考 文 献

[1] Gromek D, Kulpa K, Samczyński P. Experimental results of passive SAR imaging using DVB-T illuminators of opportunity[J]. IEEE Geoscience and Remote Sensing Letters, 2016, 13(8): 1124-1128.

[2] 王志纲, 董鹏曙, 吴琼. 飞艇载无源雷达的外辐射源选择[J]. 雷达科学与技术, 2014, 12(1): 8-12.

[3] 冯远. 数字电视辐射源雷达参考信号获取及干扰抑制算法研究[D]. 北京: 北京理工大学, 2014.

[4] 保铮. 雷达信号的长时间积累[C]. 第七届全国雷达学术年会, 南京, 1999: 9-15.

[5] 李道京, 刘波, 尹建风, 等. 高分辨率雷达运动目标成像探测技术[M]. 北京: 国防工业出版社, 2014.

[6] Wang Y S, Bao Q L, Wang D H, et al. An experimental study of passive bistatic radar using uncooperative radar as a transmitter[J]. IEEE Geoscience and Remote Sensing Letters, 2015, 12(9): 1868-1872.

[7] Colone F, Cardinali R, Lombardo P, et al. Space-time constant modulus algorithm for multipath removal on the reference signal exploited by passive bistatic radar[J]. IET Radar, Sonar & Navigation, 2009, 3(3): 253-264.

[8] Baczyk M K, Malanowski M. Decoding and reconstruction of reference DVB-T signal in passive radar systems[C]. The 11th International Radar Symposium, Vilnius, 2010: 1-4.

[9] O'Hagan D W, Kuschel H, Heckenbach J, et al. Signal reconstruction as an effective means of detecting targets in a DAB-based PBR[C]. The 11th International Radar Symposium, Vilnius, 2010: 48-51.

[10] 张瑜, 贺秋瑞. 无源雷达探测中的直达波提取方法[J]. 舰船科学技术, 2013, 35(3): 74-77.

[11] 郗莹, 李道京. 成像雷达微弱运动目标信号 AD 采样问题分析[C]. 第四届微波遥感技术研讨会, Yanji, 2015: 100-103.

[12] 赵耀东. UHF 波段无源雷达信号处理算法研究[D]. 北京: 中国科学院大学, 2013.

[13] 纪传, 吕晓德, 向茂生, 等. 等效凹槽滤波器及其在无源相关定位雷达中的应用[J]. 雷达学报, 2014, 3(6): 675-683.

[14] Slock D T. On the convergence behavior of the LMS and the normalized LMS algorithms[J]. IEEE Transactions on Signal Processing, 1993, 41(9): 2811-2825.

[15] Masjedi M, Modarres-Hashemi M, Sadri S. Direct path and multipath cancellation in passive radars using subband variable step-size LMS algorithm[C]. The 19th Iranian Conference on Electrical Engineering, Isfahan, 2011: 1-5.

[16] Makino S, Kaneda Y, Koizumi N. Exponentially weighted stepsize NLMS adaptive filter basedon the statistics of a room impulse response[J]. IEEE Transactions on Speech and Audio Processing, 1993, 1(1): 101-108.

[17] Tan D K P, Lesturgie M, Sun H B, et al. Space-time interference analysis an suppression for airborne passive radar using transmissions of opportunity[J]. IET Radar, Sonar & Navigation, 2014, 8(2): 142-152.

[18] Feng Y, Shan T, Zhou Z, et al. The migration compensation methods for DTV based passive radar[C]. IEEE Radar Conference, Ottawa, 2003: 1-4.

[19] 关欣, 胡东辉, 仲利华, 等. 一种高效的外辐射源雷达高径向速度目标实时检测方法[J]. 电子与信息学报, 2013, 35(3): 581-588.

[20] 张丹, 吕晓德, 李道京, 等. 基于双频共轭的外辐射源雷达多普勒徙动的解决方法[J]. 中国科学院大学学报, 2018, 35(1): 96-101.

[21] Ender J. A compressive sensing approach to the fusion of PCL sensors[C]. The 2nd International Workshop on Compressed Sensing Applied to Radar, Wachtberg, 2013: 100-110.

[22] 李烈辰. 变换域稀疏压缩感知雷达成像技术研究[D]. 北京: 中国科学院电子学研究所, 2015.

[23] 杨波. 一种设计组合巴克码脉冲压缩旁瓣抑制滤波器的新方法[J]. 现代雷达, 2001, 23(5): 41-45.

[24] 李烈辰, 李道京, 黄平平. 基于变换域稀疏压缩感知的艇载稀疏阵列天线雷达实孔径成像[J]. 雷达学报, 2016, 5(1):109-117.

[25] 李道京, 侯颖妮, 滕秀敏, 等. 稀疏阵列天线雷达技术及其应用[M]. 北京: 科学出版社, 2014.

[26] 滕秀敏, 李道京. 艇载共形稀疏阵列天线雷达成像研究[J]. 电波科学学报, 2012, 27(4): 644-649.

[27] 李道京, 滕秀敏, 潘舟浩. 分布式位置和姿态测量系统的概念与应用方向[J]. 雷达学报, 2013, 2(4): 400-405.

[28] 赵洪立, 习建博. 一种基于多辐射源匹配的未知辐射源的定位方法[J]. 雷达学报, 2014, 3(6): 727-730.

[29] 鄢社锋, 马远良. 传感器阵列波束优化设计及应用[M]. 北京: 科学出版社, 2009.

[30] Skolin M I. 雷达手册[M]. 王军, 林强, 等译. 北京: 电子工业出版社, 2003.

[31] 李纪传. 无源雷达杂波对消关键技术及目标检测方法研究[D]. 北京: 中国科学院文献情报中心, 2015.

[32] 方亮, 万显荣, 易建新, 等. 外辐射源雷达多径杂波抑制的快速横向滤波算法[J]. 电波科学学报, 2014, 29(5): 911-915.

[33] 吴海洲, 陶然, 单涛. 基于 DTTB 照射源的无源雷达直达波干扰抑制[J]. 电子与信息学报, 2009, 31(9): 2033-2038.

[34] 何国强, 张仕元, 李明. 外辐射源雷达抗直达波干扰技术研究[J]. 现代雷达, 2009, 31(11): 32-35.

[35] Konishi K, Furukawa T. A nuclear norm heuristic approach to fractionally spaced blind channel equalization[J]. IEEE Signal Processing Letters, 2011, 18(1): 59-62.

[36] Yu C P, Xie L H. On recursive blind equalization in sensor networks[J]. IEEE Transactions on

Signal Processing, 2015, 63(3): 662-672.

[37] 王峰, 魏爽, 蒋德富, 等. 基于稀疏超指数盲均衡的高频外辐射源雷达发射信号提取[J]. 电波科学学报, 2016, 31(4): 818-823.

[38] 李威. 盲均衡算法的关键技术研究及其在抗多径干扰中的应用[D]. 成都: 电子科技大学, 2015.

[39] 万显荣, 岑博, 易建新, 等. 中国移动多媒体广播外辐射源雷达参考信号获取方法研究[J]. 电子与信息学报, 2012, 34(2): 338-343.

[40] 杨鹏. 基于 BP 算法的自适应多径消除方法研究[D]. 哈尔滨: 哈尔滨工程大学, 2011.

[41] 唐东, 张麟兮, 呼斌, 等. 基于距离差分法消除天线测试多径干扰[J]. 现代电子技术, 2014, 37(11): 101-106.

[42] 陈励军. 自相关法多途时延估计及其实验结果[J]. 东南大学学报, 1998, 28(1): 18-23.

[43] 陈韶华, 汪小亚. 一种改进的自相关多径时延估计及其自动提取[J]. 声学技术, 2015, 34(6): 237-239.

[44] 杨建广, 吴道庆. 调频广播台直达波与地杂波强度分析[J]. 现代雷达, 2005, 27(12): 33-36.

[45] 戴征坚, 谭晰, 许建平. 双基地雷达的主要性能分析与实验方法研究[J]. 电波科学学报, 2011, 26(5): 951-955.

[46] 西蒙·赫金. 自适应滤波器原理[M]. 4 版. 郑宝玉, 等译. 北京: 电子工业出版社, 2010.

[47] 王海涛. 外辐射源雷达信号处理若干问题研究[D]. 西安: 西安电子科技大学, 2013.

[48] 夏宇垠, 冯大政, 李涛. 宽带雷达目标的稳健二进制检测算法[J]. 系统工程与电子技术, 2010, 32(7): 1399-1402.

[49] 李道京. TWS 雷达中的机动目标跟踪问题[J]. 火力与指挥控制, 1997,(3): 71-75.

[50] 李道京. 二阶马尔可夫加速度模型下的机动目标预测器[J]. 火力与指挥控制, 1994, 20(1): 20-23.

[51] 战立晓, 汤子跃, 朱振波. 雷达微弱目标检测前跟踪算法综述[J]. 现代雷达, 2013, 35(4): 45-52.

[52] Jain A K, Murty M N, Flynn P J. Data clustering: A review[J]. ACM Computing Surveys,1999, 31(3): 264-323.

[53] 吴泽曦. 数据挖掘技术及其在车辆监控系统中的应用[D]. 北京: 北京邮电大学, 2015.

[54] 黄雯. 数据挖掘算法及其应用研究[D]. 南京: 南京邮电大学, 2013.

[55] Duan L, Xu L D, Guo F. A local-density based spatial clustering algorithm with noise[J]. Information Systems, 2006, 32 (7): 978-986.

[56] 王亚飞, 杨卫东, 徐振强. 基于出租车轨迹的载客热点挖掘[J]. 信息与电脑(理论版), 2017,(16): 141-143.

[57] 维基百科中文网. DBSCAN[EB/OL]. https://zh.wikipedia.org/wiki/DBSCAN[2018-10-20].

[58] Arlia D, Coppola M. Experiments in parallel clustering with DBSCAN[C]. The 7th International Euro-Par Conference, Manchester, 2001: 28-31.

[59] 苏卫民, 顾红, 张先义. 基于外辐射源的雷达目标探测与跟踪技术研究[J]. 现代雷达, 2005, 27(4): 19-22.

[60] 周建卫, 李道京, 胡烜. 单源三站外辐射源雷达目标探测性能[J]. 中国科学院大学学报, 2017, 34(4): 422-430.

[61] Bellman R. The theory of dynamic programming[J]. Bulletin of the American Mathematical Society, 1954, 60(6): 503-516.

[62] 托马斯·科尔曼, 查尔斯·雷瑟尔森, 罗纳德·李维斯特, 等. 算法导论[M]. 3 版. 殷建平, 等译. 北京: 机械工业出版社, 2012.

[63] Kella O Y. Dynamic programming solution for detecting dim moving targets[J]. IEEE Transactions on Aerospace and Electronic Systems, 1985, 21(1): 144-156.

[64] Tonissen S M, Evans R J. Peformance of dynamic programming techniques for track-before-detect[J]. IEEE Transactions on Aerospace and Electronic Systems, 1996, 32(4): 1440-1451.

[65] Arnold J, Shaw S W, Pasternack H. Efficient target tracking using dynamic programming[J]. IEEE Transactions on Aerospace and Electronic Systems, 1993, 29(1): 44-56.

[66] Bao C L, Wu Y, Ling H B, et al. Real time robust L_1 tracker using accelerated proximal gradient approach[C]. IEEE Conference on Computer Vision and Pattern Recognition, Providence, 2012: 1-7.

[67] 胡跟运. 基于多帧回波的微弱目标检测算法研究[D]. 西安: 西安电子科技大学, 2014.

[68] 李道京, 王建中. 改善雷达检测性能的多帧信号处理技术研究[J]. 系统工程与电子技术, 1998, 5: 350-353.

[69] Goodfellow I, Bengio Y, Courville A. Deep Learning[M]. Cambridge: MIT Press, 2016.

[70] 李涛, 吴嗣亮, 曾海彬, 等. 基于动态规划的雷达检测前跟踪新算法[J]. 电子学报, 2008, 36(9): 1824-1828.

[71] 安政帅. 基于动态规划的微弱目标检测前跟踪算法研究[D]. 西安: 西安电子科技大学, 2014.

[72] 王国宏, 李林, 于洪波. 基于点集合并的修正 Hough 变换 TBD 算法[J]. 航空学报, 2017, 38(1): 320009-1-320009-11.

[73] 金术玲, 梁彦, 潘泉, 等. 基于 Hough 变换和聚类的航迹起始算法[J]. 系统仿真学报, 2009, 21(8): 2362-2364, 2385.

[74] Morelande M R, Kreucher C M, Kastella K. A Bayesian approach to multiple target detection and tracking[J]. IEEE Transactions on Signal Processing, 2007, 55(5):1589-1604.

[75] 吴孙勇, 廖桂生, 杨志伟, 等. 基于粒子滤波的检测前跟踪改进算法[J]. 控制与决策, 2010, 25(12): 1843-1847.

第4章 阵列结构低频信号产生和应用

4.1 引 言

根据文献[1]和[2]报道，低频电磁波信号有益于低空小目标的探测，若能用高频段雷达产生低频电磁波信号，对目标区照射后，再使用低频段外辐射源雷达[3,4]对目标实施探测，会改善对低空小目标的探测能力。基于高频天线产生低频电磁波信号，实现多波段信号对目标的照射，不仅有可能减少低频天线尺寸，而且有可能成为提高雷达目标探测性能的一种途径。

谐波雷达[5]是基于频率变换实现目标探测的另一种体制。通过发射单频或双频信号，利用目标的反射特性产生谐波，从而提高探测性能。谐波雷达的问题在于其最大谐波与主波功率之比太小，且受到金属尺寸、材料等因素的影响[6,7]。

10kHz量级甚低频电磁波信号具有较强的地物穿透能力，可用于地质勘探[8-10]。传统天线的辐射单元尺寸需达到1/4波长，否则不能有效辐射电磁波。频率为10kHz的电磁波信号的波长为30km，其天线辐射单元尺寸在7~8km，天线尺寸在10km量级，这使其应用受到限制，研究基于适当尺寸高频雷达天线的甚低频电磁波信号产生方法具有重要意义。

为解决甚低频电磁波信号产生困难的问题，近年国外提出了一种采用机械旋转永磁体[11,12]的方式实现小型甚低频发射天线方法，利用永磁体机械旋转直接激励电磁波，将机械能转换为电能，可突破天线物理尺寸的限制。由于该方法涉及多学科交叉，国内外对该方法的研究均处于起步阶段，其性能尚未得到验证。

选用大尺寸天线有助于低频信号产生，平流层飞艇巨大的体积为大尺寸天线布设提供了条件，本章以此平台为基础开展研究工作，主要内容安排如下：4.2节将电磁波多普勒效应作为低频信号产生原理，对电磁波多普勒效应进行推导；4.3节研究阵列结构下的低频信号产生方法，用阵列天线产生近光速远离运动雷达多普勒信号，实现信号频率大幅降低，并通过对发射信号波形、阵列参数的选择，保证合成信号的性能；4.4节研究交错阵列甚低频信号产生方法，将电磁波多普勒效应与交错阵列结合，通过对交错阵列中各辐射单元信号的波形、时序、相位和周期，以及阵列数等参数的控制，提出一种在目标区合成甚低频信号的方法；4.5 节基于交错阵列结构和周期脉冲串信号提出实验验证方案，完成实验仿真和误差分析，并通过 8 单元短阵和 64 单元长阵实验样机，用载频 156MHz 的辐射单元信号合成 121.35MHz 信号，物理上验证该方法在空间中产生低频信号的可行性；4.6 节介绍基于阵列结构的低频/甚低频信号产生方法在地质勘探和多波段信号目标探测方面的应用，表明该方法具有重要的应用价值。

4.2　低频信号产生原理

多普勒效应常被分为机械波和光波的多普勒效应。光波以光速运动，其传播不需要介质，因此其多普勒效应的讨论必须建立两个坐标系，且两个坐标系中的空时关系符合狭义相对论。

电磁波由于同样以光速运动且传播不需要介质，所以和光波符合相同的多普勒效应。电磁波的多普勒效应计算公式根据速度与波源、接收器的关系可分为三种：纵向多普勒效应、横向多普勒效应和普遍多普勒效应。以下将对纵向多普勒效应[13-17]进行推导，此时相对运动速度与波源、接收器在同一轴线上。

在狭义相对论中，若两个坐标系满足初始时刻原点重合，且二者在运动过程中总有一条对应轴重合的条件，则它们的坐标、时间的转换关系符合洛伦兹变换。由于洛伦兹变换为线性变换，将其中的时空坐标替换为任意坐标间隔，其形式不变，该变换称为非齐次洛伦兹变换。设两个坐标系的空时坐标分别为 (x', y', z', t') 和 (x, y, z, t) ，初始坐标为 (x_0', y_0', z_0', t_0') 和 (x_0, y_0, z_0, t_0) ， X 轴、X'轴与相对运动速度 v 的方向重合，则非齐次洛伦兹变换的表达式为

$$\begin{cases} x' - x_0' = \gamma\left[x - x_0 - v\left(t - t_0 \right) \right] \\ y' - y_0' = y - y_0 \\ z' - z_0' = z - z_0 \\ t' - t_0' = \gamma\left[\left(t - t_0 \right) - v\left(x - x_0 \right)/c^2 \right] \end{cases} \tag{4.1}$$

其中， $\gamma = \dfrac{1}{\sqrt{1-\beta^2}}$ ， $\beta = \dfrac{v}{c}$ 。

如图 4.1 所示，设运动雷达为波源，接收装置位于静止目标位置，二者之间的初始距离为 R_0 。以雷达和目标为原点分别建立两个坐标系 K' 和 K ，二者的 X' 轴和 X 轴重合，其空时坐标分别记为 (x', y', z', t') 和 (x, y, z, t) 。在初始时刻

$t = t' = 0$，K'坐标系的原点位于 K 坐标系的 $(R_0,0,0)$。雷达及其所在的 K' 坐标系以速度 v 沿 K 坐标系的 X 轴正方向远离目标运动，且雷达始终位于 K' 坐标系的原点位置。

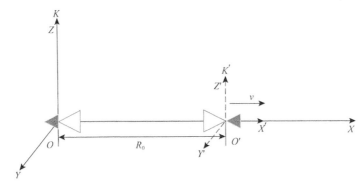

图 4.1　电磁波多普勒效应推导示意图

由非齐次洛伦兹变换可得 K' 坐标系和 K 坐标系的空时变换关系为

$$\begin{cases} x' = \gamma\left(x - R_0 - vt\right) \\ y' = y \\ z' = z \\ t' = \gamma\left[t - v\left(x - R_0\right)/c^2\right] \end{cases} \tag{4.2}$$

设雷达在 $t = t' = 0$ 时刻开始运动并发射脉冲信号，其信号在 K' 坐标系中的脉宽为 τ_e。从 K 坐标系中看，雷达发射信号的包络前沿在 $t = 0$ 时刻发射，此时雷达与目标之间的距离为 R_0，因此前沿在 $t = R_0/c$ 时刻被接收。对于包络的后沿，从 K' 坐标系来看，其在 $t' = \tau_e$ 时刻发射，此时雷达在 K' 坐标系中的坐标为 $(0,0,0)$，由式 (4.2) 可得

$$\begin{cases} 0 = \gamma\left(x - R_0 - vt\right) \\ \tau_e = \gamma\left[t - v\left(x - R_0\right)/c^2\right] \end{cases} \tag{4.3}$$

因此从 K 坐标系看，雷达在 $t = \gamma\tau_e$ 时刻发射包络的后沿，此时其与目标之间的距离为 $x = R_0 + v\gamma\tau_e$，由此可推得包络后沿在 $t = \dfrac{R_0 + v\gamma\tau_e}{c} + \gamma\tau_e$ 时刻被接收。

设雷达发射信号包络的表达式为

$$h_e(t) = \varepsilon(t) - \varepsilon(t - \tau_e) \tag{4.4}$$

则由以上推导可得目标区接收信号包络的表达式为

$$h_r(t) = \varepsilon\left(t - \frac{R_0}{c}\right) - \varepsilon\left(t - \frac{R_0}{c} - \sqrt{\frac{c+v}{c-v}}\,\tau_e\right) \tag{4.5}$$

雷达发射信号包络前沿与后沿到达目标区的时间差为接收信号的脉宽，即

$$\tau_r = \frac{c+v}{c}\gamma\tau_e = \sqrt{\frac{c+v}{c-v}}\,\tau_e \tag{4.6}$$

由此可见，雷达远离目标运动将导致其发射信号的展宽。

记雷达发射信号在 K 坐标系中的对应脉宽为 τ_{ek}，则由钟慢效应[18]可得雷达发射信号在 K 坐标系和 K' 坐标系中脉宽的对应关系：

$$\tau_{ek} = \gamma\tau_e = \frac{\tau_e}{\sqrt{1-\left(\dfrac{v}{c}\right)^2}} \tag{4.7}$$

将式(4.7)代入式(4.6)可得

$$\tau_r = \sqrt{\frac{c+v}{c-v}}\,\tau_e = \frac{c+v}{c}\tau_{ek} \tag{4.8}$$

因此雷达发射信号在 K' 坐标系和 K 坐标系中的脉宽展宽量分别为

$$\Delta\tau_{k'} = \tau_r - \tau_e = \left(\sqrt{\frac{c+v}{c-v}} - 1\right)\tau_e \tag{4.9}$$

$$\Delta\tau_k = \tau_r - \tau_{ek} = \frac{v}{c}\tau_{ek} \tag{4.10}$$

式(4.10)表示 K 坐标系中雷达信号脉宽的变化。

虽然发射信号与接收信号的脉宽不同，但其中信号的周期数并不发生变化，因此由式(4.6)可推得雷达远离目标运动对信号频率产生的影响：

$$\frac{f_r}{f_e} = \frac{\tau_e}{\tau_r} = \sqrt{\frac{c-v}{c+v}} \tag{4.11}$$

其中，f_e 为发射信号频率；f_r 为接收信号频率。对应的多普勒频率为

$$f_d = f_r - f_e = \left(\sqrt{\frac{c-v}{c+v}} - 1\right)f_e \tag{4.12}$$

当雷达远离目标运动的速度接近电磁波速度 c 时，接收信号频率将会明显降

低。利用多普勒效应在目标区产生 400MHz 低频信号和 10kHz 甚低频信号的仿真参数如表 4.1 所示，仿真结果如图 4.2 和图 4.3 所示。

表 4.1　多普勒仿真参数

参数	仿真 1	仿真 2
雷达与目标的初始距离/km	1	30
发射信号载频/GHz	1	0.1
发射信号脉宽/μs	0.5	0.05
雷达运动速度/(m/s)	$\dfrac{21}{29}c$	$v=\dfrac{10^8-1}{10^8+1}c$
多普勒频率/MHz	−600	−99.99
目标区接收信号频率/MHz	400	0.01
目标区接收信号脉宽/μs	1.25	500

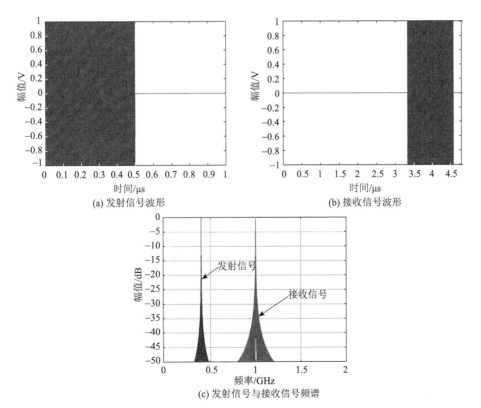

(a) 发射信号波形　　　　　　　(b) 接收信号波形

(c) 发射信号与接收信号频谱

图 4.2　多普勒效应中的发射/接收信号波形与频谱(仿真 1)

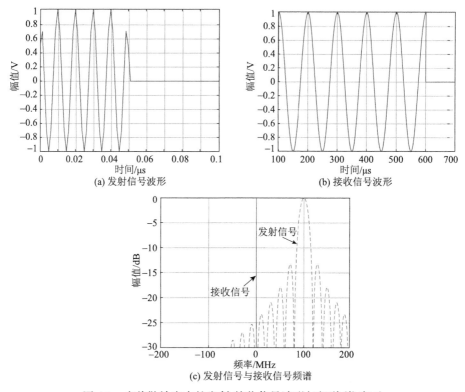

(a) 发射信号波形　　　　　　　　　　　(b) 接收信号波形

(c) 发射信号与接收信号频谱

图 4.3　多普勒效应中的发射/接收信号波形与频谱(仿真 2)

4.3　阵列结构下的低频信号产生方法

本节提出用阵列天线产生近光速远离运动雷达多普勒信号,实现信号频率大幅降低的方法,并通过对发射信号波形、阵列参数的选择,保证合成信号的性能。

4.3.1　阵列结构合成低频信号原理

根据对电磁波多普勒效应的理解,将运动雷达发射信号的过程在时间维分解,让阵列中各辐射单元顺序发射脉冲信号,利用阵列等效产生高速运动的雷达信号。

对于运动雷达及其发射信号的讨论将基于两个坐标系,其一是以雷达为原点的运动坐标系 S',其二是以雷达运动初始时间、位置为原点的空时坐标系 S。S' 坐标系的 X' 轴、Y' 轴和 Z' 轴均为空间坐标轴,S 坐标系的 X 轴为空间坐标轴,T 轴为时间轴。在初始时刻 $t = 0$,S' 坐标系与 S 坐标系的原点重合。在雷达运动过程中,雷达始终位于 S' 坐标系的原点位置,且 S' 坐标系的 X' 轴与 S 坐标系的 X 轴始终重合。两个坐标系之间的时间关系符合钟慢效应。

图 4.4 为在 S 坐标系中对运动雷达发射信号过程的分解。在 $t=0$ 时刻，雷达位于 X 轴的零点，并开始以速度 v 沿着 X 轴负方向运动，同时向 X 轴正方向发射信号。目标位于 X 轴正方向的远处。

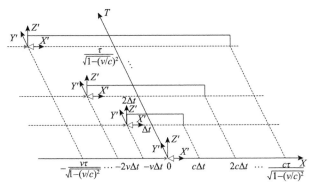

图 4.4　空时坐标系中对运动雷达发射信号过程分解示意图

设雷达发射信号在运动坐标系中的脉宽为 τ，由钟慢效应，该脉宽在空时坐标系中对应的脉宽为 $\dfrac{\tau}{\sqrt{1-(v/c)^2}}$。以 S 坐标系中的时间间隔 Δt 对雷达发射信号的过程进行分解，不同时刻的结果沿 T 轴排列，该雷达在每个时间间隔内运动距离为 $v\Delta t$，发射信号包络前沿运动距离为 $c\Delta t$。当雷达完成信号的发射时，信号包络前沿与后沿之间的距离为 $\dfrac{(c+v)\tau}{\sqrt{1-(v/c)^2}}$，所以目标区接收信号脉宽为 $\sqrt{\dfrac{c+v}{c-v}}\tau$。

由此将连续的雷达运动过程离散化，并得到对应阵列天线结构中的辐射单元位置与发射信号的时序。

如图 4.5 所示，在 S 坐标系中，将阵列天线结构中辐射单元以间距 d 从原点开始沿 X 轴负方向排布，并分别编号为 $T_0, T_1, \cdots, T_{N-1}$，其中 N 为辐射单元总数。辐

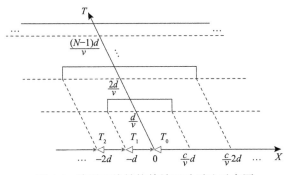

图 4.5　阵列天线结构等效运动雷达示意图

射单元间隔 d 满足 $d = v\Delta t$，即辐射单元间距等于运动雷达在每个时间间隔内的运动距离。辐射单元自 T_0 至 T_{N-1} 依次以时间间隔 $\Delta t = d/v$ 发射脉冲信号 s_n，由此等效运动雷达的发射过程。

4.3.2　阵列结构合成低频信号过程

1. 目标在阵列方向时

1）辐射单元信号与目标区的合成信号

图 4.6 为目标在阵列方向时的阵列天线结构，辐射单元 $T_0 \sim T_{N-1}$ 以辐射单元间隔 d 依次向左排布。接收装置位于目标区，记为 T_r，且与阵列近端之间的距离为 R_0。

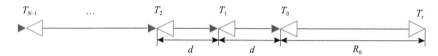

图 4.6　目标在阵列方向时的阵列天线结构

根据 S' 坐标系中雷达处发射信号的相位变化与雷达运动距离的关系，设计辐射单元的发射信号，并根据其与目标之间的距离，推导目标区合成信号的表达式。

对信号的讨论基于快时间和慢时间。记辐射单元所发射的脉冲内时间为快时间 $\hat{t}$，脉冲之间的时间为慢时间 t_m，目标区合成信号的时间为 t_r，三者之间的关系满足：

$$t_r = \hat{t} + t_m \tag{4.13}$$

在 S 坐标系中，当雷达的运动距离为 nd 时，其与辐射单元 T_n 重合，且运动时长为 $\dfrac{nd}{v}$，该时长在 S' 坐标系中对应为 $\sqrt{1-\left(\dfrac{v}{c}\right)^2}\,\dfrac{nd}{v}$。设雷达发射信号的初始相位为零，则当雷达运动至 S 坐标系中的该位置时，雷达处信号的相位为

$$\varphi = 2\pi f_0 \sqrt{1-\left(\frac{v}{c}\right)^2}\,\frac{nd}{v} \tag{4.14}$$

对于该位置的辐射单元 T_n，其在慢时间 $t_m = \dfrac{nd}{v}$ 时开始发射信号，其包络前沿的快时间为 $\hat{t} = 0$，令此时辐射单元发射信号与雷达处信号的相位相等，则可得该辐射单元发射信号在快时间维的表达式为

$$s_n\left(\hat{t}\right) = \text{rect}\left(\frac{\hat{t}-0.5\tau_0}{\tau_0}\right)\exp\left\{j\left[2\pi f_0\hat{t} + 2\pi f_0\sqrt{1-\left(\frac{v}{c}\right)^2}\frac{nd}{v}\right]\right\} \tag{4.15}$$

其中，τ_0 为辐射单元发射信号的脉宽。

辐射单元 T_n 的信号在慢时间 $t_m = \dfrac{R_0+nd}{c}+\dfrac{nd}{v}$ 时刻传播至目标区，将该慢时间与式(4.13)和式(4.15)联立，可得目标区所接收的辐射单元信号与合成信号的表达式为

$$s_{rn}(t_r) = \text{rect}\left(\frac{t_r-t_m-0.5\tau_0}{\tau_0}\right)\exp\left\{j\left[2\pi f_0\left(t_r-t_m\right)+2\pi f_0\sqrt{1-\left(\frac{v}{c}\right)^2}\frac{nd}{v}\right]\right\} \tag{4.16}$$

$$s_r\left(t_r\right) = \sum_{n=0}^{N-1}s_{rn}(t_r) \tag{4.17}$$

2)阵列长度与辐射单元信号脉宽展宽量

以上为对各辐射单元的发射信号与目标区合成信号的设计，接下来对信号和阵列结构的具体参数进行讨论。以下讨论的前提条件为辐射单元发射信号载波频率 f_0=1GHz(以下简称辐射单元信号频率)，目标区合成信号频率 f_0'=400MHz(以下简称合成信号频率)，辐射单元间隔等于载波频率的半波长 d=0.15m，目标与阵列近端之间的距离 R_0=30km(以下简称目标与阵列之间的距离)。

对于阵列长度的设置，由于各辐射单元信号脉宽固定，需要通过阵列结构实现多普勒效应中的脉宽展宽。合成信号的脉宽 τ_L 由辐射单元发射信号的脉宽 τ_0 和阵列长度 L 共同决定，即

$$\tau_L = \frac{R_L-R_0}{c}+\frac{L}{v}+\tau_0 = \frac{L}{c}+\frac{L}{v}+\tau_0 \tag{4.18}$$

其中，R_L 为阵列远端与目标之间的距离。

若设雷达发射信号脉宽为 τ，则由式(4.6)可得，目标区合成信号的脉宽需满足：

$$\tau_L = \sqrt{\frac{c+v}{c-v}}\tau \tag{4.19}$$

在阵列天线中，对应雷达发射信号与接收信号的脉宽均为待定参数，且二者关系受 v 的影响。为将二者统一，设置阵列导致的辐射单元信号脉宽展宽量等于 S 坐标系中辐射单元信号脉宽展宽量：

$$\Delta \tau_L = \frac{R_L - R_0}{c} + \frac{L}{v} = \frac{v}{c} \frac{\tau}{\sqrt{1 - (v/c)^2}} \tag{4.20}$$

联立式(4.6)和式(4.20)可得到雷达发射信号与接收信号的脉宽,且可推得阵列长度为

$$L = \frac{cv}{c+v} \Delta \tau_L \tag{4.21}$$

3)辐射单元信号脉宽与相位调制

阵列长度由雷达发射信号脉宽的展宽量和辐射单元发射信号脉宽共同决定。

若各辐射单元的信号首尾相连,即辐射单元发射信号的脉宽 $\tau_0 = \frac{c+v}{cv} d$,则合成信号由多段 1GHz 信号拼接构成。

若设置阵列导致的辐射单元信号脉宽展宽量为 0.833μs,则雷达发射信号脉宽 0.33μs,辐射单元信号脉宽 1.2ns,合成信号脉宽 0.834μs,阵长 105m,辐射单元总数 700,仿真此时目标区的合成信号。

由图 4.7 发现,当辐射单元信号首尾相连时,合成信号中谐波的影响比较明显。

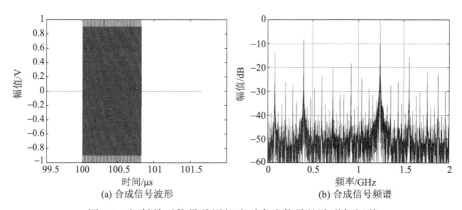

(a) 合成信号波形　　　　　　　　　　(b) 合成信号频谱

图 4.7　辐射单元信号首尾相连时合成信号的波形与频谱

辐射单元信号首尾相连时在目标区合成的信号等效于对 1GHz 信号以时间间隔 $\frac{c+v}{cv} d$ 进行相位调制,而通过减小相位调制的时间间隔,可使得合成信号更接近运动雷达产生的低频信号,因此可增大辐射单元信号的脉宽,使其相互重叠,并对辐射单元信号进行相位调制。

为使得阵列结构与电磁波多普勒效应相对应,令辐射单元信号脉宽等于雷达信号在 S 坐标系中的对应脉宽,即

$$\tau_0 = \frac{\tau}{\sqrt{1-(v/c)^2}} = \frac{c}{v}\Delta\tau_L \tag{4.22}$$

由电磁波多普勒效应，若接收信号频率远小于雷达发射信号频率，则雷达运动速度趋近于光速，即 $v \to c$，则联立式 (4.19) 和式 (4.21)，此时辐射单元信号脉宽与阵列导致的辐射单元信号脉宽展宽量近似相等：

$$\tau_0 = \Delta\tau_L = \frac{c+v}{cv}L \tag{4.23}$$

在这种情况下，若对辐射单元发射信号进行相位调制，则可通过重叠减小合成信号中相位调制时间间隔。

对辐射单元发射信号进行相位调制时，设相位调制频率为 f_{pm}，则相位调制的时间间隔为 $1/f_{pm}$。相位调制时的相位步进[19,20]由多普勒频率和相位调制时间间隔共同决定：

$$\Delta\varphi = 2\pi f_d \frac{1}{f_{pm}} = 2\pi\left(\sqrt{\frac{c-v}{c+v}}-1\right)\frac{f_0}{f_{pm}} \tag{4.24}$$

其中，相位步进可对 2π 取余。

相位调制频率必须保证相位步进经 2π 取余后不为零，即

$$2\pi\left(\sqrt{\frac{c-v}{c+v}}-1\right)\frac{f_0}{f_1} \neq 2k\pi, \quad k \in \mathbf{Z} \tag{4.25}$$

且对于相位调制频率的选取，应当尽可能使得信号的重叠部分中，各辐射单元信号相位调制的时间点相互错位，从而等效合成信号的相位调制时间间隔小于 $1/f_{pm}$。

设置雷达发射信号脉宽的展宽量为 $0.833\mu s$，则合成信号脉宽为 $1.67\mu s$。若辐射单元信号脉宽满足式 (4.23)，则可得阵长为 105m，辐射单元发射信号脉宽 $0.833\mu s$。设置辐射单元发射信号相位调制频率 81MHz，则相位步进 $-\frac{22}{27}\pi$。合成信号的包络移动情况、波形与频谱如图 4.8 所示，其中图 4.8(a) 以目标区接收信号的时间为横坐标，以辐射单元的编号为纵坐标，图中的每一行表示一个辐射单元信号经过目标区的时间。

当辐射单元脉宽为 $0.833\mu s$ 时，从目标的角度描述各辐射单元信号的包络通过目标位置的时间，可等效雷达信号包络的移动，这与雷达成像[21]中的距离徙动信号类似。

本节采用文献[22]中的峰值旁瓣比和积分旁瓣比来评价合成信号的质量。当

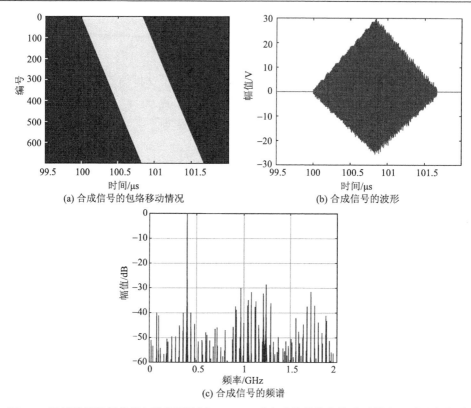

(a) 合成信号的包络移动情况　　　　　　(b) 合成信号的波形

(c) 合成信号的频谱

图 4.8　辐射单元发射信号相位调制频率 81MHz 时合成信号的包络移动情况、波形与频谱

辐射单元信号相位调制频率为 81MHz 时，合成信号频谱峰值旁瓣比与积分旁瓣比分别为 −28.65dB 和 −19.26dB。

高的相位调制频率可增加辐射单元发射信号脉冲内相位调制的次数，抑制载波能量，增大低频信号，使得合成信号更接近所需的低频信号。但是在实际条件下，辐射单元发射信号带宽一般小于载波频率的 10%，即载波频率 1GHz 时，辐射单元能够工作的频率范围为 [0.95, 1.05] GHz。

图 4.9 给出了相位调制频率为 81MHz 和 39MHz 时辐射单元发射信号的频谱，显然在相位调制频率取 81MHz 的情况下，发射信号频谱散布的范围较大，其有效信号能量辐射会受到限制。

为减小带宽限制对辐射单元发射信号的影响，保持阵列结构与信号其他参数不变，将相位调制频率降低至 39MHz，则相位步进 $-\dfrac{10}{13}\pi$。此时 100MHz 带宽内信号有效的频谱分量较多，信号合成受到带宽影响减小。各辐射单元信号具有相同的形式，因此可用辐射单元 T_0 的信号等效其他辐射单元信号。对比归一化处

理的阵列发射信号频谱和合成信号频谱，可分析发射信号的能量利用率。当辐射
单元发射信号的相位调制频率为 39MHz 时，仿真结果如图 4.10 所示。合成信号
频谱的峰值旁瓣比和积分旁瓣比分别为–23.09dB 和–14.45dB，低频信号在合成
信号中的能量占比为 96.54%。在频谱对比图中，合成信号的低频分量为
–3.45dB（67.22%）。

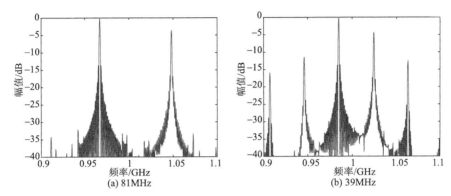

图 4.9　相位调制频率为 81MHz 和 39MHz 时辐射单元信号的频谱

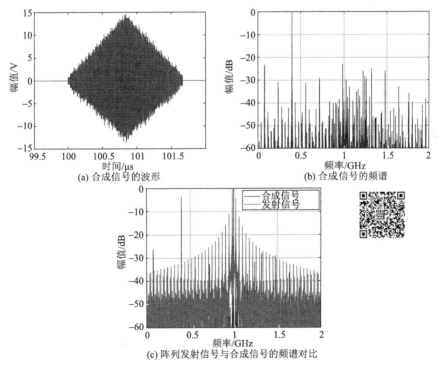

图 4.10　辐射单元发射信号相位调制频率 39MHz 时合成信号的波形、频谱
以及阵列发射信号与合成信号的频谱对比

2. 目标在 45°扫描角时

在实际应用中，目标一般不会位于阵列方向，所以为了符合实际需要，设计波束扫描角[23]为 45°的阵列结构天线。

图 4.11 为波束扫描角为 45°时的阵列天线结构。在空间坐标系中，辐射单元以间距 d 从原点开始沿 X 轴负方向排布，目标与阵列近端之间的距离为 R_0，目标在 X 轴和 Y 轴上的投影分别记为 x_0 和 y_0。

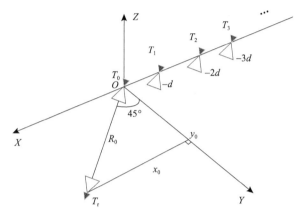

图 4.11   波束扫描角为 45°时的阵列天线结构

根据多普勒频率和辐射单元斜距确定发射信号的相位。

辐射单元 T_n 的斜距为 $\sqrt{(x_0+nd)^2+y_0^2}$，当其脉冲前沿传播至目标区时，慢时间为 $t_m = \dfrac{\sqrt{(x_0+nd)^2+y_0^2}}{c} + \dfrac{nd}{v}$，由多普勒频率对相位的影响，可得目标区所接收的辐射单元信号为

$$s_{rn}(t_r) = \text{rect}\left(\frac{t_r - t_m - 0.5\tau_0}{\tau_0}\right)\exp\left\{j\left[2\pi f_0 t_r + 2\pi\left(\sqrt{\frac{c-v}{c+v}}-1\right)f_0 t_m\right]\right\} \quad (4.26)$$

联立式(4.8)和式(4.21)可得该辐射单元发射信号的表达式为

$$s_n(\hat{t}) = \text{rect}\left(\frac{\hat{t} - 0.5\tau_0}{\tau_0}\right)\exp\left[j\left(2\pi f_0\hat{t} + 2\pi\sqrt{\frac{c-v}{c+v}}f_0 t_{mn}\right)\right] \quad (4.27)$$

对于阵列和信号参数的讨论，与目标位于阵列方向时的方案中参数设计的原理相同，但是将阵长 L 保持在 105m 不变。将阵列远端与目标之间的距离改为 $R_L = \sqrt{(x_0+L)^2+y_0^2}$ 并代入式(4.19)~式(4.23)，则可由确定的阵列长度推得辐

射单元发射信号的脉宽等参数。

波束扫描角为 45°时，辐射单元信号的相位调制与前面一致。以表 4.2 所示参数仿真目标区合成信号，仿真结果如图 4.12 所示。合成信号频谱的峰值旁瓣比为-24.28dB，积分旁瓣比为-14.93dB，低频分量在合成信号中的能量占比为 96.88%。频谱对比图中合成信号低频分量为-3.754dB（64.91%）。

表 4.2 波束扫描 45°时合成信号的仿真参数

参数	取值	参数	取值
阵列长度/m	105	目标与阵列距离/km	30
辐射单元信号脉宽/μs	0.73	合成信号脉宽/μs	1.46
辐射单元信号频率/GHz	1	合成信号频率/MHz	400
辐射单元间距/m	0.15	辐射单元总数	700
相位调制频率/MHz	39	相位步进/π	−10/13

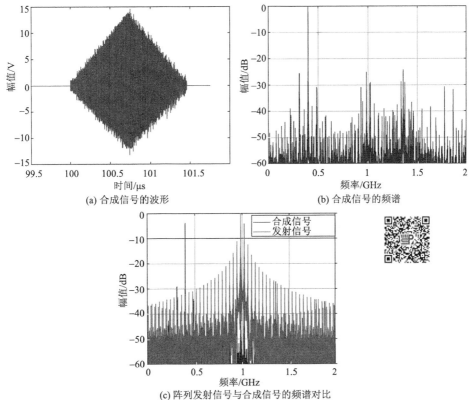

(a) 合成信号的波形

(b) 合成信号的频谱

(c) 阵列发射信号与合成信号的频谱对比

图 4.12 波束扫描角为 45°时合成信号的波形、频谱以及阵列发射信号与合成信号的频谱对比

4.3.3　阵列结构误差分析

1. 辐射单元间距误差和相位误差

在实际应用情况下，分析辐射单元间距误差和相位误差[24]的影响是必要的。若辐射单元间距误差（单位：m）服从正态分布 $N(0,1\times10^{-4})$，辐射单元信号相位误差（单元：rad）服从正态分布 $N\left(0,\dfrac{\pi^2}{2^{10}}\right)$，则误差的分布直方图如图 4.13 所示。

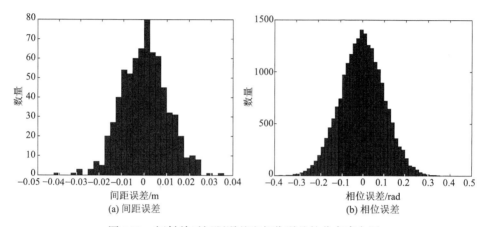

(a) 间距误差　　　　　　　　　(b) 相位误差

图 4.13　辐射单元间距误差和相位误差的分布直方图

在表 4.2 所示仿真参数的基础上，向合成信号中引入上述误差，则合成信号的波形与频谱如图 4.14 所示。

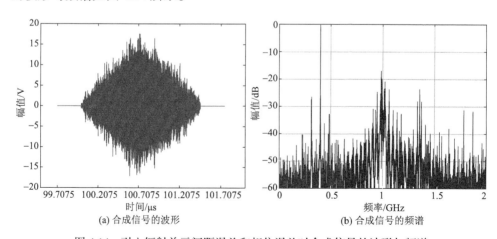

(a) 合成信号的波形　　　　　　　　　(b) 合成信号的频谱

图 4.14　引入辐射单元间距误差和相位误差时合成信号的波形与频谱

此时合成信号频谱的峰值旁瓣比和积分旁瓣比分别为-17.01dB 和-7.93dB。因此,辐射单元间距误差和相位误差将导致谐波分量对合成信号的影响增大。

2. 目标距离范围

虽然辐射单元发射信号的相位根据目标位置设定,但是实际情况下目标并不一定会位于预定位置,因此需要讨论目标偏离预定位置对合成信号的影响。

根据表 4.2 所示参数仿真,并使得实际目标在波束扫描 45° 方向上偏离预定位置,则合成信号的仿真结果如图 4.15 和图 4.16 所示,合成信号性能测试如表 4.3 所示。

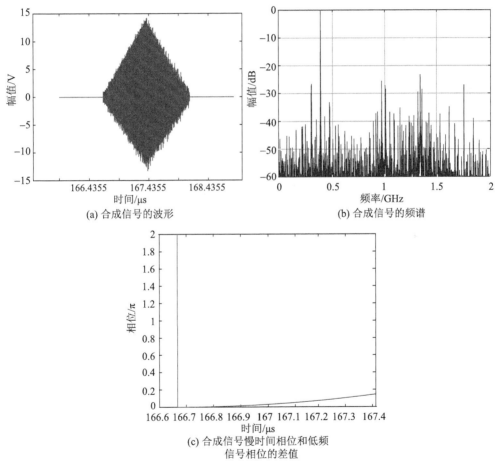

(a) 合成信号的波形　　(b) 合成信号的频谱

(c) 合成信号慢时间相位和低频
信号相位的差值

图 4.15　实际目标距离阵列近端 50km 时合成信号的波形、频谱与合成信号
慢时间相位和低频信号相位的差值

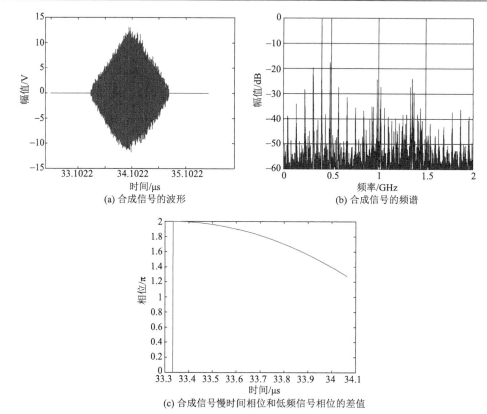

(a) 合成信号的波形　　　　　　　　　　(b) 合成信号的频谱

(c) 合成信号慢时间相位和低频信号相位的差值

图 4.16　实际目标距离阵列近端 10km 时合成信号的波形、频谱与合成信号
慢时间相位和低频信号相位的差值

表 4.3　目标偏离预定位置时合成信号的仿真结果

实际目标与阵列距离/km	峰值旁瓣比/dB	积分旁瓣比/dB
50	−23.3	−14.92
10	−17.6	−11.17

当实际目标距离阵列近端 50km 时，合成信号的峰值旁瓣比为−23.3dB，积分旁瓣比为−14.92dB；当实际目标距离阵列近端 10km 时，合成信号频谱的峰值旁瓣比为−17.6dB，积分旁瓣比为−11.17dB。因此，目标向远处偏离预定位置时，对合成信号影响很小；反之，目标向近处偏离预定位置时，对合成信号影响较大。

4.3.4　等间隔稀疏条件下的分析

以上分析中辐射单元间距均等于半波长，增大辐射单元间距[25]有利于工程实现，对分析等间隔稀疏条件下的合成信号性能具有重大意义。下面将在目标位于 45°扫描角时，将辐射单元间距扩大至一个波长。

以表 4.4 所示参数仿真合成信号，仿真结果如图 4.17 所示，合成信号频谱的峰值旁瓣比为−12.83dB，积分旁瓣比为−7.14dB。显然，辐射单元间距的增加导致谐波分量的增大。

表 4.4　等间隔稀疏条件下合成信号的仿真参数

参数	取值	参数	取值
阵列长度/m	105	目标与阵列距离/km	30
辐射单元间距/m	0.3	辐射单元总数	350
辐射单元信号频率/GHz	1	合成信号频率/MHz	400
辐射单元信号脉宽/μs	0.73	合成信号脉宽/μs	1.46
相位调制频率/MHz	39	相位步进/π	−10/13

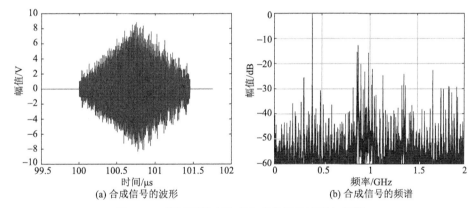

(a) 合成信号的波形　　　　　　　　(b) 合成信号的频谱

图 4.17　等间隔稀疏阵列合成信号的波形与频谱

4.4　交错阵列甚低频信号产生方法

在 4.3 节中，辐射单元信号为相位调制信号，对辐射单元带宽要求较高。

本节将电磁波多普勒效应与交错阵列结合，通过对交错阵列中各辐射单元信号的波形、时序、相位、周期以及阵列数等参数的控制，提出一种在目标区合成甚低频信号的方法。甚低频信号与地物相互作用后，可通过磁探仪[26]接收处理，用于地质分析。由于辐射单元信号脉冲存在期间不调相，辐射单元信号带宽由脉宽决定，该方法利用交错阵列结构降低了对辐射单元带宽的要求。

4.4.1　交错阵列甚低频信号产生

1. 甚低频信号产生原理

根据对电磁波多普勒效应的理解，如图 4.18(a)所示，在图 4.1 的基础上，在静止坐标系中分解运动雷达发射信号的过程，其中 T 轴表示雷达运动的时间。以时间间隔 Δt 将雷达的运动过程进行分解，则每个时间间隔内雷达的运动距离为 $v\Delta t$，此时雷达运动过程变为步进过程。如图 4.18(b)所示，用天线阵列近似步进的雷达运动过程，天线阵列和接收装置均位于 K 坐标系中。

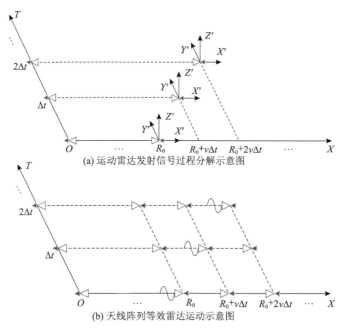

(a) 运动雷达发射信号过程分解示意图

(b) 天线阵列等效雷达运动示意图

图 4.18　运动雷达发射信号过程分解和天线阵列等效雷达运动示意图

采用多行阵列构成交错阵列，可缩短辐射单元间距，减小离散化的时间间隔，使得合成信号更接近所需的低频信号。如图 4.19 所示，在直角坐标系中建立交错阵列结构。N_1 行阵列在 OXZ 平面内错位排布，单行阵列沿 X 轴负方向排布，相邻阵列在 X 轴以距离 d_s 错位，沿 Z 轴正方向以间距 $h = 1/2\lambda$ 排布，λ 为辐射单元信号的载波波长。单行阵列的阵长为 L_0，辐射单元间距 $d_0 = 1/2\lambda$，辐射单元个数为 N_0。接收装置位于目标区，目标位于 45° 扫描角[23-27]方向，坐标为 $(x_0, y_0, 0)$，与阵列近端距离为 R_0。当单行阵列辐射单元间距 d_0 为错位距离 d_s 的 N_1 倍时，由于 $h \ll R_0$，阵列在 Z 轴上的距离影响极小，所以 N_1 行阵列等效在 X 轴构成辐射单元间距 d_s、阵长为 $L_s = L_0 + (N_1 - 1)d_s$ 的交错阵列。

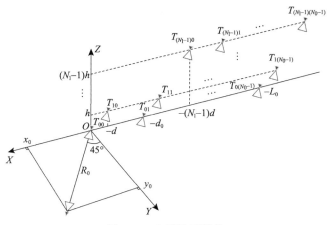

图 4.19　交错阵列结构

辐射单元记为 $T_{n_1 n_0}$ ，其中 n_1 和 n_0 分别表示该辐射单元所在的阵列与阵列中的位置（ $n_1 = 0, 1, 2, \cdots, N_1 - 1$ ； $n_0 = 0, 1, 2, \cdots, N_0 - 1$ ）。通过交错阵列中近端至远端的辐射单元依次发射信号，等效雷达在阵列上的高速运动。单行阵列与交错阵列中，辐射单元发射信号的时间间隔分别为 d_0 / v 和 d_s / v ， $0 \leqslant v < c$ 。图中辐射单元发射信号的顺序为 $T_{00}, T_{10}, \cdots, T_{(N_1 - 2)(N_0 - 1)}, T_{(N_1 - 1)(N_0 - 1)}$ 。

2. 交错阵列信号及其参数选择

1）辐射单元信号波形及其参数选择

（1）辐射单元信号波形。

阵长产生的辐射单元信号脉宽展宽量为

$$\Delta \tau_L = \frac{\sqrt{(x_0 + L_s)^2 + y_0^2} - R_0}{c} + \frac{L_s}{v} \tag{4.28}$$

令辐射单元信号脉宽等于雷达发射信号在 K 坐标系中的脉宽 τ_{ck} ， $\Delta \tau_L$ 等效多普勒效应中信号脉宽展宽量 $\Delta \tau_k$ 。由式（4.10），当 $v \to c$ 时， $\Delta \tau_k \approx \tau_{ck}$ ，即辐射单元信号脉宽与其展宽量近似相等，因此当辐射单元发射单脉冲信号时，目标区合成信号的脉宽为

$$\tau' = \tau_{ck} + \Delta \tau = 2 \Delta \tau \approx 2 \frac{\sqrt{(x_0 + L_s)^2 + y_0^2} - R_0 + L_s}{c} \tag{4.29}$$

为获得其低频信号，合成信号需要有足够大的脉宽。在阵长固定的条件下，直接增大辐射单元信号脉宽将导致合成信号中载波频率分量的增大，影响其低频

信号对阵列发射信号的能量利用率。

为增大合成信号的脉宽，令辐射单元发射周期脉冲串信号，通过增加辐射单元信号的周期数实现合成信号脉宽的增大。利用阵列产生的脉宽展宽量填补周期脉冲串信号的休止期，使得目标区合成信号在其时宽内连续。辐射单元信号波形如图 4.20 所示。辐射单元信号周期和脉宽分别记为 T_p 和 τ_0。辐射单元信号每个脉冲前沿的相位根据多普勒效应设置。每个辐射单元信号脉冲内包含多个辐射单元信号载波周期 $1/f_0$。

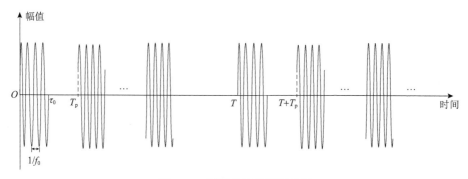

图 4.20　辐射单元信号示意图

图 4.20 描述了单个辐射单元信号，因此其横坐标为快时间 $\hat{t}$，T_p 和 T 为该信号的周期与播放周期。

(2)辐射单元信号脉宽与周期。

由式(4.28)可得阵列产生的脉宽展宽量 $\Delta\tau_L$。根据式(4.10)，当 $v=c$ 时，静止坐标系 K 中雷达发射信号脉宽与其脉宽展宽量相等，即 $\tau_{ek}=\Delta\tau_k$，此时 τ_{ek} 占接收信号脉宽 τ_r 的 50%。令辐射单元信号脉宽 τ_0、周期 T_p 和阵列产生的脉宽展宽量 $\Delta\tau_L$ 分别等效为 τ_{ek}、τ_r 与 $\Delta\tau_k$。由于合成甚低频信号的仿真中 $v\to c$，则有 $\tau_0\approx\Delta\tau_L$，$\tau_0\approx\frac{1}{2}T_p$，因此将辐射单元发射的周期脉冲串信号的占空比选定为 50%，辐射单元信号脉宽为

$$\tau_0=\Delta\tau_L=\frac{\sqrt{(x_0+L_s)^2+y_0^2}-R_0}{c}+\frac{L_s}{v} \tag{4.30}$$

辐射单元信号周期为

$$T_p=2\tau_0=2\Delta\tau_L \tag{4.31}$$

此时 $\Delta\tau_L$ 恰好填补辐射单元信号的休止期，目标区合成信号的时间连续。

若将辐射单元信号周期减小为

$$T_{\mathrm{p}}' = \frac{1}{u} T_{\mathrm{p}} \tag{4.32}$$

其中，$u>1$，此时辐射单元信号的休止期 $\frac{1}{2} T_{\mathrm{p}}'$ 小于 $\Delta\tau_L$，因此阵列产生的脉宽展宽量能够实现周期脉冲串信号休止期的填补，使得目标区合成信号的时间连续。

通过增大 u，可以减小辐射单元信号周期，增加辐射单元信号周期数，等效增加合成信号相位调制次数，实现谐波的抑制，同时减少叠加所导致的信号抵消，提高合成信号对阵列发射信号的能量利用率。4.3.2 节仿真分析了辐射单元信号周期对目标区合成信号性能的影响。

(3) 合成信号脉宽。

合成信号由交错阵列中各辐射单元发射的周期脉冲串信号构成。记各辐射单元发射周期脉冲串信号的周期数为 N_{p}，合成信号脉宽为

$$\tau_{Lp} = \left[\left(N_{\mathrm{p}} - 1 \right) T_{\mathrm{p}} + \tau_0 \right] + \left[\frac{\sqrt{\left(x_0 + L_{\mathrm{s}} \right)^2 + y_0^2} - R_0}{c} + \frac{L_{\mathrm{s}}}{v} \right] \tag{4.33}$$

其中，第一项为各辐射单元发射信号的时长，第二项为交错阵列近端与远端辐射单元信号传播至目标区的时间差。

2) 辐射单元信号与目标区合成信号表达式

由多普勒频率与辐射单元斜距可得辐射单元信号和目标区合成信号的表达式。辐射单元 $T_{n_1 n_0}$ 与目标之间的距离为

$$r_{n_1 n_0} = \sqrt{\left(x_0 + n_1 d_{\mathrm{s}} + n_0 d_0 \right)^2 + y_0^2 + \left(n_1 h \right)^2} \tag{4.34}$$

当目标位于 OXY 平面时，因为 $(n_1 h)^2 \ll x_0^2 + y_0^2 = R_0^2$，所以可忽略辐射单元在 Z 轴上距离的影响，即式(4.34)可简化为

$$r_{n_1 n_0} = \sqrt{\left(x_0 + n_1 d_{\mathrm{s}} + n_0 d_0 \right)^2 + y_0^2} \tag{4.35}$$

设交错阵列近端的辐射单元 T_{00} 在 $t_{\mathrm{m}} = 0$ 时刻开始发射信号，$T_{n_1 n_0}$ 开始发射信号的时刻为 $t_{\mathrm{m}} = \frac{n_1 d_{\mathrm{s}} + n_0 d_0}{v}$，该辐射单元的信号在 $t_{\mathrm{m}} = \frac{r_{n_1 n_0}}{c} + \frac{n_1 d_{\mathrm{s}} + n_0 d_0}{v}$ 时传播至目标区。

由式(4.11)和式(4.35)，可得辐射单元信号的表达式为

$$s_{n_1 n_0}\left(\hat{t}\right) = \sum_{n_p=0}^{N_p-1} \text{rect}\left(\frac{\hat{t} - n_p T_p - 0.5\tau_0}{\tau_0}\right) \exp\left[j\left(2\pi f_0 \hat{t} + \varphi_0^{n_1 n_0 n_p}\right)\right] \tag{4.36}$$

$$\varphi_0^{n_1 n_0 n_p} = 2\pi\sqrt{\frac{c-v}{c+v}} f_0 t_m^{n_1 n_0} + 2\pi f_d n_p T_p \tag{4.37}$$

其中，$t_m^{n_1 n_0} = \dfrac{r_{n_1 n_0}}{c} + \dfrac{n_1 d_s + n_0 d_0}{v}$；$n_p$ 为辐射单元信号的周期编号；$\varphi_0^{n_1 n_0 n_p}$ 为辐射单元 $T_{n_1 n_0}$ 发射第 n_p 个脉冲的初始相位。

将式 (4.13) 代入式 (4.36) 可得目标区辐射单元 $T_{n_1 n_0}$ 的信号表达式与合成信号表达式为

$$
\begin{aligned}
s_{rn_1 n_0}\left(t_r\right) &= \sum_{n_p=0}^{N_p-1} \text{rect}\left(\frac{t_r - t_m^{n_1 n_0} - n_p T_p - 0.5\tau_0}{\tau_0}\right) \exp\left\{j\left[2\pi f_0\left(t_r - t_m^{n_1 n_0}\right) + \varphi_0^{n_1 n_0 n_p}\right]\right\} \\
&= \sum_{n_p=0}^{N_p-1} \text{rect}\left(\frac{t_r - t_m^{n_1 n_0} - n_p T_p - 0.5\tau_0}{\tau_0}\right) \exp\left\{j\left[2\pi f_0 t_r + 2\pi f_d\left(t_m^{n_1 n_0} + n_p T_p\right)\right]\right\}
\end{aligned}
\tag{4.38}
$$

$$s_r\left(t_r\right) = \sum_{n_1=0}^{N_1-1}\sum_{n_0=0}^{N_0-1} s_{rn_1 n_0}\left(t_r\right) \tag{4.39}$$

其中，$\varphi_d^{n_1 n_0 n_p} = 2\pi f_d\left(t_m^{n_1 n_0} + n_p T_p\right)$ 为等效多普勒相位。$\varphi_d^{n_1 n_0 n_p}$ 的引入导致空间中合成信号的相位变化，因此合成信号为宽谱信号。

由于辐射单元信号仅设置各脉冲的初始相位，脉冲内没有相位调制，因此辐射单元信号属于窄带信号，可有效辐射。增大辐射单元的带宽有益于保证合成信号的性能。

由于辐射单元带宽为中心频率的 10%，辐射单元信号的周期与脉宽受到限制：

$$\tau_0 = \frac{1}{2u} T_p \tag{4.40}$$

$$\frac{1}{\tau_0} = \frac{2u}{T_p} \leqslant \frac{f_0}{10} \tag{4.41}$$

即辐射单元信号周期与脉宽的最小值分别为 $20/f_0$ 和 $10/f_0$。

结合实现空间加密的交错阵列结构和设置确定相位的辐射单元信号，使得合成信号相位在快时间上快速变化，带宽有限的辐射单元信号在空间构成宽谱的合成信号。

4.4.2　仿真分析

1. 参数和能量利用率

1) 辐射单元信号周期

以下利用峰值旁瓣比、积分旁瓣比和发射信号能量利用率评价合成信号中谐波分量的影响。

当目标位于 OXY 平面内且距离阵列近端 30km 时，辐射单元信号载波频率为 100MHz，单行阵列长度为 120m，交错阵列由 5 行构成，其长度为 121.2m，单行阵列与交错阵列中辐射单元间距分别为 1.5m 和 0.3m，辐射单元数分别为 81 和 405，合成信号频率为 10kHz，分别仿真辐射单元周期为 $1/2T_p$ 和 $1/6T_p$ 的情况下，合成信号的波形、频率与频谱对比图，仿真结果如图 4.21、图 4.22 和表 4.5 所示。根据交错阵列阵长，可得辐射单元信号最大周期 T_p =1.38μs。仿真中描述信号的采样频率为 500MHz（对应时间分辨率为 2ns），通过多行阵列交错排布，减少辐射单元间隔，实现空间加密，降低系统对时间分辨率的要求，提高该采样频率有助于对合成信号的描述。

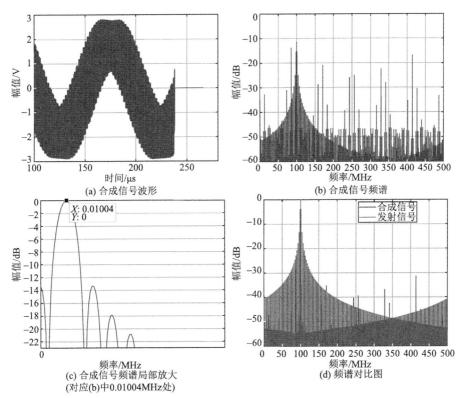

(a) 合成信号波形　　(b) 合成信号频谱

(c) 合成信号频谱局部放大（对应(b)中0.01004MHz处）　　(d) 频谱对比图

图 4.21　辐射单元信号周期为 $1/2T_p$ 时合成信号的波形、频谱与频谱对比

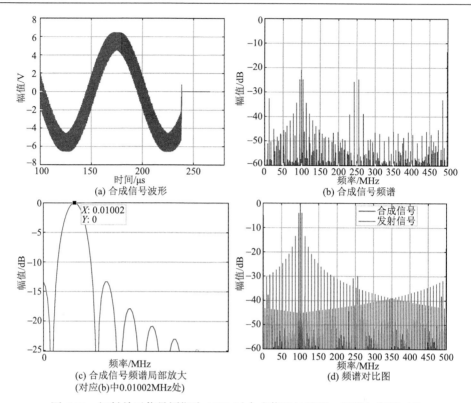

(a) 合成信号波形　　　　　　　　(b) 合成信号频谱

(c) 合成信号频谱局部放大
(对应(b)中0.01002MHz处)

(d) 频谱对比图

图 4.22　辐射单元信号周期为 $1/6T_p$ 时合成信号的波形、频谱与频谱对比

表 4.5　辐射单元信号周期为 $1/2\,T_p$ 和 $1/6\,T_p$ 时的仿真参数与结果

参数	辐射单元信号周期为 $1/2T_p$	辐射单元信号周期为 $1/6T_p$
最大辐射单元信号周期 T_0/μs	1.38	1.38
辐射单元信号周期数	200	600
辐射单元信号脉宽/μs	0.345	0.115
辐射单元信号脉宽展宽量/μs	0.345	0.115
辐射单元信号周期/μs	0.690	0.23
辐射单元信号休止期/μs	0.345	0.115
合成信号脉宽/μs	138.36	138.59
峰值旁瓣比/dB	−11.45	−13.34
积分旁瓣比/dB	−4.33	−8.77
低频信号能量占比/%	73.05	88.29
频谱对比图中的 10kHz 分量/dB	−14.61	−5.081
发射信号能量利用率/%	18.60	55.71

对比图 4.21、图 4.22 及表 4.5 中的仿真结果可见，通过减小辐射单元信号周期，可抑制谐波和载波分量，减少由叠加导致的信号抵消，提高交错阵列发射信号能量的利用率。为保证辐射单元信号脉宽满足要求，不再增大 u 或减小辐射单元信号周期。

2）交错阵列行数和等效辐射单元间距

当辐射单元信号周期取 $1/6T_p$=0.23μs 时，根据表 4.5 所示参数，仿真 9 行阵列构成的交错阵列在目标区合成信号的波形、频谱与频谱对比图，仿真结果如图 4.23 所示。

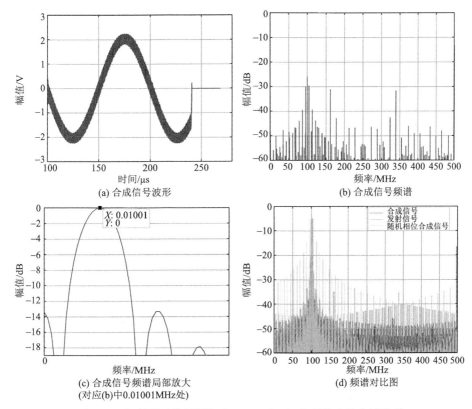

(a) 合成信号波形　　　　(b) 合成信号频谱

(c) 合成信号频谱局部放大
（对应(b)中0.01001MHz处）

(d) 频谱对比图

图 4.23　辐射单元信号周期为 $1/6T_p$ 时 9 行阵列构成的交错阵列
在目标区合成信号的波形、频谱与频谱对比

图 4.23 中合成信号频谱的峰值旁瓣比为-13.34dB，积分旁瓣比为-9.44dB，低频信号在合成信号中的能量占比为 89.79%。频谱对比图中，随机相位辐射单元信号所合成信号的频率分量分布于辐射单元信号载频附近，而当辐射单元信号相位根据多普勒效应设置时，其合成信号的 10kHz 分量幅度为-2.542dB，对应的发射信号能量利用率为 74.63%。

对比图 4.22 和图 4.23，通过多行阵列交错排布的方式减小辐射单元间距，可在步进方式下更精确地模拟高速运动多普勒信号，抑制合成信号的谐波，并提高发射信号的能量利用率。

上述信号产生过程中，信号包络也在同步移动，如图 4.24 所示，这与雷达成像中的距离徙动类似。由于多普勒效应涉及频率的变化，所以本节其低频信号产生过程已不属于线性过程。

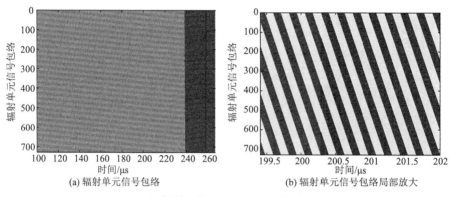

(a) 辐射单元信号包络   (b) 辐射单元信号包络局部放大

图 4.24　辐射单元信号包络及其局部放大示意图

2. 误差条件下的性能分析

分析辐射单元间距误差，辐射单元信号的时间、相位、幅度误差以及目标偏离预定位置对合成信号的影响，对实际应用具有意义。以下对合成信号的误差分析基于 9 行阵列构成交错阵列、辐射单元周期为 $1/6T_p$。

1) 辐射单元间距误差

当辐射单元间距误差服从均值为 0、标准差为 0.03m 的正态分布时，误差的分布、目标区合成信号的波形与频谱如图 4.25 所示。

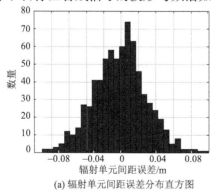

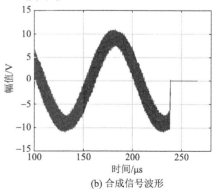

(a) 辐射单元间距误差分布直方图   (b) 合成信号波形

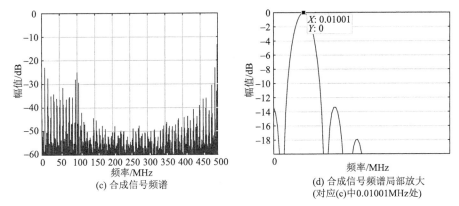

(c) 合成信号频谱

(d) 合成信号频谱局部放大
(对应(c)中0.01001MHz处)

图 4.25　辐射单元间距误差分布、目标区合成信号的波形与频谱

2) 辐射单元信号时间误差

当辐射单元信号时间误差服从均值为 0、标准差为 1ns 的正态分布时，误差的分布、目标区合成信号的波形与频谱如图 4.26 所示。

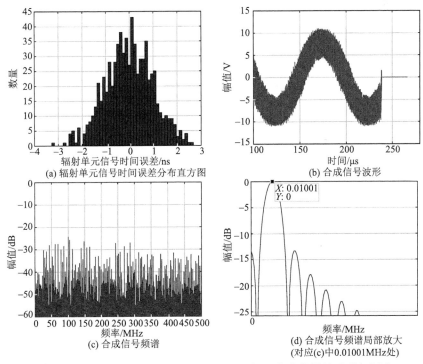

(a) 辐射单元信号时间误差分布直方图

(b) 合成信号波形

(c) 合成信号频谱

(d) 合成信号频谱局部放大
(对应(c)中0.01001MHz处)

图 4.26　辐射单元信号时间误差分布、目标区合成信号的波形与频谱

3) 辐射单元信号相位误差

当辐射单元信号相位误差服从均值为 0、标准差 $\pi/2^6$ 的正态分布时，相位误差分布、目标区合成信号的波形与频谱如图 4.27 所示。

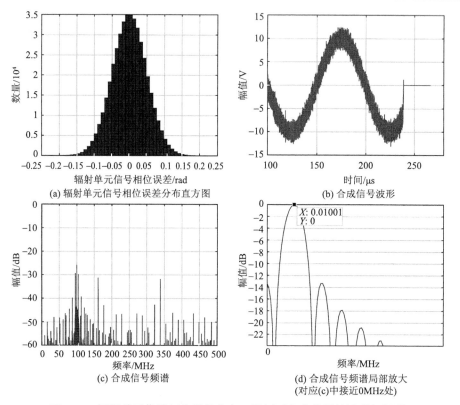

(a) 辐射单元信号相位误差分布直方图　　　　(b) 合成信号波形

(c) 合成信号频谱　　　　(d) 合成信号频谱局部放大
　　　　　　　　　　　　（对应(c)中接近0MHz处）

图 4.27　辐射单元信号相位误差分布、目标区合成信号的波形与频谱

4)辐射单元信号幅度误差

辐射单元增益的不同将导致辐射单元信号的幅度误差。当归一化电压幅度误差服从均值为 0、标准差为 0.05V 的正态分布时，对误差分布与合成信号的仿真如图 4.28 所示。

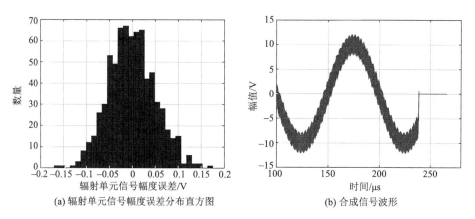

(a) 辐射单元信号幅度误差分布直方图　　　　(b) 合成信号波形

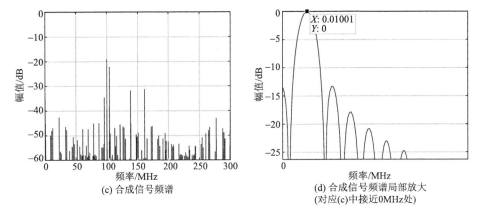

图 4.28 辐射单元信号幅度误差分布、目标区合成信号的波形与频谱

5) 目标偏离预定位置

以上仿真中，目标均位于 OXY 平面内 45°扫描角方向，与交错阵列近端距离 30km。若目标偏离该预定位置，将对合成信号产生影响。

当目标位于 OXY 平面内 45°扫描角方向，与交错阵列近端距离 20km 和 40km 时，合成信号的波形与频谱如图 4.29 和图 4.30 所示。

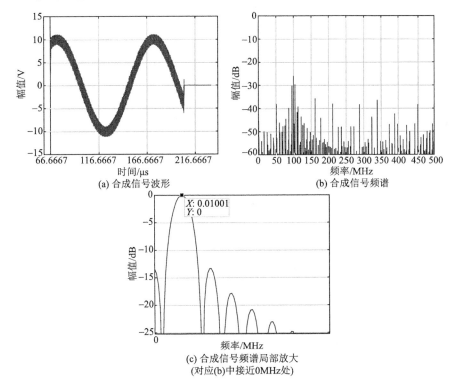

图 4.29 目标在 OXY 平面内 45°扫描角方向距离阵列近端 20km 时目标区合成信号的波形与频谱

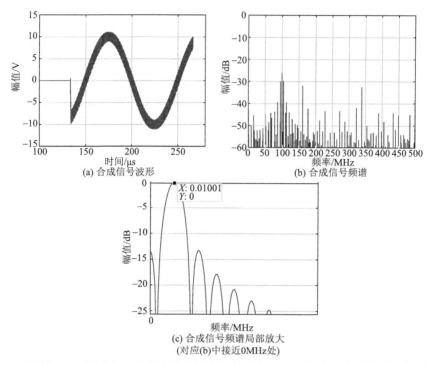

(a) 合成信号波形

(b) 合成信号频谱

(c) 合成信号频谱局部放大
(对应(b)中接近0MHz处)

图 4.30　目标在 OXY 平面内 45°扫描角方向距离阵列近端 40km 时目标区合成信号的波形与频谱

若目标在 OXY 平面上的投影为预定位置，在 Z 轴上偏离 1km，由式(4.34)可得各辐射单元信号传播至实际目标区的慢时间为

$$t_{\mathrm{m}}^{n_1 n_0} = \frac{\sqrt{\left(x_0 + n_1 d_s + n_0 d_0\right)^2 + y_0^2 + \left(z_0 - n_1 h\right)^2}}{c} + \frac{n_1 d_s + n_0 d_0}{v} \quad (4.42)$$

其中，$z_0 = 1\mathrm{km}$。由于辐射单元在 Z 轴上的位置 $z = n_1 h$ 对 $(z_0 - n_1 h)^2$ 有较大影响，当目标不在 OXY 平面内时，辐射单元在 Z 轴上的排布不可忽略，仿真结果如图 4.31 所示。

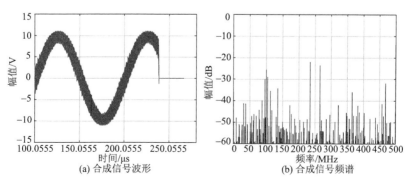

(a) 合成信号波形

(b) 合成信号频谱

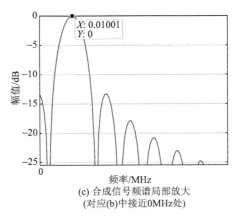

(c) 合成信号频谱局部放大
(对应(b)中接近0MHz处)

图 4.31　目标沿 Z 轴偏离 1km 时目标区合成信号的波形与频谱

6) 综合误差

当目标位于 OXY 平面内 45°扫描方向，距离交错阵列近端 40km 时，不考虑交错阵列在 Z 轴上的排布影响，若交错阵列及其信号同时受到辐射单元间距误差、辐射单元信号相位和幅度误差，目标区合成信号的波形和频谱如图 4.32 所示。

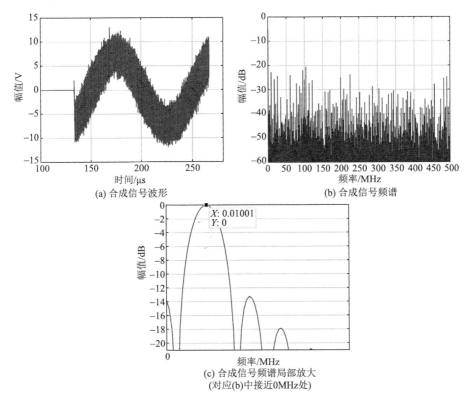

图 4.32　受综合误差影响时目标区合成信号的波形与频谱

7) 仿真结果分析

表 4.6 给出了各误差影响下目标区合成信号频谱的峰值旁瓣比和积分旁瓣比。由仿真结果可见，辐射单元间距误差，辐射单元信号时间、相位、幅度误差和目标偏离预定位置均导致合成信号中谐波分量的增大，其中辐射单元信号时间误差和目标在 Z 轴上偏离预定位置对合成信号的影响较大。

表 4.6　不同误差影响下合成信号频谱参数

误差类型	峰值旁瓣比/dB	积分旁瓣比/dB
辐射单元间距误差	−13.31	−8.69
辐射单元信号时间误差	−13.34	−7.67
辐射单元信号相位误差	−13.34	−9.08
辐射单元信号幅度误差	−13.34	−8.91
目标在 OXY 平面内距离阵列近端 20km	−13.34	−9.44
目标在 OXY 平面内距离阵列近端 40km	−13.34	−9.44
目标在 Z 轴偏离 1km	−13.34	−8.97
综合误差	−13.25	−6.48

4.5　实　验　验　证

传统天线的尺寸需达到发射信号的四分之一波长，否则不能高效辐射电磁波，这使低频电磁波信号应用受到限制。研究基于适当尺寸高频天线的低频电磁波信号产生方法对小目标探测[28,29]和地质探测[9,11,30]都具有重要意义。

文献[31]～[33]采用声波激励或机械运动式的机械式天线，研究基于磁电耦合原理的低频信号产生方法，减小天线尺寸，实现低频段无线通信系统和雷达在移动平台中的使用。相比于以上机械式天线方案，本章方法保持了电天线形式，基于高频阵列天线结构，提出了新的低频信号产生方法。文献[34]研究了阵列结构下的低频信号合成方法，给出了通过 100m 量级阵列和 1GHz 辐射单元信号合成 400MHz 低频信号的仿真结果。由于该方法使得天线阵列在不同方向产生不同波段信号，可基于同一天线阵列实现多波段信号的产生[35]。文献[36]提出了交错阵列甚低频信号产生方法，通过 120m 量级交错阵列和 100MHz 载频周期脉冲串信号实现 10kHz 甚低频信号的产生，并给出了仿真结果。该方法为基于可移动平台的地质探测提供了瞬变电磁法[37]以外的新思路，其原理、方法和特征如下所述。

(1)频率变换原理：基于近光速远离运动多普勒效应，原理上可大幅降低信号频率并使信号脉宽展宽。

(2)方法物理实现：采用阵列结构在空间中以步进方式近似模拟高速运动多普勒信号，大尺寸阵列结构使等效近光速运动成为可能。

(3)合成信号性能改善：采用多行阵列等效减少辐射单元间距，将辐射单元信号设计为周期脉冲串信号，用脉宽展宽量填补休止期，利于产生低频信号，并减少谐波影响。

(4)非线性和宽带系统：由于涉及频率变换和脉宽变化，其低频信号的产生已不属于线性过程。

文献[34]和[36]均只进行了理论分析和计算机仿真，需要通过物理实验验证其方法的有效性。作为文献[36]工作的继续，基于交错阵列结构和周期脉冲串信号，本节设计 156MHz 高频阵列天线产生 121.35MHz 低频信号的实验样机方案，并介绍 8 单元短阵和 64 单元长阵实验情况。该验证实验结果在物理上验证了该方法的可行性，对基于小尺寸天线的低频信号产生方法研究工作具有重要推动作用。

4.5.1　实验方案设计

1. 系统组成和设备参数

实验分为 8 单元短阵实验和 64 单元长阵实验两部分。8 单元短阵实验直接通过 8 通道数-模转换器(digital to analog converter，DAC)模块实现辐射单元的馈电，64 单元长阵实验框图如图 4.33 所示，其结构参考了文献[36]中提出的交错阵列结构。

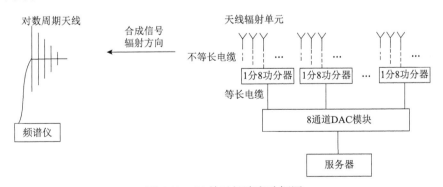

图 4.33　64 单元长阵实验框图

辐射单元信号通过 1 块 8 通道 DAC 模块产生。数字模块的 DAC 为 14 位，时钟频率为 1GHz，由服务器控制其信号的产生，信号波形由随机存取存储器

(random access memory，RAM)中存储的数据决定，数字模块的 8 个通道可通过 DAC 独立产生信号并循环发射。数字模块、服务器和输出波形如图 4.34 所示。

(a)　　　　　　　　　　　　　　　　(b)

图 4.34　数字模块、服务器和输出波形照片

　　辐射单元采用型号为 TX170 的鞭状天线，并通过不等长电缆与 1 分 8 功分器连接，辐射单元间距设置为八分之一载波波长。功分器通过等长电缆连接到 8 通道数字模块，由此实现 8 通道数字模块对 64 个辐射单元的馈电。在阵列方向利用对数周期天线接收合成信号，采用频谱分析仪进行信号分析。阵列主要由天线辐射单元、电缆和功分器组成，其主要参数如表 4.7 所示。

表 4.7　实验设备参数（64 单元长阵实验）

参数	数值	参数	数值
辐射单元频率范围/MHz	148～175	辐射单元最大增益/dBi	3
辐射单元功率容限/W	10	辐射单元输入阻抗/Ω	50
辐射单元极化方向	垂直极化	辐射单元辐射方向	全向
辐射单元驻波比	优于 2（156MHz）	辐射单元中心频率/MHz	156
辐射单元信号波长/m	1.923	辐射单元间距/m	0.24
电缆衰减率/(dB/m)	小于 0.3	电缆屏蔽效率/dB	大于 60
电缆频率范围/MHz	100～18000	电缆介质	聚四氟乙烯
电缆相对介电常数	2.04	功分器隔离度/dB	大于 18
功分器驻波比	小于 1.5	功分器频率范围/MHz	5～1000

2. 实验参数设计

1）实验参数

8 通道 DAC 模块 8/64 单元阵列实验参数如表 4.8 所示，其中等效雷达运动速度与合成信号频率由不等长电缆的参数决定。

表 4.8　8 通道数字模块 8/64 单元阵列实验参数

参数	数值	参数	数值
辐射单元信号载波频率/MHz	156	辐射单元信号载波周期/ns	6.41
辐射单元信号载波长/m	1.92	等效雷达运动速度/c	0.246
辐射单元间距/m	0.24	阵列总长(短阵/长阵)/m	1.68/15.12
辐射单元信号脉宽/μs	0.074	辐射单元信号周期/μs	0.148
辐射单元信号脉冲数	13	数字模块采样频率/GHz	1
数字模块重复周期/μs	3	合成信号频率/MHz	121.35

注：c 为光速。

2）长阵所需不等长电缆参数设计和测试结果

阵列中各辐射单元发射周期脉冲串信号，其表达式详见文献[36]，相邻辐射单元发射信号的延时和相位差分别为

$$\Delta t = \frac{d}{v} \tag{4.43}$$

$$\Delta\varphi = \varphi_{n+1} - \varphi_n = 2\pi f_0 \sqrt{1 - \left(\frac{v}{c}\right)^2} \frac{d}{v} \tag{4.44}$$

其中，v 为假设的雷达运动速度；f_0 为辐射单元信号载波频率；$d = \lambda_0/8$ 为辐射单元间距；c 为光速；$n = 0,1,2,\cdots,N-1$ 为各辐射单元的编号，N 为辐射单元总数。

为简化实验样机，实现 8 通道 DAC 模块对 64 个辐射单元的馈电，每 8 个辐射单元为 1 组，连接数字模块的 1 个通道，即在数字模块产生 1 个辐射单元信号相位和延时的基础上，通过不等长电缆实现其余辐射单元信号的延时发射和相位变化。

不等长电缆采用同轴电缆，电磁波在该电缆中的相位常数 β 为

$$\beta = \omega \sqrt{\frac{\mu_0\mu_r\varepsilon_0\varepsilon_r}{2}\left[\sqrt{1 + \left(\frac{\sigma}{\omega\varepsilon_0\varepsilon_r}\right)^2} + 1\right]} \tag{4.45}$$

其中，σ 为电缆内介质等效电导率；ω 为信号角频率；$\varepsilon_0 = 8.85\times10^{-12}\,\text{F}/\text{m}$ 为自由空间的介电常数；ε_r 为介质的相对介电常数；$\mu_0 = 4\pi\times10^{-7}\,\text{H}/\text{m}$ 为自由空间的磁导率；μ_r 为介质的相对磁导率。

当 $\dfrac{\sigma}{\omega\varepsilon_0\varepsilon_r} = 1$ 时，式(4.45)可简化为

$$\beta = \omega\sqrt{\mu_0\mu_r\varepsilon_0\varepsilon_r} \tag{4.46}$$

当 $\mu_r \approx 1$ 时，电缆中电磁波的工作波长和传播速度为

$$\lambda_p = \frac{\lambda_0}{\sqrt{\varepsilon_r}} = \frac{c}{f_0\sqrt{\varepsilon_r}} \tag{4.47}$$

$$v_p = \frac{c}{\sqrt{\varepsilon_r}} \tag{4.48}$$

设相邻辐射单元连接不等长电缆的长度差为 l_0，则电磁波经过该段电缆产生的延时和相位[38,39]分别为

$$T_D = \frac{l_0\sqrt{\varepsilon_r}}{c} \tag{4.49}$$

$$\Delta\varphi = \beta l_0 \tag{4.50}$$

根据式 (4.43) 与式 (4.49)、式 (4.44) 与式 (4.50)，可分别构成等式：

$$\frac{l_0\sqrt{\varepsilon_r}}{c} = \frac{d}{v} \tag{4.51}$$

$$\omega l_0\sqrt{\mu_0\mu_r\varepsilon_0\varepsilon_r} = \frac{2\pi f_0 l_0\sqrt{\varepsilon_r}}{c} = 2\pi\sqrt{1-\left(\frac{v}{c}\right)^2}f_0\frac{d}{v} + 2k\pi \tag{4.52}$$

其中，k 取整数。

由仿真发现 $k = 8$ 时合成信号性能较好，此时等效雷达运动速度 v 约为 $0.246c$，不等长电缆长度差约 0.683m，合成低频信号频率约 121.35MHz。

考虑功分器和辐射单元的连接，设置最短电缆长度为 0.20m，则不等长电缆参数如表 4.9 所示。

表 4.9 不等长电缆参数

电缆编号	1	2	3	4	5	6	7	8
电缆长度/m	0.20	0.88	1.57	2.25	2.94	3.62	4.30	4.99
电缆衰减/dB	0.0735	0.3232	0.5767	0.8264	1.0799	1.3296	1.5794	1.8328
相对相位/rad	0	−3.1093	0.1113	−2.9980	0.2226	−2.8867	0.2872	−2.7754
电缆延时/ns	0.95238	4.1905	7.4762	10.714	14.000	17.238	20.476	23.762

实际使用的 1 分 8 功分器与电缆如图 4.35 所示,功分器通过 8m 电缆与 8 通道 DAC 模块连接,各辐射单元通过不等长电缆与功分器连接。由于实验对信号的空域、时域和频域均进行了设置,各辐射单元信号的时间和相位精度对实验结果具有重要影响。

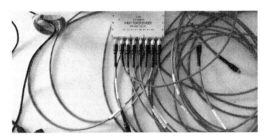

图 4.35 功分器与电缆照片

设置 8 通道 DAC 模块的两个通道发射信号,其中通道 1 直接连接示波器,通道 0 连接待测器件,由此对电缆和功分器的延时性能进行测试,测试结果如表 4.10 所示。

表 4.10 传输延时性能测试

通道 0 输出连接	相对于通道 1 的延时/ns	传输延时/ns	相邻电缆延时差/ns
无电缆	13.333	0	—
8m 电缆	24.778	11.445	—
8m 电缆、功分器、0.2m 电缆	27.079	13.746	—
8m 电缆、功分器、0.88m 电缆	30.225	16.892	3.146
8m 电缆、功分器、1.57m 电缆	33.371	20.038	3.146
8m 电缆、功分器、2.25m 电缆	36.742	23.409	3.371
8m 电缆、功分器、2.94m 电缆	40.000	26.667	3.258
8m 电缆、功分器、3.62m 电缆	43.371	30.038	3.371
8m 电缆、功分器、4.30m 电缆	46.405	33.072	3.034
8m 电缆、功分器、4.99m 电缆	49.888	36.555	3.483

由表 4.10 可得,相邻电缆和功分器传输延时差约 3.258ns,理想延时为 3.252ns,因此不等长电缆延时差误差均值小于 0.01ns(对应电缆长度误差约 2.1mm),延时一致性在 ±0.3ns 内,不等长电缆延时误差对合成信号影响较小。

4.5.2 仿真分析

根据表 4.8 所示实验参数和表 4.10 所示不等长电缆长度,分别仿真 8 单元短阵和 64 单元长阵在阵列方向合成 121.35MHz 信号的频谱，其中长阵中各辐射单元由不等长电缆实现延时和相位变化。

1. 理想情况仿真分析

理想情况下 8 单元短阵和 64 单元长阵合成信号频谱的仿真结果如图 4.36 和图 4.37 所示。图 4.36(b) 和图 4.37(b) 为阵列发射信号、合成信号与随机相位合成信号频谱对比，其中随机相位合成信号为各辐射单元信号每个脉冲均设置随机初始相位时构成的合成信号，该信号频谱说明各辐射单元信号的相位和延时在通过阵列产生低频信号的方法中发挥了重要作用。

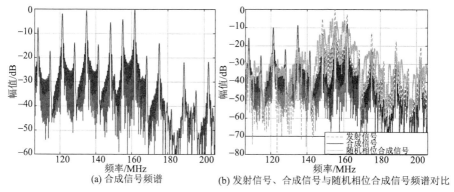

(a) 合成信号频谱　　　　(b) 发射信号、合成信号与随机相位合成信号频谱对比

图 4.36　8 单元短阵理想合成信号频谱仿真

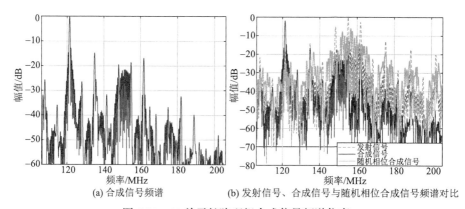

(a) 合成信号频谱　　　　(b) 发射信号、合成信号与随机相位合成信号频谱对比

图 4.37　64 单元长阵理想合成信号频谱仿真

在短阵实验中，阵列长度短、辐射单元数量少和接收天线距离阵列较近均导致合成信号中载波和谐波分量增大。由仿真结果可见，短阵合成信号能够产生明显的低频分量，但存在较高的载波和其他谐波分量。长阵合成信号频谱的峰值旁瓣比为-14.8182dB，积分旁瓣比为-6.9479dB（83.20%），合成信号对发射信号的能量利用率约为 79.97%。

2. 误差影响仿真分析

8 单元短阵实验和 64 单元长阵实验中均存在随机误差和系统误差。仿真分析表明，当实验样机分别存在±0.5cm 均匀分布辐射单元间距随机误差、±1ns 均匀分布辐射单元信号延时随机误差、±10°均匀分布相位随机误差和±0.05（对应−0.45～0.42dB）均匀分布归一化幅度随机误差时，合成信号频谱没有明显变化，实验过程中，样机参数误差可控制在上述范围内。以下主要对实验样机的系统误差影响进行仿真和分析。

实验样机数字模块的时钟频率为 1GHz，其时间分辨率为 1ns，由此可能导致延时存在不超过 1ns 量级的系统误差，该系统误差在短阵实验和长阵实验中均存在；长阵实验通过电缆连接数字模块、功分器和辐射单元，功分器和电缆均可导致相位系统误差[40,41]的产生；由于实验场地和辐射单元信号功率的限制，实验中接收天线距离阵列天线较近，接收天线处各辐射单元信号幅度存在较大差异，由此对合成信号产生影响。

系统误差影响下的短阵和长阵合成信号频谱仿真结果如图 4.38 所示，其中图 4.38（a）为接收天线距离阵列天线 6m、0.1ns 延时系统误差影响下的短阵合成信号频谱，图 4.38（b）为接收天线距离阵列天线 20m 且位于阵列方向、0.1ns 延时系统误差、30°相位系统误差影响下长阵合成信号频谱。经累积，该延时系统误差可达 0.7ns。存在系统误差的仿真结果表明，延时系统误差对短阵合成信号没有明显影响，但同时存在的延时和相位系统误差导致长阵合成信号中载波分量增大。

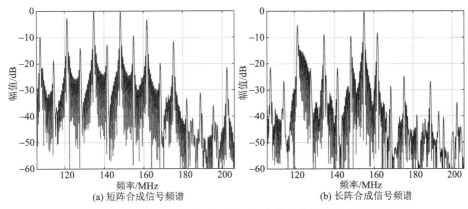

(a) 短阵合成信号频谱　　　　　　　(b) 长阵合成信号频谱

图 4.38　系统误差影响下短阵和长阵合成信号频谱仿真结果

辐射单元信号相位根据接收天线位于阵列方向时的参数设置，当接收天线偏离阵列方向时，合成信号由映射后辐射单元信号构成，由此导致合成信号频率高于所设计的阵列方向合成信号频率。当接收天线移动至阵列法线方向时，合成信号峰值频率等于辐射单元信号载波频率。图 4.39 为延时和相位系统误差影响下，接收天线距离阵列近端 22m、偏离阵列方向 38°和接收天线距离阵列近端 24m、偏离阵列方向 51°时的合成信号频谱仿真结果。

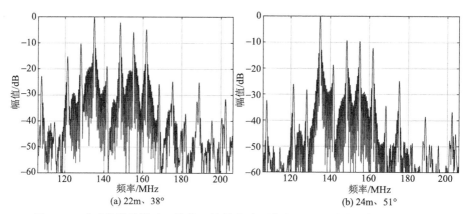

图 4.39　受系统误差影响且接收天线偏离阵列方向时的长阵合成信号频谱仿真

　　与图 4.38(b) 相比，接收天线偏离阵列方向导致产生的低频信号频率升高，同时抑制了合成信号中的载波分量。

4.5.3　实验结果与分析

1. 8 单元短阵实验

　　8 单元短阵实验分别在西北工业大学微波暗室和中国科学院空天信息创新研究院楼顶完成。实验背景对实验的影响较大，暗室具备理想的实验条件，但是当合成信号频率附近没有背景干扰时，室外实验也可实施。两处实验照片如图 4.40 所示。

(a) 暗室实验照片　　　　　　　　(b) 楼顶实验照片

图 4.40　8 单元短阵实验照片

短阵中各辐射单元由 8 通道数字模块馈电,实验采用表 4.8 所示参数。室外实验结果如图 4.41 所示,实验波段内没有明显的干扰信号,短阵实验实现了156MHz 辐射单元信号合成 121.35MHz 低频信号,且该频率分量比最大谐波分量低约 1dB。实测结果中的谐波分量与图 4.38(a)所示仿真结果相近。暗室实验结果与该室外实验结果相近。

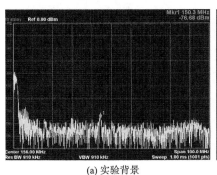 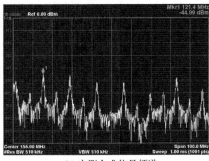

(a) 实验背景   (b) 实测合成信号频谱

图 4.41 实验背景和短阵实验结果

2. 单通道 8 单元不等长电缆实验

长阵实验需要对 64 个辐射单元馈电,采用 8 通道 DAC 模块时,每个通道需通过不等长电缆对 8 个辐射单元馈电。

单通道 8 单元不等长电缆馈电实验结果如图 4.42(b)所示,该频谱与图 4.41(b)所示合成信号频谱相近,由此可知利用功分器和电缆实现 8 通道 DAC 模块对 64 个辐射单元的延时和相位变化具有可行性。

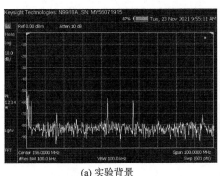 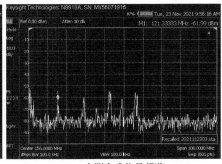

(a) 实验背景   (b) 实测合成信号频谱

图 4.42 8 个辐射单元由单通道数字模块、功分器和电缆馈电时的实验结果

3. 64 单元长阵实验

64 单元长阵实验在一广场进行,实验照片如图 4.43 所示。

(a) 接收天线　　　　　　　　　　　　　　　　　(b) 长阵天线

图 4.43　长阵实验照片

　　实验背景与合成信号频谱如图 4.44 所示,其中合成信号频谱受辐射单元信号脉冲初值与接收天线位置的影响,其实验条件如表 4.11 所示。

　　长阵实验实测频率与图 4.38(b) 和图 4.39 所示仿真结果相近,由此可证明文献[34]和[36]所述低频信号产生方法的有效性。

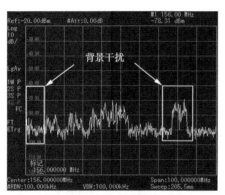 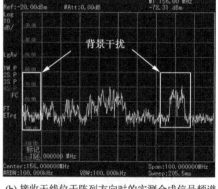

(a) 随机相位合成信号频谱　　　　　　　　(b) 接收天线位于阵列方向时的实测合成信号频谱

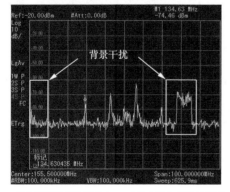 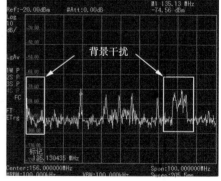

(c)接收天线偏离阵列方向38°时的实测合成信号频谱　(d) 接收天线偏离阵列方向51°时的实测合成信号频谱

图 4.44　长阵实验结果

表 4.11　长阵实验条件

实验编号	辐射单元信号初始相位	接收天线位置	
		与阵列近端的间距/m	偏离阵列方向的角度/(°)
1	随机相位	21	0
2	设计相位	21	0
3	设计相位	22	38
4	设计相位	24	51

4.6　应　用　方　向

4.6.1　地质勘探

根据文献[9]和[10]，低频电磁波信号因其良好的穿透性，在地下资源探测、地震预测和地层剖面详查等研究方面发挥了重要作用。基于电磁波的地质探测方式，一般可采用天然源信号的大地电磁测深法（MT 法）和采用人工源信号的电磁方法。为克服 MT 法抗干扰能力弱、测量误差大、探测精度低等问题，中国地震局地质研究所和俄罗斯圣彼得堡大学合作开展实验，验证了极低频电磁探地（wireless electro-magnetic，WEM）方法在地球物理和地震预测中的应用价值。

2005 年，中国船舶重工股份有限公司、中国科学院和中国地震局联合申请了极低频探地工程项目。该项目采用东西向 80km、南北向 60km、基本正交且两端接地的两条电力线和两台 500kW 的发射机实现 0.1～300Hz 极低频电磁信号的发射。该项目已于 2020 年通过验收。

基于 4.4 节提出的交错阵列其低频信号产生方法，可进一步增大阵列、修改辐射单元信号以合成极低频信号，基于小尺寸天线阵列可实现极低频信号地质探测。

4.6.2　多波段信号目标探测

由于小目标一般针对厘米波雷达设计[42]，低频电磁波信号因其波长接近目标尺寸，在小目标探测方面发挥了重要作用。法国的 DFEMCE 雷达、英国的 965 型海上监视雷达、美国的 AN/FPS-118 雷达、俄罗斯的万能级雷达已投入使用[43,44]，并实现了小目标的探测。

多波段雷达可实现不同频率信号对目标的照射，提高目标探测性能。俄罗斯的"天空-M"雷达系统[45]由 RLM-M 米波雷达、RLM-D 分米波雷达、RLM-S 厘米波雷达、KURLK 指控系统等四部分组成，各型号雷达均装备有源相控阵天线，RLM-M 型雷达主要用于发现隐身目标，RLM-D 和 RLM-S 型雷达用于跟踪目标，并引导导弹进行攻击。

在 4.3 节提出的基于高频阵列结构的低频信号产生方法中，当目标位于阵列方向时，照射目标的合成信号频率最低；当目标偏离阵列方向时，照射目标的合成信号频率逐渐增大；当目标位于阵列法线方向时，合成信号频率等于辐射单元信号载频。由此可实现对不同位置目标的多波段信号照射。

飞艇平台上集成阵列天线，用于地质勘探和目标探测示意图如图 4.45 所示。

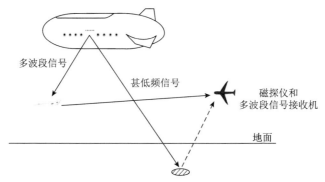

图 4.45　地质勘探和目标探测示意图

4.7　本 章 小 结

本章结合电磁波多普勒效应和阵列天线，研究了高频天线在目标区合成低频与甚低频信号的问题。与现有的机械天线电磁耦合方法不同，本章方法本质是在空间合成低频/甚低频信号。

将辐射单元信号设计为周期脉冲串信号，通过阵列产生的脉宽展宽量填补信号的休止期，使得合成信号在时间连续；通过多行阵列交错排布减小辐射单元间隔，可降低系统对时间分辨率的要求，便于技术实现。从仿真和实验结果来看，本章提出的阵列结构低频信号产生方法具有一定的可行性。

实验结果表明，本章方法在不同方向的合成信号频率和功率不同，这与理论分析一致，或可用于目标的多波段探测。受实验条件限制，本章在长阵实验中利用功分器和电缆简化了实验样机，但同时也限制了低频信号的产生性能，该问题可通过在各辐射单元引入移相器[46,47]解决。

本章仿真和实验中均使用了全向辐射天线，组成阵列的多个辐射单元主要用于合成低频/甚低频信号，并没有对阵列增益进行设计，后续可通过辐射单元在俯仰向构造阵列，减小波束宽度，提高阵列增益。

参 考 文 献

[1] 许道明, 张宏伟. 雷达低慢小目标检测技术综述[J]. 现代防御技术, 2018, 46(1): 148-155.

[2] 代红, 何丹. 飞机隐身与雷达反隐身技术综述[J]. 电子信息对抗技术, 2016, 31(6): 40-43.

[3] 周建卫, 李道京, 胡烜. 单源三站外辐射源雷达目标探测性能[J]. 中国科学院大学学报, 2017, 34(4): 422-430.

[4] 周建卫, 李道京, 田鹤, 等. 基于共形稀疏阵列的艇载外辐射源雷达性能分析[J]. 电子与信息学报, 2017, 39(5): 1058-1063.

[5] 顾继慧, 陈如山. 谐波雷达目标识别研究[J]. 现代雷达, 2001, (1): 24-27.

[6] 张仁李, 胡丽红, 盛卫星, 等. 金属结的三次谐波特性分析[J]. 电波科学学报, 2016, 31(2): 284-290.

[7] Arazm F, Benson F A. Nonlinearities in metal contacts at microwave frequencies[J]. IEEE Transactions on Electromagnetic Compatibility, 1980, 22(3):142-149.

[8] 汪谋. 地质雷达探测效果影响因素研究[J]. 雷达科学与技术, 2007, (2): 86-90.

[9] 卓贤军, 陆建勋, 赵国泽, 等. 极低频探地(WEM)工程[J]. 中国工程科学, 2011, 13(9): 42-50.

[10] 卓贤军, 陆建勋. "极低频探地工程"在资源探测和地震预测中的应用与展望[J]. 舰船科学技术, 2010, 32(6): 3-7, 30.

[11] 施伟, 周强, 刘斌. 基于旋转永磁体的超低频机械天线电磁特性分析[J]. 物理学报, 2019, 68(18): 314-324.

[12] 周强, 姚富强, 施伟, 等. 机械式低频天线机理及其关键技术研究[J]. 中国科学: 技术科学, 2020, 50(1): 69-84.

[13] Walker J, Halliday D, Resnick R. Fundamentals of Physics[M]. 10th ed. Hoboken: Wiley, 2014.

[14] 别业广. 电磁波的多普勒效应[J]. 物理与工程, 2003, (4): 62-32.

[15] Dey S. Time isotropy, Lorentz transformation and inertial frames[J]. Studies in History and Philosophy of Science. Part B: Studies in History and Philosophy of Modern Physics, 2017, 4: 1-5.

[16] 张元仲. 狭义相对论洛伦兹变换的推导及其他[J]. 物理与工程, 2016, 26(3): 3-8.

[17] 高炳坤, 王凤林. 相对论多普勒效应的简易推导[J]. 大学物理, 2003, (8): 15-16.

[18] 王景雪, 汤正新, 陈庆东, 等. 基于同时的相对性对钟慢尺缩效应的再认识[J]. 大学物理, 2009, 28(10): 24-27.

[19] 吴翊, 朱炬波, 易东云, 等. 关于多普勒频率转换成距离变化率公式的讨论[J]. 中国空间科学技术, 1997, (6): 47-51.

[20] 房鹏. 高精度、大延时的光控真延时线研究[D]. 北京: 清华大学, 2009.

[21] 保铮, 邢孟道, 王彤. 雷达成像技术[M]. 北京: 电子工业出版社, 2005.

[22] 魏钟铨. 合成孔径雷达卫星[M]. 北京: 科学出版社, 2001.

[23] 王建. 阵列天线理论与工程应用[M]. 北京: 电子工业出版社, 2015.

[24] Skolnik M I. 雷达系统导论[M]. 左群声, 徐国良, 马林, 等译. 北京: 电子工业出版社, 2006.

[25] 李道京, 侯颖妮, 滕秀敏, 等. 稀疏阵列天线雷达技术及其应用[M]. 北京: 科学出版社, 2014.

[26] 王劲东, 薛洪波, 张艺腾, 等. 高精度航空地磁矢量测量技术[C]. 中国地球科学联合学术年会, 北京, 2018: 28, 44.

[27] 丁鹭飞, 耿富录, 陈建春. 雷达原理[M]. 北京: 电子工业出版社, 2014.

[28] Kuschel H, Heckenbach J, Müller S, et al. Countering stealth with passive, multi-static, low frequency radars[J]. IEEE Aerospace and Electronic Systems Magazine, 2010, 25(9): 11-17.

[29] Wang X, Gong H, Zhang S, et al. Efficient RCS computation over a broad frequency band using subdomain MoM and Chebyshev approximation technique[J]. IEEE Access, 2020, (8): 33522-33531.

[30] 周智敏, 黄晓涛. VHF/UHF 超宽带合成孔径雷达穿透性能分析[J]. 系统工程与电子技术, 2003, (11): 1336-1340.

[31] Nan T, Lin H, Gao Y, et al. Acoustically actuated ultra-compact NEMS magnetoelectric antennas[J]. Nature Communications, 2017, 8(1): 296-304.

[32] 任万春, 陈锶, 高杨, 等. 体声波介导磁电天线的研究进展与技术框架[J]. 电波科学学报, 2021, 36(4): 491-497, 510.

[33] Barani N, Kashanianfard M, Sarabandi K. A mechanical antenna with frequency multiplication and phase modulation capability[J]. IEEE Transactions on Antennas and Propagation, 2021, 69(7): 3726-3739.

[34] 崔岸婧, 李道京, 周凯, 等. 阵列结构下的低频信号合成方法研究[J]. 物理学报, 2020, 69(19): 162-173.

[35] Rao P H, Sujitha S, Selvan K T. A multiband, mutipolarization shared-aperture antenna: Design and evaluation[J]. IEEE Antennas and Propagation Magazine, 2017, 59(4): 26-37.

[36] 崔岸婧, 李道京, 周凯, 等. 交错阵列其低频信号产生方法研究[J]. 雷达学报, 2020, 9(5): 925-938.

[37] Lui H, Aldhubaib F, Shuley N V Z, et al. Subsurface target recognition based on tansient electromagnetic scattering[J]. IEEE Transactions on Antennas and Propagation, 2009, 57(10): 3398-3401.

[38] Skolnik M I. Radar Handbook[M]. New York: The McGraw-Hill Companies, 2008.

[39] Czuba K, Sikora D. Phase drift versus temperature measurements of coaxial cables[C]. The 18th International Conference on Microwaves, Radar and Wireless Communications, Vilnius, 2010: 1-3.

[40] 戈弋, 黄华, 袁欢. 温度和机械弯曲引起的同轴电缆相位变化特性[J]. 太赫兹科学与电子信息学报, 2019, 17(4): 621-626.

[41] Lampe R W. Compensation of phase errors due to coaxial cable flexure in near-field measurements[C]. International Symposium on Antennas and Propagation Society, 1990, (3): 1322-1324.

[42] 黄坤, 张剑, 雷静, 等. 隐身飞机目标探测方法研究[J]. 舰船电子工程, 2010, 30(5): 6-9, 20.

[43] 刘尚富, 甘怀锦. 雷达隐身与反隐身技术浅析[J]. 舰船电子工程, 2010, 30(9): 28-30, 95.

[44] 王新坤, 奚盛海, 封彤波. 飞机隐身技术及反隐身探测手段[C]. 第二届航空航天工程与信息技术国际会议, 南昌, 2012: 550-556.

[45] 李华. 俄罗斯 "天空-M" 机动式反隐身雷达[J]. 现代军事, 2015,(8): 60-62.

[46] 陈曦, 杨龙, 傅光, 等. 移相器量化误差对相控阵天线相位中心的影响分析[J]. 电波科学学报, 2015, 30(6): 1175-1181.

[47] 张光义. 相控阵雷达原理[M]. 北京: 国防工业出版社, 2009.

第5章 衍射光学系统和激光应用

5.1 引 言

近年来衍射光学系统得到了快速发展[1,2]。衍射光学器件具有质量轻薄、可对入射的光波自由调制且容易大量复制等诸多优点，在减小系统体积和重量以及降低成本等方面具有传统光学元件无可比拟的优势。随着大孔径光学系统需求的增加[3]，欧美等发达国家已经明确将衍射光学系统技术作为未来 10～20 年实现下一代超大口径天基空间望远镜的主要途径。

衍射光学器件(如二元光学器件和膜基透镜)相当于微波天线的固定移相器，微波相控阵天线成熟的理论和方法应可用于其性能分析。

激光雷达和激光通信系统具有单色且波长较长的特点，特别适合采用非衍射成像光学系统[4-6]通过衍射器件实现信号波前控制，减小焦距并有利于系统的轻量化。基于衍射光学系统，研究激光雷达、合成孔径激光雷达和激光通信技术具有重要的理论意义和应用价值。

5.2 衍射光学系统的性质

假设透镜材料的折射率是均匀分布的且折射都发生在透镜表面，衍射薄膜镜可看成保持了常规透镜表面的曲率，把多余的材料去掉，用多阶浮雕相位结构近似替代折射透镜的曲面结构，不改变光线的走向，因此表面看起来是一环一环的锯齿状的沟槽结构，可在实现常规透镜功能的同时大幅减轻系统重量。在实际加工制作过程中，通常对连续相位进行量化，即采用多个台阶来近似逼近，从而实现较高的衍射效率。图 5.1 为折射透镜简化为多台阶衍射透镜的示意图。

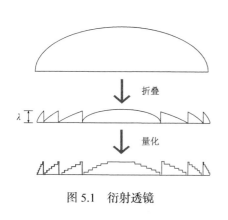

图 5.1 衍射透镜

5.2.1　衍射光学系统的相控阵解释

衍射光学系统中的衍射器件相当于移相器，工作原理类似于微波空馈相控阵，等效在阵列空间上插入波程差对应的移相量的共轭值，将接收的平面波转为同相球面波在焦点处实现聚焦。根据相控阵原理，相控阵引入的移相量可以 2π 为模进行折叠，且可对 $0 \sim 2\pi$ 的相位进行量化处理，移相器的量化位数将影响天线方向图的远区旁瓣和积分旁瓣比等参数。对于衍射光学系统，二元光学器件台阶宽度和相控阵辐射单元间距对应，其台阶数和移相器的量化位数相对应。台阶数将直接影响波束方向图的远区旁瓣和积分旁瓣比，进而影响衍射光学系统的衍射效率。

例如，去掉波长整数倍光程差部分，再以几分之一波长将厚度量化(台阶化)，假定台阶数为 8，能以 2π 为模对相位实现 8 值化处理，移相器的量化位数就是 8。

在此基础上，透射式衍射光学系统的工作原理和微波透镜相控阵(空馈相控阵)相同。

5.2.2　衍射光学系统的结构参数

在要求的波长 λ_0、焦距 f、半径 r 和衍射效率下，可以对衍射薄膜镜的结构参数进行设计，包括相位台阶数 L、周期数 M、环带数 K、第 k 个环带的半径 r_k 以及最小线宽 $v_{\min}$：

$$M = r^2/(2f\lambda_0) \tag{5.1}$$

$$K = ML \tag{5.2}$$

$$r_k = \sqrt{2kf\lambda_0/L} \tag{5.3}$$

$$v_{\min} = \sqrt{2Kf\lambda_0/L} - \sqrt{2(K-1)f\lambda_0/L} \approx r/(2K) \tag{5.4}$$

例如，若衍射薄膜镜半径 $r = 0.5\text{m}$，焦距 $f = 2\text{m}$，设计波长 $\lambda_0 = 1.55\mu\text{m}$，则周期数 $M = 40323$；若台阶数为 $L = 4$，则对应的环带数 $K = 161292$，最小线宽约为 $1.55\mu\text{m}$；若台阶数 $L=12$，则对应的环带数 $K=483876$，最小线宽约为 $0.517\mu\text{m}$，衍射效率为 97%。

5.2.3　衍射光学系统的谐衍射性质

谐衍射透镜也称为多级衍射透镜，其特点是可以在一系列分离波长处获得相同的光焦度，相邻环带间的光程差是设计波长 λ_0 的整数 $p(p>1)$ 倍，透镜厚度也是对应的普通衍射镜厚度的 p 倍。

基于谐衍射原理，通过适当增大折叠周期，谐衍射透镜对 1.55μm 激光的二级衍射谐振光和 0.516μm 激光的六级衍射谐振光的衍射效率均接近 100%。将折叠周期设计为 3.1μm，即可保证波长为 1.55μm 和 0.516μm 的激光均高效率透过，当台阶数 $L=12$ 时，对应的环带数 $K=241936$，最小线宽可增大至 1.1μm 左右，有利于加工。

5.3　艇载激光雷达和光学合成孔径

5.3.1　应用方向

近年来激光雷达的机载和星载应用已得到广泛关注，发展迅速且已投入应用，现阶段也需考虑激光雷达的艇载应用问题。飞艇平台为实现大接收口径的激光雷达提供了有利条件，由于不存在望远镜收拢展开所带来的一系列问题，大口径衍射光学系统的工程实现也较为简单。

艇载激光雷达的应用方向主要包括对地三维成像，地面、空中和空间目标成像探测以及海洋观测。

5.3.2　光学合成孔径

1. 传统光学合成孔径

形成足够的激光回波接收口径对保证激光雷达作用距离和成像分辨率都很重要。制造大口径膜基透镜难度较高，受制于加工条件的限制，通常会将大口径分为若干小口径加工，再采用光学合成孔径技术通过多个小口径拼接组装成大口径[7,8]。光学合成孔径的实现对小口径间光学加工、装调和校准的一致性要求很高，其误差要控制在 1/10 波长量级，星载口径较大时需使用折叠展开机构，其实现难度将更大。由若干小口径合成大口径，其拼接"小缝隙"造成的稀疏采样问题会使图像旁瓣有所增加，需引入图像处理方法保证图像质量。

目前 2m 口径衍射薄膜镜的直接加工，现阶段的实现难度较大，需将大口径分为若干小口径分别加工，再采用光学合成孔径技术通过多个小口径拼接组装成大口径。当小口径为 0.5m 时，该结构接收面积接近一个 2m 口径望远镜接收面积。图 5.2(a) 为大口径衍射薄膜镜，图 5.2(b) 为由 12 个小口径衍射薄膜镜通过光学合成孔径形成的一个大口径，同时也给出了衍射条纹分布示意。

将大口径分成小口径、通过折叠光路适当加长焦距均可降低加工难度，从目前国内的加工能力看，上述指标实现虽有难度，但已有可行性。

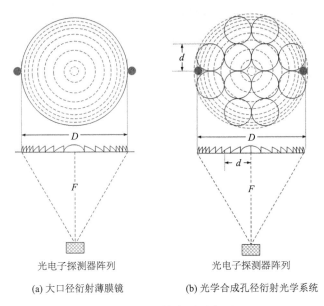

(a) 大口径衍射薄膜镜　　　　　(b) 光学合成孔径衍射光学系统

图 5.2　收发光学系统布设示意图

　　图 5.3 为折叠周期设计为 1.55μm 时，大口径衍射主镜和合成孔径衍射主镜对应的光程差折叠条纹、点扩展函数(point spread function，PSF)和光学传递函数(optical transfer function，MTF)。上述基于圆形子口径的光学合成孔径拼接"缝隙"较大，孔径的稀疏对图像分辨率和信噪比会有一定影响，采用六边形子口径结构可减少子口径拼接带来的稀疏问题，有助于保证图像质量。

　　图 5.3 所示光学合成孔径的 12 个子镜能够较好地替代大口径主镜，但系统的轴向尺寸仍较大，通常可通过折叠光路缩小体积。

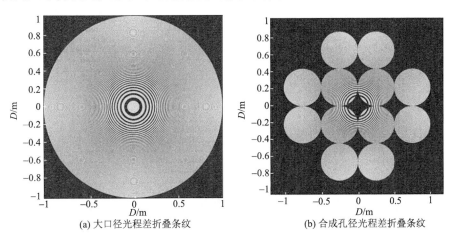

(a) 大口径光程差折叠条纹　　　　　　(b) 合成孔径光程差折叠条纹

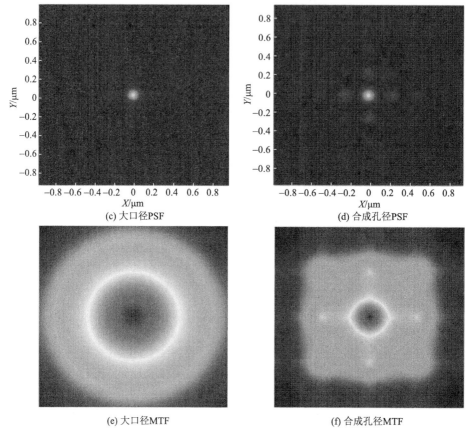

(c) 大口径PSF　　　　　　　　(d) 合成孔径PSF

(e) 大口径MTF　　　　　　　　(f) 合成孔径MTF

图 5.3　大口径和光学合成孔径衍射主镜对应的光程差折叠条纹、PSF 和 MTF

2. 基于相干探测的光学合成孔径

上述单光子探测器还属于直接探测器，考虑到相干探测技术的发展以及相干探测的灵敏度和抗干扰能力优于直接探测，研究相干探测体制在激光雷达的应用问题具有重要意义。

基于计算成像的光学合成孔径，文献[9]做了一些探索性的工作。基于激光本振相干阵列探测器，本节形成新的光学合成孔径衍射主镜如图 5.4 所示。在这里，激光本振相干阵列探测器的设置，可保证多个子口径望远镜接收信号相位的正确传递，由此可使光学合成孔径成像在模数（analog to digital，A/D）采样后的计算机上用软件实现，即计算成像，并可大幅减小光学系统焦距。

假定大口径和小口径薄膜镜的光学系统参数 F 均为 2，2m 口径对应的焦距为 4m，0.5m 口径对应的焦距为 1m。图 5.4 所示光学系统不仅可采用相同条纹的衍射子镜，而且由焦距决定的系统轴向尺寸、体积和重量将大幅减小。

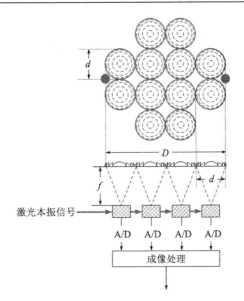

图 5.4 基于激光本振相干阵列探测器的光学合成孔径衍射主镜

与此同时, 在图 5.4 结构下, 参照微波阵列天线雷达成像方法[10], 对每个子镜探测器对应像元的激光回波信号进行三维成像处理, 即可提升系统角分辨率, 并等效实现大口径对应的信噪比。当子镜口径为 0.5m、光学系统参数 F 为 2、系统焦距为 1m、探测器像元尺寸为 32μm 时, 系统角分辨率约为 32μrad。对 12 个子镜探测器对应像元的回波信号三维成像处理后, 可将系统角分辨率提升为 8μrad。12 个子镜信号相干合成后信噪比在原理上提升 10.8dB, 可以基本等效实现 2m 口径对应的图像信噪比。

对探测器法向对应的像元和偏离法向 4mrad 方向对应的像元回波信号进行三维成像处理仿真, 成像算法采用 ωkA, 500km 斜距单元对应的 1 个子镜和 12 个子镜的成像结果如图 5.5 和图 5.6 所示, 仿真结果验证了该方法的有效性。

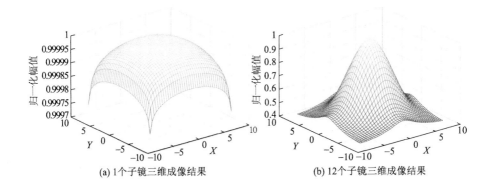

(a) 1个子镜三维成像结果   (b) 12个子镜三维成像结果

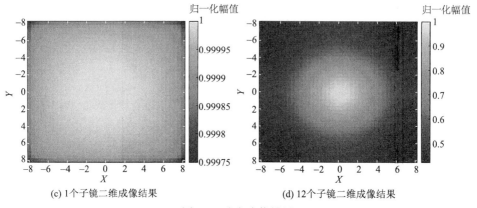

(c) 1个子镜二维成像结果　　　　　　　　(d) 12个子镜二维成像结果

图 5.5　　法向成像结果

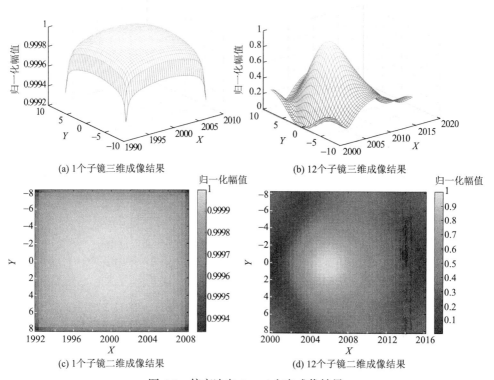

(a) 1个子镜三维成像结果　　　　　　　　(b) 12个子镜三维成像结果

(c) 1个子镜二维成像结果　　　　　　　　(d) 12个子镜二维成像结果

图 5.6　　偏离法向 4mrad 方向成像结果

　　目前国内外都开展了像元规模较小的激光本振相干阵列探测器研究工作[11,12]，主要用于发射线性调频信号的激光雷达，其本振为单频或线性调频激光信号，本振选用线性调频信号时，可通过去斜接收降低 A/D 采样速度和数据量。

　　文献[11]介绍了 2020 年美国 Point Cloud 公司基于硅光芯片的调频连续波

(frequency modulated continuous wave，FMCW)激光雷达激光本振阵列探测器，像元规模为512(32×16)，其结构形式来自激光相控阵[13-15]，可供本章所需的激光本振面阵探测器借鉴。本节所需探测器可直接采用文献[11]中的1.55μm波长激光本振阵列探测器结构，通过增加光栅耦合器单元尺寸使之接近所需的像元尺寸，即可保证光能利用率。

目前国内单元规模在1000的激光相控阵收发芯片正在研制过程中，本节所需的激光本振面阵探测器研制具有可行性。在此基础上，有望通过多个子口径的低分辨率复图像信号以计算成像方式相干合成高分辨率图像，同时提高图像信噪比。

5.3.3　接收波束展宽及作用距离分析

1. 基于衍射光学系统的波束展宽

为保证探测距离，激光雷达的接收望远镜应采用较大口径来接收更多的回波能量[16,17]。使用单元探测器接收时，通常认为增大接收口径会减小接收波束宽度。为实现宽的接收波束以形成较大观测幅宽，往往需采用阵列探测器接收[18]。以100mm口径、480mm焦距的光学系统为例，假定用一个光敏面尺寸在9.5μm量级的单元探测器接收，在中心波长为1.55μm时，对应的接收波束宽度约为20μrad，接近衍射极限，要覆盖3mrad的接收视场(field of view，FOV)所需的探测器阵列规模为150×150，这将导致采用相干探测体制的激光雷达的通道数剧增，并使系统的技术实现极为复杂。

增大单元探测器光敏面，使之达到1mm量级，在原理上即可用一个通道实现激光回波信号的宽视场接收。但大光敏面探测器的信号带宽有限，不能满足SAL/ISAL的宽带信号探测要求。为基于全光纤光路实现激光回波信号的相干探测，可采用带有高阶相位扩束镜的光纤准直器，借助中继镜所形成的压缩光路，将宽视场激光回波信号收入芯径为9.5μm的单模保偏光纤。上述方法可等效实现大光敏面探测器的功能[4]，要求光纤准直器和中继镜的直径应不小于所需的光敏面尺寸，且中继镜应处于离焦状态。文献[19]将高阶相位扩束镜和中继镜的功能进行了整合，同时把应用所需的以4个光纤准直器为基础形成的馈源和光学系统进行集成设计，等效实现了其功能。为表述方便，上述功能的光纤准直器和中继镜的组合可定义为高阶相位扩束组镜。

全光纤光路的接收波束展宽可在主镜[20]和馈源[4]两处实现，在馈源处实现接收波束展宽(简称扩束)可用带有中继镜的压缩光路的原理来解释，这种方式可以兼顾主镜的共孔径功能。本节在文献[4]和文献[19]的基础上，基于馈源扩束方式，对主镜为衍射薄膜镜[21]的激光雷达实验样机的接收波束展宽方法和作用距离进行分析，介绍实验样机的测试情况，给出系统参数和相关实验结果。

1）基于离焦方式的单元结构接收二维扩束

基于馈源扩束方式，衍射光学系统激光雷达实验样机的接收扩束系统光路示意图如图 5.7 所示。

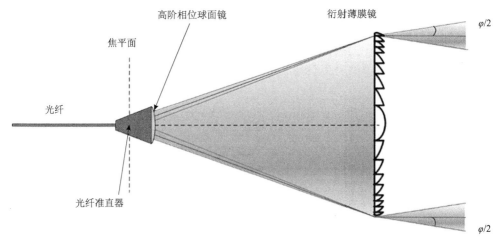

图 5.7　离焦方式下用光纤准直器接收的光路示意图

激光雷达接收系统采用大口径衍射薄膜镜接收时，其接收增益可定义为

$$G_r = \frac{4\pi}{\varphi_a \varphi_e} \tag{5.5}$$

其中，φ_a 为方位向接收波束宽度；φ_e 为俯仰向接收波束宽度。将探测器设置在焦点处接收，系统处于合焦状态，此时系统的接收波束最窄，接近于衍射极限角，接收增益最大。若系统处于离焦状态下，则信号光不完全聚焦，用光纤准直器在馈源处实现接收波束展宽时，接收增益会相应下降。其物理过程可理解为扩束使回波信号能量分布于等效形成的大光敏面上，从而使单位光敏面上的信号功率密度相对于合焦情况下有所下降。

在中心波长 1.55μm、衍射薄膜镜口径 100mm、焦距 480mm 的情况下，高阶相位扩束组镜相对于焦点在轴向前移 4.5mm，对应的一维波束展宽仿真结果如图 5.8 所示，接收波束宽度由 20μrad 展宽到 3mrad，对应的一维接收增益下降约 22.4dB。因为轴向离焦的方式是将波束在两个方向同时展宽，所以二维接收增益将下降 44.8dB。

在实验样机测试过程中，根据收发互易原理，通过接收光路发射激光，观察平行光管中的光斑大小即可判定接收波束的宽度。图 5.9 为在离焦方式下的接收

波束展宽实验情况，平行光管焦距为 1750mm，扩束后接收光斑的平均直径为
5.25mm，对应的激光接收波束宽度展宽至 3.15mrad。

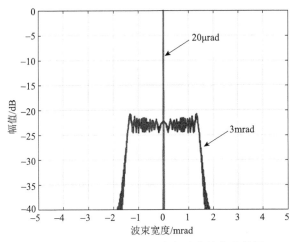

图 5.8　离焦方式下一维波束展宽的仿真结果

图 5.9　离焦方式下的接收波束展宽实验情况

2) 基于离焦方式的阵列结构接收二维扩束

上述实验验证了离焦展宽接收视场方法的有效性，实验样机采用文献[19]中
提出的一发四收的馈源布局，在内视场设置 1 个 2×2 的光纤准直器阵列进行接
收，并用离焦的方式使 4 个光纤准直器之间形成一定的重叠视场，旨在通过多通
道正交干涉处理实现振动相位误差估计和补偿[22]。此外，这种布局还可实现四
象限探测器的功能[23]，对 4 个光纤准直器的信号进行求差比幅/比相处理可获取
目标的方位和俯仰角信息，实现目标的测角和跟踪。

本节所用实验样机的接收光路示意图如图 5.10 所示，离焦处理使接收波束

展宽后，接收系统总视场为 5.5mrad，每根光纤对应的接收视场为 3mrad，形成的重叠视场为 0.5mrad。

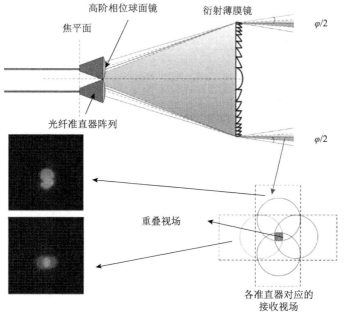

图 5.10　离焦方式下重叠视场接收光路示意图

3）基于柱面镜的收发一维扩束

离焦扩束的方式结构简单，但只能实现两维同时扩束，会大幅降低接收增益，降低系统的作用距离。综合考虑观测幅宽、作用距离和成像分辨率，激光雷达收发波束仅在一个方向展宽即可，另一个方向可通过扫描来扩大观测幅宽。典型应用如 SAL 高分辨率成像，由于其图像是在斜距向-方位向，为了扩大斜距向的幅宽，需要在俯仰向扩束形成宽波束。SAL 的斜距向分辨率 ρ_r 取决于发射信号带宽，方位向分辨率 ρ_a 取决于发射波束的方位向宽度。

$$\rho_r = \frac{kc}{2B} \tag{5.6}$$

$$\rho_a = \frac{k\lambda}{2\theta_a} \tag{5.7}$$

其中，k 为加窗展宽系数；c 为光速；λ 为工作波长；B 为信号带宽；θ_a 为发射波束的方位向宽度。若激光波长为 1.55μm，方位向波束宽度为 100μrad，加窗展宽系数为 1.3，则系统可实现的方位向分辨率为 1cm。

　　本节所用实验样机采用一发四收相干探测接收体制[19]，激光雷达发射高功率宽带信号，方位向发射波束宽度为100μrad，俯仰向发射波束宽度用柱面镜展宽至 5mrad。由于发射光束在方位向上是窄波束，因此接收波束仅在俯仰向上展宽即可。

　　柱面镜可以只向光学系统的一个方向上引入二阶相位，从而实现一维扩束。与发射扩束同理，接收波束也可通过在光路中加入柱面镜来展宽，在物镜的焦平面放置柱面镜来改变成像光束的位置，可以进一步把透过物镜的光束缩小聚集，即允许偏离轴线更大角度的光被探测器接收，实现一个方向上的接收视场展宽。在发射波束一维扩束的情况下，接收波束采用离焦的方法二维扩束至 3mrad，两个维度上的扩束将造成系统的接收增益下降 约 44dB。而若在接收光路中引入柱面镜进行一维接收扩束，则相对于离焦扩束方式，系统的接收增益至少提高 22dB，可大幅提升系统的探测性能。

　　接收扩束所用柱面镜可用衍射薄膜镜来实现，仿真结果如图 5.11 所示，衍射极限条件下 100mm 口径对应的接收波束宽度约为 20μrad，先通过离焦处理使接收波束二维展宽至 100μrad，使之覆盖发射波束的方位向宽度。然后在光路中引入柱面镜再将俯仰向波束展宽至 3mrad，用两个光纤准直器形成 0.5mrad 的重叠视场，整体接收视场可在俯仰向覆盖 5.5mrad。

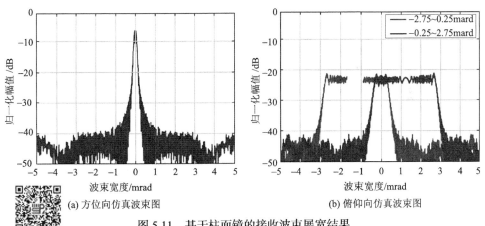

(a) 方位向仿真波束图　　　　　　　　(b) 俯仰向仿真波束图

图 5.11　基于柱面镜的接收波束展宽结果

　　本节实验样机采用收发分置方案，发射镜采用 5cm 口径的柱面镜，对应的发射波束展宽结果如图 5.12(a) 所示，方位向波束宽度为 78μrad，俯仰向波束宽度为 4.8mrad。为减轻系统重量，发射所用柱面镜也可考虑用衍射镜实现，对应的仿真结果如图 5.12(b) 和 (c) 所示，方位向波束宽度为 75μrad，俯仰向波束宽度为 4.8mrad。

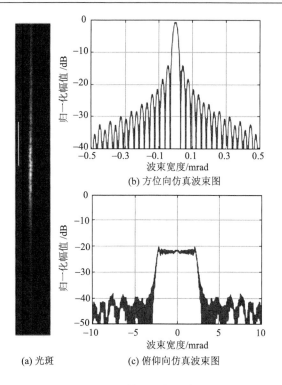

(a) 光斑   (c) 俯仰向仿真波束图

图 5.12   基于柱面镜的发射波束展宽结果

4) 基于波长变化的收发二维扩束

对于衍射镜，不同波长的入射光会被聚焦在轴上各焦点，当设计波长为 λ_0 时，若入射波长为 λ，则其 m 级衍射光对应的焦距为

$$f_m = \frac{\lambda_0 f_0}{m\lambda} \tag{5.8}$$

其中，f_0 为设计波长对应的理想焦距。可以看出，衍射透镜只对特定波长的光波在像面理想聚焦，而对于其他波长的光波无法在理想焦距实现聚焦。因此，采用衍射镜时小范围的波长变化可等效实现离焦扩束，且无须采用机械调焦。

本节实验样机使用的是工作波长为 1.55μm 的单频光纤激光器，其波长调谐范围典型值为 0.8nm，波长控制精度 0.1nm，其波长变化范围可满足激光雷达波束展宽需要。图 5.13 是 100mm 口径、400mm 焦距的衍射镜在入射激光波长分别为 1550nm、1549.6nm、1549.2nm 时的波束仿真结果，其对应的实测结果如图 5.14 所示，在距离 33m 处的墙上能够明显看到波长变化范围越大，光斑能量越低，光斑展宽越明显，波长变化 0.8nm 时，波束展宽约 7 倍。

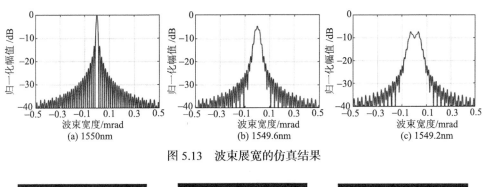

图 5.13　波束展宽的仿真结果

(a) 1550nm　　　　　　　(b) 1549.6nm　　　　　　　(c) 1549.2nm

图 5.14　波束展宽实验结果

　　波束展宽伴随的增益下降问题限制了远距离的观测幅宽。为进一步实现宽幅成像，可采用波束展宽与波束扫描结合的方式。在波束扫描模式下，波束仅展宽到一定程度即可，系统的接收增益相对较高，同样观测幅宽的前提下，作用距离更远，成像所需时间略有增加。

　　若将上述衍射镜看成若干个相位单元组成的阵列，则其对于光场相位的变换作用可以用相控阵原理进行解释：在阵列空间上插入波程差对应的移相量的共轭值，将接收的平面波转为同相球面波在焦点处实现聚焦，器件的台阶宽度和相控阵辐射单元间距对应，台阶数和移相器的量化位数相对应。上述引入二阶相位后的波束展宽现象可看成相控阵弧形分布的情况，虽然主瓣和栅瓣的位置并未发生改变，但其光能量变得分散，并不全都集中在主瓣位置，即波束宽度发生了展宽。

　　根据相控阵原理，在阵列方向引入线性相位可以实现波束扫描，当发射系统采用衍射镜时，通过设置馈源偏离衍射镜轴线、在光路中加入直角棱镜或是改变各阵元折射率，使波束经各衍射单元后的相位延迟呈递增或递减的线性变化，即可在口径方向引入线性相位，从而使得系统可以通过波长变化来改变主瓣的空间角度位置，实现波束扫描。

　　引入二阶相位使波束宽度扩束至 5mrad，再通过焦点偏置 60° 引入线性相位，仿真结果如图 5.15 所示，当波长变化±12nm 时，波束一维扫描范围可达20.25mrad，增益和波束宽度变化相对稳定，具有较好的扫描效果。上述基于衍射光学系统的波长变化扩束扫描的方式，其发射和接收波束具有指向和宽度可变的能力，可满足目标搜索、成像、捕获和跟踪等多种功能要求。

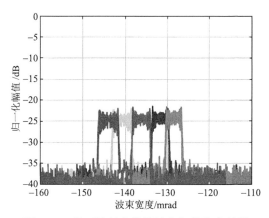

图 5.15　基于波长变化的波束扫描仿真结果

2. 扩束激光雷达作用距离分析

1)作用距离方程和损耗分析

激光和微波同属于电磁波，通过雷达作用距离方程可导出激光雷达作用距离方程。对于收发同轴或者收发系统间距远小于其作用距离的激光雷达系统，作用距离方程可用式(5.9)表征：

$$R_{\mathrm{SN}} = \frac{\eta_{\mathrm{sys}} \cdot \eta_{\mathrm{ato}} \cdot P_{\mathrm{t}} \cdot G_{\mathrm{t}} \cdot \sigma \cdot A_{\mathrm{r}} \cdot T_{\mathrm{p}}}{4\pi \cdot \Omega \cdot F_{\mathrm{n}} \cdot h \cdot f_{\mathrm{c}} \cdot R^4} \tag{5.9}$$

其中，R_{SN} 为接收到的单脉冲信噪比；P_{t} 为发射信号峰值功率；$G_{\mathrm{t}} = \dfrac{4\pi}{\theta_{\mathrm{a}}\theta_{\mathrm{e}}}$ 为发射增益，θ_{e} 为俯仰向发射波束宽度，θ_{a} 为方位向发射波束宽度；R 为激光雷达与目标之间的距离；$\sigma = \rho \cdot A_{\mathrm{t}}$ 为目标散射截面，ρ 为目标平均反射系数，A_{t} 为目标有效照射面积；Ω 为目标散射立体角；$A_{\mathrm{r}} = \pi D^2/4$ 为接收望远镜的有效接收面积，D 为接收望远镜口径；η_{ato} 为双程大气损耗因子；η_{sys} 为系统损耗因子，包括电子学损耗和光学损耗；f_{c} 为激光频率；h 为普朗克常量；F_{n} 为电子学噪声系数；T_{p} 为脉冲宽度。

需要注意的是，上述作用距离方程仅在接收波束宽度等于衍射极限（$\varphi_{\mathrm{a}} = \varphi_{\mathrm{e}} = \lambda/D$，$\varphi_{\mathrm{a}}$ 为方位向接收波束宽度，φ_{e} 为俯仰向接收波束宽度)的条件下

才成立，宽视场信号由不同探测器接收，此时接收增益不下降。而在本节实验样机
所处的离焦扩束情况下，将宽视场激光信号收入一根或少量光纤，此时接收增益会
下降，因此需要考虑接收波束展宽带来的接收增益损耗，定义扩束损耗因子为

$$\eta_{\text{wid}} = \frac{G_{\text{r-wid}}}{G_{\text{r-nar}}} = \frac{4\pi/(\varphi_{\text{a}}\varphi_{\text{e}})}{4\pi/(\lambda/D)^2} = \frac{(\lambda/D)^2}{\varphi_{\text{a}}\varphi_{\text{e}}} \tag{5.10}$$

其中，$G_{\text{r-wid}}$ 为接收波束展宽后的接收增益；$G_{\text{r-nar}}$ 为接收波束等于衍射极限时的
接收增益。

此外，为获得较高的混频效率，要求回波信号与本振信号的相位、波前和偏
振方向均严格匹配。在远距离探测条件下，介质和目标的退偏效应使得信号光的
偏振态随时间而变化，从而产生随机变化的偏振噪声，影响探测性能。因此，还
需要在作用距离方程中引入接收扩束损耗因子 η_{wid} 和偏振损耗因子 ξ，此时，系
统接收到的目标返回的信号功率 P_{s} 可表示为

$$P_{\text{s}} = \frac{P_{\text{t}} \cdot G_{\text{t}}}{4\pi \cdot R^2} \times \frac{A_{\text{r}}}{4\pi \cdot R^2} \times \frac{4\pi \cdot \sigma}{\Omega} \times \eta_{\text{wid}} \cdot \eta_{\text{sys}} \cdot \eta_{\text{ato}} \cdot \xi \tag{5.11}$$

对于相干探测体制的激光雷达，还可通过相干多脉冲积累来提升信噪比，若
相干积累脉冲数为 N，信噪比可对应提高 N 倍，相干积累后的信噪比为

$$R_{\text{SN}} = \frac{\eta_{\text{d}} \cdot \eta_{\text{wid}} \cdot \xi \cdot \eta_{\text{sys}} \cdot \eta_{\text{ato}} \cdot P_{\text{t}} \cdot G_{\text{t}} \cdot \rho \cdot A_{\text{t}} \cdot A_{\text{r}} \cdot N}{4\pi \cdot \Omega \cdot R^4 \cdot F_{\text{n}} \cdot h \cdot f_{\text{c}} \cdot B} \tag{5.12}$$

其中，η_{d} 为探测器的光电转换效率；B 为信号带宽。

2）A/D 量化的影响

相干激光雷达样机由收发光学望远镜、窄脉冲激光器、四通道激光本振平衡探
测器、发射通道、信号产生和数字采集单元组成，系统原理框图如图 5.16 所示。

回波信号与激光本振信号经耦合器、平衡探测器后所形成的基带信号还需进入
信号采集系统进行 A/D 采样，同时滤除直流及杂波干扰。本节实验样机中 A/D 采样
输入信号的范围为 $-0.5 \sim 0.5$V，量化位数为 12 位，对应的量化电平为 0.24mV，
50Ω 负载时对应的量化功率为 -68.2dBm。当 A/D 转换输入功率大于 -68.2dBm 时，
才可对其正常采样。减少 A/D 量化电平可减少其对小信号采样的影响。

在进入 A/D 前的系统衰减量约为 13dB[24]，若光电探测器输出带宽为
10GHz，电子学放大器电子学带宽为 4GHz，A/D 采样速率为 4GS/s，对应的激
光散粒噪声功率 $h \cdot f_{\text{c}} \cdot B = -63$dBm，经系统衰减后，A/D 转换输入功率约为
-76dBm，小于 A/D 量化功率，无法正常 A/D 采样。

为避免探测灵敏度损失，系统设计至少要保证散粒噪声功率大于量化功

率。若引入一个增益 $G_a = 20\text{dB}$、电子学噪声系数 $F_n = 3\text{dB}$ 的放大器，光电探测器输出的信号经采集系统衰减、放大器放大后的散粒噪声功率约为–53dBm，大于 A/D 量化功率，可对其正常 A/D 采样。

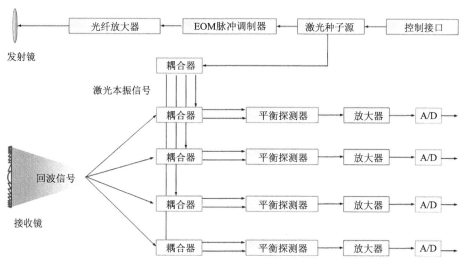

图 5.16　激光雷达样机原理框图

　　基于上述参数，若光电转换后的信号功率为–80dBm，经采集系统衰减、放大器放大后输入，对应的仿真结果如图 5.17 所示，圆点标记出的是信号对应的频点。通过对比 A/D 采样前后 4096 个脉冲的相干积累结果可以发现，加入放大器后，A/D 量化对小信号采样的影响已不明显。仿真表明，收发扩束带来的增益损耗可通过在电子学加放大器来弥补，放大器的噪声系数仅会使得信噪比略有下降。仿真同时表明，放大器的使用和噪声功率的增大有助于小信号的正常采样，

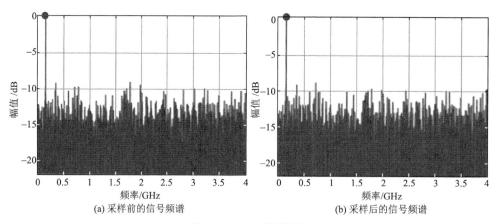

(a) 采样前的信号频谱　　　　　　　　(b) 采样后的信号频谱

图 5.17　A/D 采样结果

在 A/D 输入端，噪声功率为-56dBm 时，-70dBm 量级(小于 A/D 量化功率)的小信号也可以正常采样。上述参数与实际实验样机的参数相同，仿真分析结果也与实际测试结果相近。

3) 地物目标作用距离

系统参数如表 5.1 所示，发射 5ns 窄脉冲，对应的斜距向分辨率为 0.75m，距离 1100m 处，波束宽度对应的俯仰向分辨率为 5.5m，方位向分辨率为 0.11m。

表 5.1　样机系统参数

参数	数值	参数	数值
P_T /kW	20	平均发射功率/W	10
T_p/ns	5	脉冲重复频率/kHz	100
θ_e /mrad	5	波长可调谐范围/nm	0.8
θ_a /μrad	100	回波通道数	4
φ_e /mrad	3	放大器增益/dB	20
φ_a /mrad	3	λ/μm	1.55
B/MHz	200	D/mm	100
η_d	0.5	η_{ato}	0.6~0.8
η_{sys}	0.4	F_n /dB	3

地物目标对应的参数如表 5.2 所示，用上述系统参数计算，在距离 1100m 处，目标回波的单脉冲信噪比-8.6dB，经 8192 个脉冲相干积累后，信噪比可提升至 30.5dB。

表 5.2　地物目标对应的参数

参数	数值	参数	数值
A_t /m^2	0.6	ξ	0.2
Ω /rad	π	ρ	0.2

图 5.18 是对 1.1km 处的烟囱的探测结果，回波信号出现在第 2502 个距离单元，计算可得目标距离平台 1123.2m。由图 5.18(f)可以看出，系统接收的回波单脉冲信噪比很低，仅在时域波形上分辨不出信号。对回波进行 8192 个脉冲相干积累后，对应的积累时长 80ms，信噪比可提升约 39dB，能够明显分辨出信号，对应的距离-多普勒域的成像结果如图 5.18(b)、(d)所示。但大气湍流会给目标

回波信号引入一个随慢时间变化的相位误差，这将影响信号的相干积累效果并导致成像结果在多普勒域存在散焦现象，信号功率分散在–1～1kHz 的多普勒频率范围内，降低了信噪比。采用相位梯度自聚焦(phase gradient autofocus，PGA)算法[25]对回波信号聚焦后的结果如图 5.18(c)、(e)所示，信号被聚焦于一点，多普勒频谱的近区旁瓣明显下降，积分旁瓣比和峰值旁瓣比都有所提高。8192 个脉冲相干积累后的峰值信噪比约为 30dB，对应的单脉冲信噪比为–9dB，与前面的理论计算值接近。

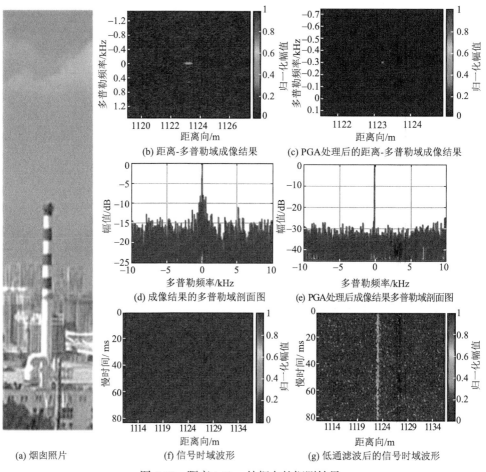

图 5.18　距离 1.1km 处烟囱的探测结果

此外，聚焦后的信号对应的多普勒频率较为集中，且由于目标相对系统静止，目标回波对应的多普勒频率在零频附近，因此可对聚焦后的信号在多普勒域做带宽 2kHz 的低通滤波处理，进一步滤除杂散干扰。低通滤波后再做傅里叶逆变换获取的信号时域波形如图 5.18(g)所示，可以看出接收回波的单脉冲信噪比得到了大幅提升。而对于运动目标，可在回波信号对应的多普勒频率附近处做带通处理来提升信噪比。

3. 高反目标作用距离

与微波雷达不同的是，激光雷达目标散射截面受激光波长、目标表面材料及其粗糙度、目标几何结构形状等各种因素的影响，决定了激光雷达系统的探测距离及识别目标的性能。例如，对于激光角反射器，在入射后向一般不到 1mrad 的衍射极限角度范围内集中的散射功率可达散射总功率的 84%[26]。本节采用的高反射率目标对应的目标参数如表 5.3 所示，用上述系统参数计算，在距离 5400m 处，单脉冲信噪比−8.6dB，经 40960 个脉冲相干积累后，信噪比可提升至 37.5dB。

表 5.3　高反射率目标对应的目标参数

参数	数值	参数	数值
A_t /m²	0.3	ξ	0.5
Ω /rad	0.02	ρ	0.8

图 5.19 是对 5.4km 处的高反射率目标的探测结果，回波信号出现在第 4356 个距离单元，计算的目标与平台的距离为 5392.7m。由图 5.19(f)可以看出，系统接收的回波单脉冲信噪比很低，仅在时域波形上分辨不出信号。对回波进行 40960 个脉冲相干积累后，信噪比可提升约 46dB，对应的距离-多普勒域的成像结果如图 5.19(b)、(d)所示，由于距离远且积累时间长达 400ms，大气湍流引入的相位误差影响变大，导致各回波脉冲的时间相干性变差，成像结果严重散焦，散焦后的多脉冲信噪比仅有 7dB。图 5.19(c)、(e)是对信号聚焦后的结果，40960 个脉冲相干积累后的峰值信噪比约为 37dB，对应的单脉冲信噪比为−9dB，与理论计算值接近。对聚焦后的信号在多普勒域做带宽 1kHz 的低通滤波处理获得的信号时域波形如图 5.19(g)所示，接收回波的单脉冲信噪比得到了大幅提升。

上述实验数据和分析表明，高反射率目标要比同样面积的自然地物目标的回波强度高 20dB 以上，因此为使系统能够探测到 5km 的自然地物目标，光电探测器后的放大器增益应达到 50dB 量级并适当延长相干积累时间。

本节对基于衍射光学系统的激光雷达系统进行了分析，提出了离焦扩束、加柱面镜扩束和基于衍射镜的波长变化扩束共三种接收波束展宽方法，并进行了仿真计算和相关实验，在 100mm 接收口径的条件下将接收视场为 3mrad 的激光信号收入至一根光纤，验证了所提方法的有效性。本节研制的激光雷达实验样机利用衍射镜轻薄的特点，实现了接收系统的轻量化和大口径，并结合收发扩束系统，对 1.1km 和 5.4km 目标进行了成像探测，结果表明，本节所提方法有效，持续开展相关研究工作具有重要意义，有望满足远距离宽幅高分辨率成像的需求。接收扩束带来的接收增益下降可通过在电子学加入放大器来弥补，目前增益在 40～50dB 量级的电子学放大器已很常见，合理地设计系统参数具有重要意义。

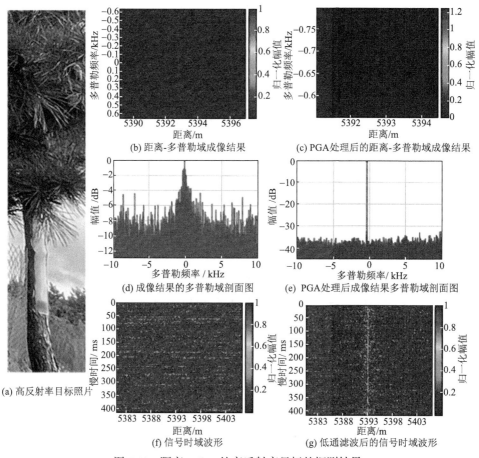

(a) 高反射率目标照片
(b) 距离-多普勒域成像结果
(c) PGA处理后的距离-多普勒域成像结果
(d) 成像结果的多普勒域剖面图
(e) PGA处理后成像结果多普勒域剖面图
(f) 信号时域波形
(g) 低通滤波后的信号时域波形

图 5.19　距离 5.4km 处高反射率目标的探测结果

5.4　艇载 0.5m 衍射口径激光雷达

目前，小口径毫米波探测系统已广泛引入高分辨率 SAR 成像技术[27,28]，用于提升在复杂环境下探测多类目标时的成像、检测和识别能力。提高工作频率有利于 SAR 大前斜视角成像探测，故继其波段从 Ka 发展至 W[29,30]之后，太赫兹(THz)波段探测系统的研究工作已得到高度关注。由于目前激光功率远大于毫米波和 THz 波，且 SAL 可大前斜视角成像，将 SAL 技术引入小口径光学成像探测系统，并充分借鉴成熟的毫米波天线技术[31]以及微波雷达的空馈电扫描天线[32,33]等波束扫描技术，同时结合被动红外成像技术[34,35]，进一步提高小口径光学成像探测系统性能，应是重要的发展趋势。

　　激光雷达成像系统和光学成像系统一样，其空间分辨率都受系统光学孔径的限制，对于一定尺寸的系统光学孔径，其分辨率会随着距离的增加而下降。因此，高分辨率的远距离成像需要很大的系统光学孔径，但实际系统中很多因素限制了系统光学孔径的增加。为此，可考虑使用合成孔径技术对远距离目标实现高分辨率成像。

　　合成孔径成像的概念包括雷达平台运动目标静止成像和雷达平台静止目标运动成像两个方面，后者通常称为逆合成孔径成像。两者的工作原理都是基于相对运动产生的大等效孔径获得高的横向分辨率，该横向分辨率的形成也可用信号在慢时间频域的多普勒带宽解释，其基本条件是信号具备高的相干性，故合成孔径成像的概念在原理上适用于微波、毫米波和激光信号。

　　激光信号相干性的提高，已使 SAL/ISAL 的技术实现成为可能，其波长较短可对远距离目标高数据率高分辨率成像的特点，使其具有重要的应用价值。

5.4.1　系统方案

　　平流层飞艇运动速度较慢，难以在短时间内通过自身运动获得大的观测范围，因此可将激光雷达集成装载在光电球平台上，通过光电球二维转动，实现宽范围观测。光电球中的激光雷达口径可设计为 0.5m，便于集成和安装，布设示意图如图 5.20 所示。

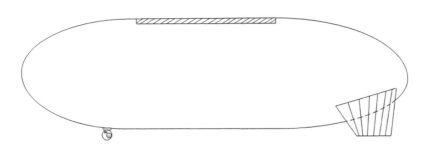

图 5.20　0.5m 衍射口径激光雷达系统在艇上的布设示意图

1. 工作模式

根据对地成像探测需求，艇载激光雷达系统采用较大的激光波束宽度，并通过波束扫描实现宽范围搜索，以利于目标探测和捕获。除前斜视聚束成像外，为扩大目标观测范围，SAL 波束需二维扫描并可工作在多普勒波束锐化(Doppler beam sharpening, DBS)[36]成像状态，同时应具备目标跟踪功能。其工作模式如图 5.21 所示，可分为：

(1)前斜视聚束成像模式；

(2)DBS 成像模式；

(3)目标探测和跟踪模式。

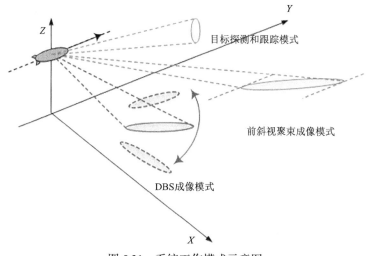

图 5.21　系统工作模式示意图

2. 系统主要指标

系统主要指标如下：

(1)成像分辨率 5~10cm；

(2)作用距离 30km；

(3)中心波长 1.55μm；

(4)发射功率 100W(由 10 个 10W 激光器功率合成)；

(5)接收口径 500mm(衍射极限角约为 4μrad)；

(6)波束宽度 1mrad×0.1mrad(30km 覆盖范围 30m×3m)；

(7)工作模式为跟踪成像、扫描成像；

(8)成像数据率优于 13Hz；

(9)具备二维转动平台和目标跟踪功能。

5.4.2　关键技术解决途径

1. 激光信号相干性保持

激光频率比微波频率高三个数量级以上，相对于微波信号，激光信号的相干性从原理上就较差。目前激光信号相干性的评价指标远不如微波信号完备，主要为线宽且其数值在千赫兹(kHz)量级，远大于微波信号的慢时频率分辨率，这严重制约了 SAL 对远距离目标的高分辨率成像能力。

上述样机的研制，设置了用于大功率发射信号的相位误差校正[37]的发射参考通道，同时设置本振参考通道用于本振信号数字延时处理实现激光相干性保持[38]。

2. 振动相位误差估计与补偿

激光波长短至微米量级，雷达或目标微米量级的振动都会在 SAL/ISAL 的回波信号中引入较大的振动相位误差，导致成像结果散焦。在激光波段，几乎任何目标表面都是粗糙的，难以存在孤立的强散射点，这使传统的自聚焦方法缺乏使用条件。

上述样机研制，采用顺轨干涉处理方法进行振动相位误差估计并实施补偿[22,39-41]，其基本思路是通过顺轨两通道信号的干涉相位反演振动相位误差的梯度，再对梯度积分获得振动相位误差估计结果，在此基础上实施相位补偿。

3. 宽视场收发高分辨率成像

基于全光纤光路和单元探测器，如何实现宽视场激光收发高分辨率成像，一直是讨论的热点。5.3.3 节根据 SAL 成像特点，提出了在光学系统引入高阶相位实现宽视场成像的方法，该方法可利用收发互易原理给予充分解释。俯仰波束扩束，可在条带成像方式下实现宽幅成像，方位波束扩束，有利于实现宽视场子孔径高数据率成像。

500mm 口径对应的衍射极限为 4μrad，本节接收视场采用 5.3.3 节所述方法，在光路中加入高阶相位透镜来引入二阶相位，将接受视场展宽至 0.1mrad。进一步在俯仰向设置 10 个带有高阶相位透镜的光纤准直器，可以在收发波束扩束条件下，实现 1mrad × 0.1mrad 宽视场收发高分辨率成像。

4. 大功率激光合成

目前光纤脉冲激光器的平均功率在 30W 量级。100W 的窄脉冲高重频大功率激光器可由 10 个 10W 窄脉冲激光器利用功率合成方式形成所需的 100W 输出功率。功率合成方式可分为时分功率合成和视场拼接等效功率合成两种。时分功率合成方案如图 5.22 和图 5.23 所示，既可用于提高重复频率，也可用于展宽脉冲宽度。

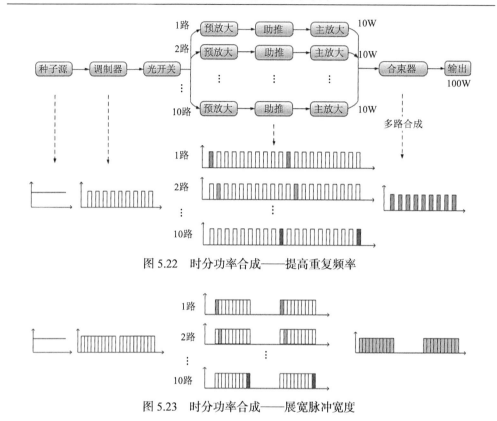

图 5.22　时分功率合成——提高重复频率

图 5.23　时分功率合成——展宽脉冲宽度

激光雷达的发射波束俯仰向宽度为 1mrad，可采用 10 个俯仰波束宽度为 0.1mrad 的子激光器结合视场拼接方法实现。为了进一步避免干扰，每个子激光器可使用码分正交或者频分正交信号。

5.4.3　系统指标分析

1. 分辨率

传统激光雷达的空间分辨率受限于衍射极限，其衍射极限对应的空间分辨率近似可表示为

$$\rho_{\text{diff}} = \frac{\lambda R}{D} \tag{5.13}$$

其中，λ 为激光波长；D 为光学望远镜孔径；R 为雷达与目标的斜距。若激光波长为 1.55μm，光学望远镜孔径为 500mm，衍射极限约为 4μrad，斜距为 30km时，其衍射极限分辨率约为 0.12m。

SAL 发射信号为宽带信号，其斜距向分辨率可表示为

$$\rho_r = \frac{kc}{2B} \tag{5.14}$$

其中，B 为发射信号带宽；c 为光速；k 为加窗展宽系数。若发射信号带宽为
200MHz，加窗展宽系数为 1~1.3，其斜距向分辨率约为 0.75m。若 SAL 发射信
号为窄脉冲，则脉冲宽度约为 5ns。

利用合成孔径成像技术，雷达的横向分辨率可表示为

$$\rho_a = \frac{k\lambda}{2\theta_\alpha} \tag{5.15}$$

其中，θ_α 为方位向波束宽度。当激光波长为 1.55μm 时，若方位向波束宽度为
0.1mrad，则可实现的横向分辨率约为 0.01m。可以看出，通过合成孔径成像处理
可突破衍射极限，获得远优于衍射极限的横向分辨率。

实际 SAL/ISAL 能实现的最高横向分辨率为

$$\rho_{am} = \frac{\Delta f \lambda R}{2V \cos\theta_s} \tag{5.16}$$

其中，Δf 为慢时频率分辨率，为激光静止目标回波信号和本振信号外差所得频谱
宽度；θ_s 为前斜视角，为激光雷达相对目标运动速度方向与波束指向夹角的余角。
假定雷达和目标的相对速度 V 为 20m/s，前斜视角为 48°，激光波长为 1.55μm，斜
距为 30km，若要求目标的横向分辨率为 0.01m，其慢时频率分辨率需优于 6Hz，对
应的合成孔径成像时间应不少于 167ms。该值是频率分辨率的理论极限值，实际工
作中可适当加长合成孔径成像时间，以达到慢时频率分辨率要求。

2. 前斜视角

SAL 可在大前斜视角条件下成像。前斜视成像时的最大前斜视角 θ_{smax} 可表
示为

$$\theta_{smax} = \arcsin\left(\frac{1-\Delta}{1+\Delta}\right) \tag{5.17}$$

其中，$\Delta = 0.5\lambda B / c$ 为相对带宽因子。显然，信号波长越小，越有利于大前斜视
角高分辨成像。若激光波长为 1.55μm，则雷达发射信号带宽为 200MHz，最大
前斜视角约为 89.9°，接近 90°，因此 SAL 具备准前视成像能力。

3. 合成孔径时间和数据传输率

根据横向分辨率公式，合成孔径时间可表示为

$$T_s \approx \frac{k\lambda R}{2\rho_a V \cos\theta_s} \tag{5.18}$$

当雷达成像的横向分辨率为 0.01m，激光波长为 1.55μm，斜距为 30km，加窗展宽系数为 1.3，雷达和目标的相对速度为 200m/s，当前斜视角为 48°时，所需的合成孔径成像时间为 226ms。本章定义合成孔径成像时间的倒数为数据传输率，其对应的数据传输率可优于 4Hz。

4. 多普勒带宽

由于波长很短，SAL 前斜视工作时其径向运动产生的多普勒中心频率高达兆赫兹(MHz)量级，但由于其对地观测几何关系确定且波束较窄，SAL 可工作在多普勒模糊状态下，最后通过数字信号处理解除模糊并实现成像。在此基础上，SAL 的-3dB 波束宽度对应的多普勒带宽可表示为

$$B_\alpha = \frac{2V}{\lambda} \cdot \theta_\alpha \cdot \cos\theta_s \cdot \cos\phi \tag{5.19}$$

其中，ϕ 为下视角(地距向和波束指向的夹角，若平台高度为 20km，斜距为 30km，则对应的下视角为 42°)。当方位波束宽度为 100μrad、斜视角为 48°时，其多普勒带宽约为 1.3kHz。

5. 作用距离

根据图 5.21 中的三种工作模式，计算其对应的作用距离和信噪比，系统参数如表 5.4 所示。

表 5.4　系统参数

参数	数值	参数	数值
激光波长/μm	1.55	目标散射系数	0.4
脉冲宽度/ns	5	后向散射立体角/rad	0.1
脉冲重复频率/kHz	100	接收望远镜孔径/mm	500
发射平均功率/W	100	光学系统损耗	0.8
发射峰值功率/kW	200	电子学系统损耗	0.5
俯仰向波束宽度/mrad	1	方位向波束宽度/mrad	0.1
光电转换效率	0.5	偏振损耗	0.5
平台速度/(m/s)	10	量子效率	0.5
大气损耗	0.25	电子学噪声系数/dB	3

1) 运动目标探测跟踪模式

假定雷达和目标的相对速度为 20m/s，前斜视角 48°，下视角 42°，作用距离 30km，对应的合成孔径时间为 226ms，积累脉冲数约 22600。接收波束由衍射极限下的 3.1μrad 展宽至 0.1mrad，然后用规模为 10 × 1 的阵列探测器覆盖 1mrad(俯仰向) × 0.1mrad(方位向)的视场。在表 5.4 参数情况下，斜距向分辨率为 0.75m，方位向分辨率为 0.01m，用文献[4]中的作用距离公式计算信噪比，分辨单元对应的单脉冲信噪比为-31.7dB，22600 个脉冲积累后，信噪比可提升至 11.9dB。

2) 前斜视对地成像

飞艇航高 20km，运动速度 10m/s，前斜视角 48°，下视角 80°，作用距离 30.3km，若成像分辨率为 0.75m(斜距向) × 0.01m(方位向)，则对应的单脉冲成像信噪比为-31.7dB。合成孔径时间 409.6ms，通过 40960 个脉冲相干累积，可获得的单视图像信噪比约为 14.5dB，做二视非相干累积可提升信噪比 1.5dB，最终成像信噪比为 16dB。

3) DBS 成像

DBS 模式下对应的最大波束扫描速度为

$$\omega = \frac{2\theta_\alpha \cdot \rho_\alpha \cdot V \cdot \cos\theta_s}{\lambda \cdot R} \tag{5.20}$$

当作用距离为 30km 时，单脉冲信噪比为-31.7dB，通过 22600 个脉冲积累，可获得 0.75m(斜距向) × 0.01m(方位向)的分辨率。横向分辨率对应的成像角分辨率约为 0.33μrad，激光 SAR 的横向波束宽度为 100μrad，波束锐化比约为 303。正侧视时，下视角 42°，对应的最大波束扫描速度为 12mrad/s，可以获得 1Hz 的数据传输率下 44.7m(地距向) × 360m(距离横向)的图像。

5.4.4 外视场基线多通道 ISAL 成像探测实验

1. 样机组成与参数

相干激光雷达样机采用全光纤光路，中心波长为 1.55μm，整体放置在一通用三轴稳定平台上，为便于观测目标，实验中同时配置了 1.55μm 波段红外相机。样机主要由光学望远镜组、激光收发单元、信号产生和采集数字单元组成。光学望远镜组包括 4 个接收光纤准直器和 1 个发射光纤准直器，同时配置二阶相位柱面扩束镜，用于实现宽视场接收。激光收发单元主要由窄脉冲激光器、四通道激光本振平衡探测器、发射和本振参考通道组成。系统设计方案同文献[21]，样机系统及框图如图 5.24 所示。

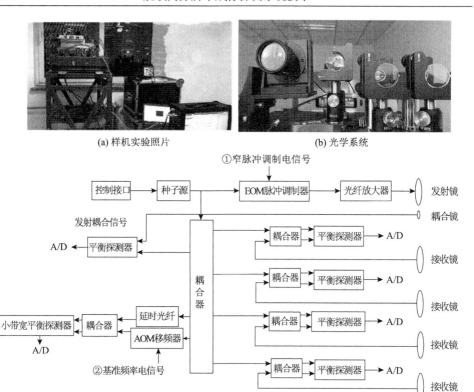

(a) 样机实验照片　　　　　　　　(b) 光学系统

(c) 样机系统框图

图 5.24　相干激光雷达样机系统及框图

AOM 为声光调制器(acoustic-optic modulator)，EOM 为电光调制器(electro-optic modulator)

信号产生和采集数字单元形式为移动服务器，主要用于系统定时同步脉冲、窄脉冲调制电信号和基准频率电信号的产生，以及四通道回波信号、发射和本振参考信号的采集，同时用作激光器控制上位机。样机系统的主要参数如表 5.5 所示。

表 5.5　样机系统主要参数

参数	数值	参数	数值
工作波长/μm	1.55	A/D 量化位数/bit	12
平均功率/W	10	A/D 采样速率/(GS/s)	4
峰值功率/kW	20	A/D 通道数	6
脉冲宽度/ns	5	准直发射波束宽度/mrad	1.2
脉冲重复频率/kHz	100	准直接收波束宽度/mrad	0.3
波长调节范围/nm	0.8	准直波束直径/mm	7
种子源线宽	1kHz 量级	扩束后俯仰/方位波束宽度/(°)	1

参数	数值	参数	数值
基准频率/MHz	100	回波接收通道数量	4/2
相干处理时间/ms	1.28~40.96	顺轨干涉基线长度/cm	2.5

续表

样机的脉冲宽度为 5ns，其距离分辨率优于 0.8m。为使系统简化，四通道回波信号和发射参考通道信号直接在基带混频，采用非正交单路采样，经希尔伯特变换后形成后续成像探测所需的复信号。

样机使用的平衡探测器内部集成有 50Ω 电阻，其输出信号即电压信号，后面可直接连接射频放大器。样机实际接收灵敏度测量分别在平衡探测器后无射频放大器和有射频放大器条件下进行，其成像探测实验在无射频放大器条件下进行。

2. 实验和信号处理

1）接收灵敏度测量

在平衡探测器后无射频放大器条件下，将激光信号源输出的连续波信号（输出功率 30mW，约为 15dBm），经过光纤衰减器后接入激光接收单元，与激光本振混频平衡探测后，差频信号经数字单元 A/D 采样，再经滤除直流以及杂波干扰数据处理后，可通过快速傅里叶变换分析系统的接收灵敏度，该方法可同时检查 4 个接收通道的噪声电平。

图 5.25 为输入信号衰减 55dB、信号差频约 279MHz，对应的 A/D 采样信号和信噪比情况。当采样时宽 2μs、快速傅里叶变换处理后信噪比约为 39dB 时，对应的接收灵敏度约为−79dBm。

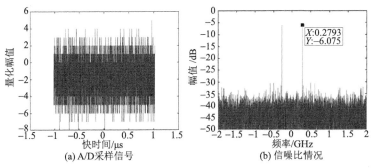

图 5.25　A/D 采样信号及其信噪比情况

激光散粒噪声功率对应的接收灵敏度理论值 P_s 可通过式（5.21）计算：

$$P_s = h\nu B_s \tag{5.21}$$

其中，$h=6.626 \times 10^{-34} \text{J·s}$ 为普朗克常量；ν 为激光频率；B_s 为信号带宽。当激光波长为 1.55μm、采样时宽为 2μs、对应的 $B_s=500\text{kHz}$ 时，可得灵敏度理论值为 −102dBm。

考虑到 0.5 的光电转换效率(损失 3dB)，A/D 输入端信号耦合损失 7dB、光缆电缆损失 3dB、电子学噪声系数 3dB 和非正交单路采样测试损失 3dB，等效损失共计 19dB，灵敏度实测值与理论值相差 4dBm。

样机研制过程中，同时在平衡探测器后有射频放大器条件下，对接收灵敏度进行了测量，实测值与理论值相差 2dB，在样机设计误差控制范围内。该测试表明，在 A/D 前端设置低噪声放大器，对保证系统回波通道接收灵敏度具有重要意义。

2)发射信号的相位误差校正

通过空间耦合，可利用发射参考通道采集记录激光发射信号时变相位，经后续校正处理以保持信号的相干性。图 5.26 给出了发射参考信号和距离 86m 处高反射率静止目标回波的慢时间相位情况。

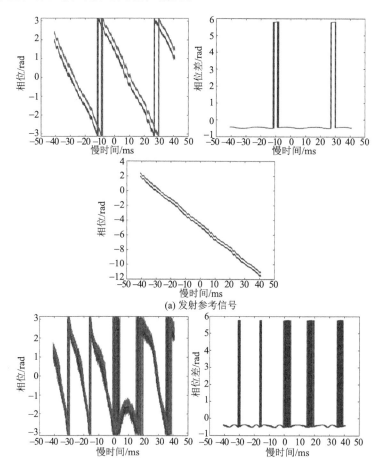

(a) 发射参考信号

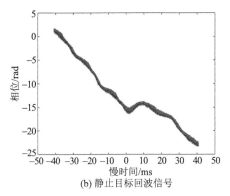

(b) 静止目标回波信号

图 5.26　发射和回波脉冲中间处相邻两个距离单元信号的慢时相位曲线、相位差曲线以及各自解缠后的相位曲线

由图 5.26 可以看出，发射信号的快时和慢时相位都存在非线性变化，这将影响信号的相干性和回波信号的成像性能。以发射参考信号构造匹配滤波器，将其与回波信号都变换至快时间频域，共轭相乘后再逆变换回快时域，由此进行发射信号的相位误差校正。一个距离单元回波信号校正处理前后的慢时频谱和校正后的慢时相位变化曲线如图 5.27 所示。

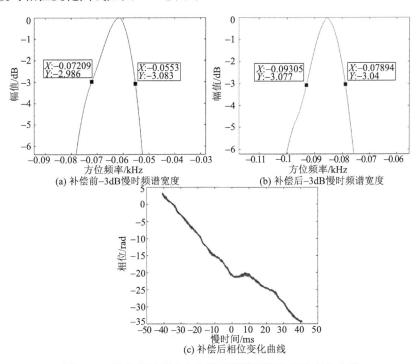

图 5.27　补偿前后回波信号慢时频谱宽度和相位变化曲线

由图 5.27 可以看出，校正处理后，时宽 81.92ms 回波信号的慢时谱宽从 17Hz 变为 14Hz，和图 5.26 相比，该距离单元信号大部分非线性相位被去除，信号的相干性得到改善。

3)回波信号干涉处理

通过干涉处理可考察通道间的相干性，为后续基于干涉处理的运动补偿奠定基础。图 5.28 给出了距离 86m 处高反射率静止目标两通道回波相干系数二维图、信号区域的相干系数直方图、干涉相位图。

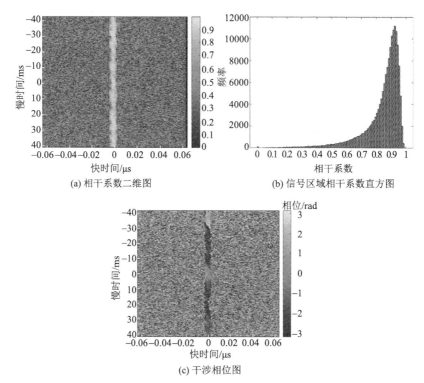

(a) 相干系数二维图　　　　(b) 信号区域相干系数直方图

(c) 干涉相位图

图 5.28　两通道回波相干系数图和干涉相位图

从上述结果中可以看出，两个通道的相干系数较高，集中在 0.9 附近，且干涉相位在短时间内也较为稳定，两个通道回波具有较好的相干性。

4)合作运动目标成像

(1)俯仰扩束条件下。

发射和接收俯仰波束扩束情况如图 5.29 所示。

带有方位向宽约 1.5cm 高反射率条(上下布设两行)的合作目标(小轿车)在收发俯仰扩束正侧视条件下，通过回波信号估计其距离为 83m，横向速度约为 8m/s，样机方位波束覆盖范围(实孔径分辨率)约为 5cm。

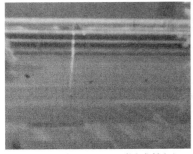
(a) 红外相机拍摄的1550nm激光发射光斑

(b) 通过接收望远镜发射的650nm可见红光光斑

图 5.29 发射和接收俯仰波束扩束情况

信号慢时间调频率 K、慢时间带宽 B 和横向分辨率 ρ_c 的表达式分别为 $K=\dfrac{2V^2}{\lambda R}$、$B=KT$ 和 $\rho_c=\dfrac{V}{B}$，其中 V 为目标横向速度，λ 为激光波长，T 为合成孔径时间，R 为目标斜距。

由上可知该目标信号慢时间调频率为 995kHz/s，当合成孔径时间为 5.12ms 时，其横向分辨率在 2mm 量级。以 5.12ms 为间隔分子孔径，采用顺轨干涉处理[24,41]可估计其运动相位误差并实施补偿。

时长 163.84ms（对应 16384 点）两通道目标回波信号、相位误差补偿前后用 RD 成像算法获得的距离-方位单视图像如图 5.30 所示。

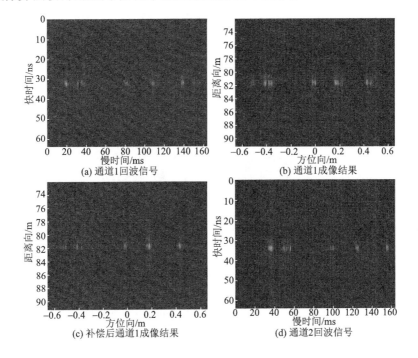

(a) 通道1回波信号

(b) 通道1成像结果

(c) 补偿后通道1成像结果

(d) 通道2回波信号

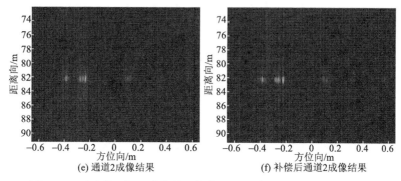

(e) 通道2成像结果　　　　　　　(f) 补偿后通道2成像结果

图 5.30　两通道目标回波信号和相位误差补偿前后的距离-方位图像

两个通道处理结果从左到右 6 个标注点对应间距为 10cm、5cm、36cm、20cm 和 26cm；和实际小轿车上的高反射率条间隔和分布范围相符，位置误差最大为 1.4cm。

用顺轨干涉处理估计的一段相位误差曲线、通道 1 相位误差补偿前后单视图像方位剖面如图 5.31 所示，从中可以看出，经过相位误差补偿后，可得到聚焦良好的成像结果。

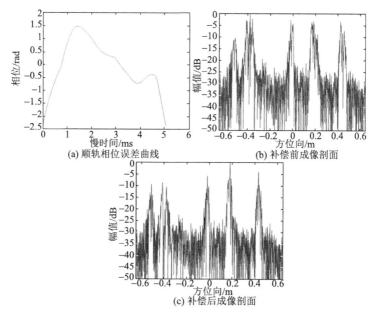

(a) 顺轨相位误差曲线　　　　　　(b) 补偿前成像剖面

(c) 补偿后成像剖面

图 5.31　顺轨干涉处理估计的相位误差曲线和相位误差补偿前后单视图像方位剖面

(2) 方位扩束条件下。

带有高反射率条(单行)的合作目标(小轿车)在收发方位扩束正侧视条件下，

通过回波信号估计其距离为 83m，横向速度为 3.7m/s。两通道中对一个距离单元信号采用慢时间去斜和时频分析结合的子孔径成像方法在距离-多普勒域（距离-方位频率域）获得的成像结果如图 5.32 所示。

图 5.32 相干处理时间为 81.92ms（对应 8192 点），基于短时傅里叶变换的时频分析窗长为 128 点（对应时宽 1.28ms），信号慢时间调频率约为 200kHz/s，方位向成像分辨率约为 1.4cm。从时频分析结果看，目标自身的振动幅度在 10μm 量级，振动频率在 30Hz 量级，车辆目标并不是理想刚体。

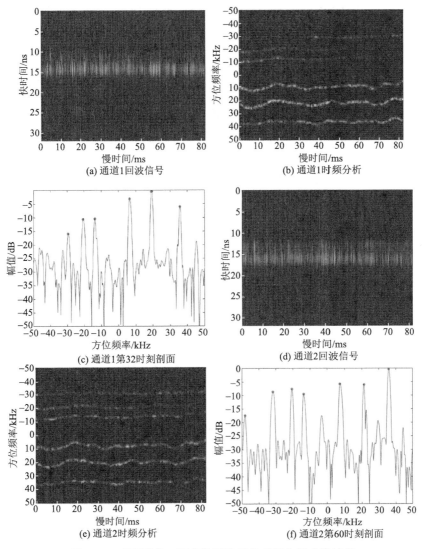

图 5.32 两通道某一距离单元信号的时频分析成像结果

通道 1 处理结果从左到右 6 个标注点对应间距为 10cm、5cm、36cm、20cm、26cm，通道 2 处理结果从左到右 7 个标注点对应间距为 46cm、10cm、5cm、36cm、20cm、26cm，分布范围约 1.5m，与实际小轿车上的高反射率条间隔和分布范围相符。

截取上述时长 20.48ms 两通道信号并进行粗补偿，采用顺轨干涉处理估计其运动相位误差并对通道 2 信号实施补偿，基于窗长为 128 点的时频分析获得的距离-多普勒域成像结果如图 5.33 所示。

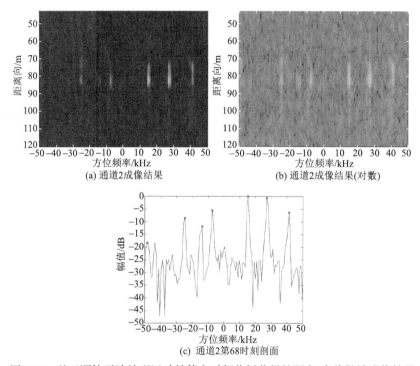

(a) 通道2成像结果　　　　　　　　(b) 通道2成像结果(对数)

(c) 通道2第68时刻剖面

图 5.33　基于顺轨干涉处理运动补偿和时频分析获得的距离-多普勒域成像结果

5) 非合作运动目标探测

在收发非扩束条件下，对非合作车辆目标进行了前斜视探测实验。通过回波信号估计其距离为 165m（与发射波束宽度对应的光斑尺寸为 20cm，与接收波束宽度对应的光斑尺寸为 5cm），运动速度约 8.5m/s（横向运动速度约 4m/s，径向运动速度约 7.43m/s），前斜视角约 62°。在 40.96ms 相干处理时间内目标存在约 8 个距离单元的距离向走动，信号慢时间调频率约 125kHz/s。

如图 5.34 所示，回波信号信噪比约为 6dB，从经距离徙动校正和聚焦处理后在距离-多普勒域的成像结果看，4096 个脉冲信号经相干成像处理使目标信噪比提升至约 40dB，其横向成像分辨率远优于 1cm。

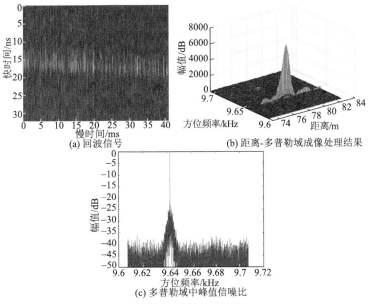

(a) 回波信号　　　　(b) 距离-多普勒域成像处理结果

(c) 多普勒域中峰值信噪比

图 5.34　回波信号和距离-多普勒域成像处理结果

通过多脉冲积累可提高信噪比，基于直接探测可实现非相干积累，基于相干探测可实现相干积累。当脉冲数为 N 时，相干积累和非相干积累分别能将信噪比提高 N 倍和 $\sqrt{N}$ 倍。目前的单光子探测器本质还是直接探测器，在此基础形成的光子计数探测方法，仍属于一种非相干积累方式，可用微波雷达的二进制检测[42]方法予以解释。

对上述回波信号先做取幅处理(等效包络检波直接探测)，再在慢时域进行快速傅里叶变换处理，即可等效实现直接探测下的多脉冲非相干积累，在距离-多普勒域处理结果如图 5.35 所示，非相干积累后的目标信噪比提升至约 24dB。显然，基于激光本振的相干探测和相干成像处理，可通过频域滤波提高探测灵敏度，其探测性能远优于单光子探测器。

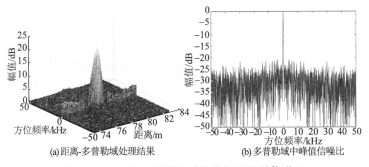

(a)距离-多普勒域处理结果　　　(b)多普勒域中峰值信噪比

图 5.35　在距离-多普勒域的非相干积累信噪比

6)距离向压缩感知一倍超分辨处理

(1)距离-方位图像处理。

俯仰扩束条件下的回波信号经过顺轨干涉运动补偿后的成像结果如图 5.30(c)和(f)所示，发射信号脉宽 5ns，原成像结果的距离向分辨率约为 80cm。通过构建冗余字典，对该成像结果进行距离向压缩感知一倍超分辨[43]，其超分辨结果如图 5.36 所示，超分辨处理使距离向分辨率优于 40cm。与此同时，其距离向的旁瓣和其他干扰也大幅减少。

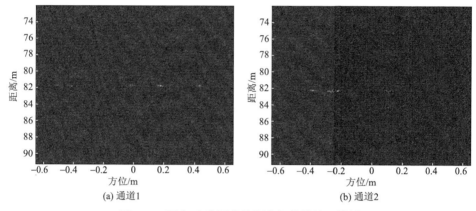

(a) 通道1　　　　(b) 通道2

图 5.36　距离-方位图像的距离超分辨处理结果

(2)距离-多普勒图像处理。

对图 5.33 的距离-多普勒图像做距离向压缩感知一倍超分辨处理，其结果如图 5.37 所示。显然，除最右侧标注点距离向有部分错位，图像距离分辨率有明显提高。

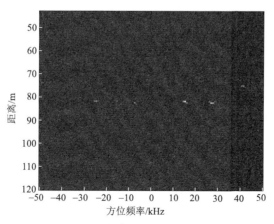

图 5.37　距离-多普勒图像距离超分辨结果

(3) 回波距离超分辨处理。

截取图 5.30 通道 1 图像对应的部分数据，经距离向压缩感知一倍超分辨[44,45]处理后，用距离-多普勒算法成像，获得的成像结果如图 5.38(b) 所示。从左到右有三个方位间距为 20cm 和 26cm 的标注点。显然，超分辨提高了距离分辨率。

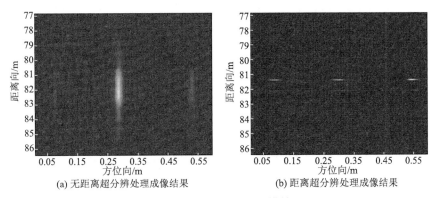

(a) 无距离超分辨处理成像结果　　　　　(b) 距离超分辨处理成像结果

图 5.38　回波的距离超分辨结果

以上介绍了多通道相干激光雷达样机研制和逆合成孔径成像探测实验情况，实验结果验证了相干激光的高分辨率成像能力以及顺轨干涉运动补偿成像方法的有效性。本节逆合成孔径相干激光成像方位分辨率在 1cm 量级，但距离分辨率较低，约为 80cm。采用压缩感知，在距离向做超分辨处理使其距离向分辨率优于 40cm。下一步将采用脉冲压缩技术，将系统的距离分辨率提高至厘米 (cm) 量级；此次实验基于外视场 2 个望远镜实现干涉，由于干涉基线较长，目标运动相位误差估计和补偿中的信号配准过程较为复杂，下一步将使用口径 10cm 衍射光学系统，并使用内视场短基线干涉对远距运动目标实现成像探测。

5.4.5　基于 BPSK 信号的双通道 ISAL 成像探测实验

1. 样机组成

中心波长为 1.55μm 的二进制相移键控 (binary phase shift keying，BPSK) 信号 ISAL 实验系统主要由激光器、信号形成和采集模块与光学系统构成，同时设置了短波红外相机观察目标，系统框图和实物照片如图 5.39 和图 5.40 所示。

光学系统由 2 个接收光纤准直器和 1 个发射光纤准直器构成，发射和接收准直器都采用柱面镜，并在俯仰向扩束。扩束后发射镜方位向波束宽度为 1.2mrad，俯仰向波束宽度大于 34mrad；扩束后接收镜方位向波束宽度为 0.3mrad，俯仰向波束宽度为 35mrad。2 个接收望远镜顺轨等效基线长度为 8.15mm。

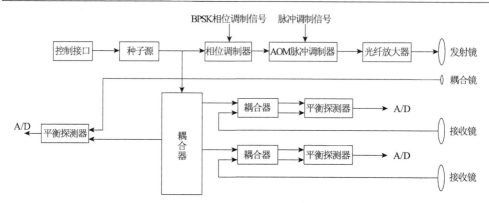

图 5.39　基于 BPSK 信号的双通道 ISAL 成像探测实验系统框图

图 5.40　基于 BPSK 信号的双通道 ISAL 成像探测实验系统实物照片

激光器的中心波长为 1.55μm，峰值功率为 10W，发射信号脉宽为 1μs，脉冲重复频率为 100kHz，激光输出采用线偏振形式。实验系统同时设置了 1 个发射参考通道，用于实现相位编码信号的脉冲压缩。2 个接收通道和 1 个发射参考通道的 A/D 采样率为 4GS/s。

2. BPSK 信号脉冲压缩

激光器以 BPSK 信号为发射信号，设置信号脉宽 1μs，子码宽度 0.5ns，码长 2000，带宽 2GHz，经希尔伯特变换构成复信号后，其等效带宽为 1GHz，对应分辨率为 15cm。

实验中使用的 BPSK 信号根据 m 序列进行调制。M 序列的周期为 2^n-1，其中 n 为级数，其使用方式可分为周期和非周期两种。实验中使用的非周期 m 序列截取了周期为 2047 的 m 序列前 2000 位。由文献[46]可知，当码长 N 较大时，

m 序列非周期自相关函数的主旁瓣比为 $\sqrt{N}$，即旁瓣为 $20\lg(1/\sqrt{N})$，因此 BPSK 信号脉冲压缩可有效抑制旁瓣。当码长为 2000 时，该信号主旁瓣比约为 33dB，仿真结果如图 5.41 所示。信号产生和采集模块通过数-模(digital to analog，D/A)变换产生的 BPSK 信号和脉冲调制信号如图 5.42 所示。

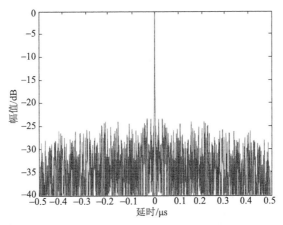

图 5.41　BPSK 信号脉冲压缩仿真结果

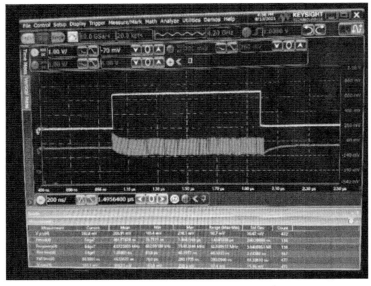

图 5.42　BPSK 信号和脉冲调制信号

距离激光器和接收望远镜 70m 处高反射率静止目标(贴了高反射率纸的树)的回波信号、对应的发射参考信号和脉冲压缩结果如图 5.43 所示，脉冲压缩的主旁瓣比约为 25dB。

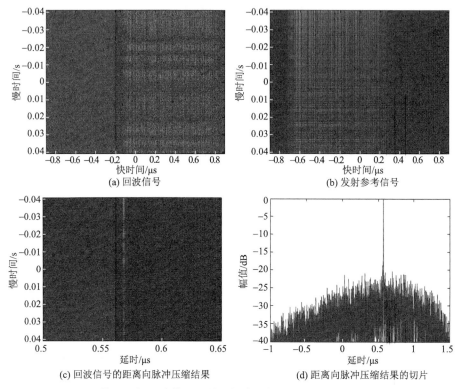

(a) 回波信号　　　　　　　　　　　(b) 发射参考信号

(c) 回波信号的距离向脉冲压缩结果　　(d) 距离向脉冲压缩结果的切片

图 5.43　静止目标回波信号及其发射参考信号和距离向脉冲压缩结果

BPSK 信号具有多普勒敏感的特点[47-49]，其多普勒容限由脉宽决定。多普勒容限为多普勒敏感导致主旁瓣比下降 3.96dB 时的多普勒频率，针对相位编码信号有以下公式：

$$f_{-3.96\text{dB}} = \frac{1}{2T} = \frac{1}{2N\tau} \tag{5.22}$$

其中，T 为信号脉宽；N 为码长；τ 为子码宽度。由公式计算可得，脉宽为 1μs 的 BPSK 信号多普勒容限为 500kHz。对于运动目标回波信号，当目标径向速度达到 0.3875m/s 时，为实现脉冲压缩，需要对发射参考或回波信号进行多普勒补偿。

将以下两种方法相结合，通过回波信号估计多普勒频率：

(1) 根据合作目标运动速度计算大致多普勒频率；

(2) 将 (1) 中估计的多普勒频率补入回波信号并进行小范围调整，确保去除该多普勒频率的回波信号多普勒中心在零频。

当实际运动目标(贴了高反射率纸的运动合作车辆)径向速度为 3.24m/s，对应多普勒频率为 4.18MHz 时，发射参考需要引入多普勒补偿相位。如图 5.44 所

示，多普勒补偿前的脉冲压缩没有明显效果，补偿后脉冲压缩的主旁瓣比可达到
15dB。

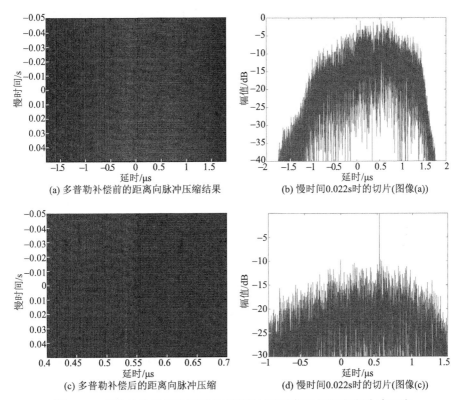

(a) 多普勒补偿前的距离向脉冲压缩结果　　(b) 慢时间0.022s时的切片(图像(a))

(c) 多普勒补偿后的距离向脉冲压缩　　　(d) 慢时间0.022s时的切片(图像(c))

图 5.44　多普勒补偿前后发射参考信号与回波信号的距离向脉冲压缩

BPSK 信号的多普勒补偿和脉冲压缩可实现 ISAL 成像中回波信号的距离
向脉冲聚焦和运动目标的径向速度补偿，为回波信号的运动相位误差补偿奠
定基础。

3. 大斜视角情况下的 ISAL 成像处理流程

在大斜视角、方位向大场景微波波段 SAR 成像的情况下，为保证幅宽，需
设置有限的 PRF，一般采用慢时间升采样和 ωkA 算法成像。这里假定合成孔径
长度与方位向波束宽度对应，其数值为 0.3m，对应的方位向分辨率为 1.45mm。
ISAL 运动目标成像中，存在多普勒频率高和一个合成孔径覆盖的方位向场景小
的问题，用一个合成孔径数据形成的图像应用价值有限。为避免激光回波信号在
慢时间升采样，减少计算量，这里将多普勒频率粗补偿后回波信号划分为多个子
孔径，对每个子孔径实施进一步的多普勒频率和运动相位误差补偿，并采用 RD

算法分别实现子孔径成像。当回波长度远大于合成孔径时，拼接后的复图像存在几何失真问题，通过对其进行 Stolt 变换可实现几何校正。

在有大斜视角的情况下，对激光回波信号的空间域成像处理流程如图 5.45 所示。

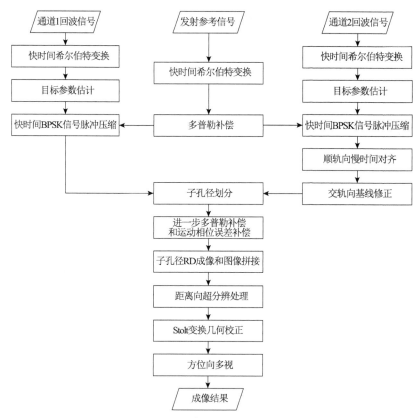

图 5.45　激光回波信号空间域成像处理流程

1) 激光回波信号的预处理

实验系统获取的双通道回波信号和发射参考信号通过快时间希尔伯特变换分别构成复信号。根据前文所述 BPSK 信号的性能，经多普勒补偿处理的发射参考信号分别与通道 1 和通道 2 回波信号进行距离向脉冲压缩，通过回波信号的多普勒中心频率和脉冲压缩效果估计目标的径向速度，通过回波信号的时频分析估计目标的横向速度。根据顺轨向等效基线长度和目标方位向运动速度，实现双通道回波信号在慢时间方向的对齐，并根据两个接收望远镜的实际排布，对通道 2 回波信号进行交轨向基线校正[22]。

交轨向基线校正通过对通道 2 回波信号的相位补偿，使其等效位于顺轨向投影位置接收镜的回波信号。交轨向基线相位补偿表达式为

$$\varphi_{\mathrm{P}}\left(t_{\mathrm{m}}\right)=-\frac{4\pi}{\lambda}\left[r_{1}\left(t_{\mathrm{m}}+\Delta t_{\mathrm{m}}\right)-r_{2}\left(t_{\mathrm{m}}\right)-\left(R_{1}-R_{2}\right)\right] \tag{5.23}$$

$$\Delta t_{\mathrm{m}}=-\frac{B_{\mathrm{Y}}}{V_{\mathrm{t}}} \tag{5.24}$$

其中，B_{Y} 为顺轨向等效基线长度；V_{t} 为目标顺轨向运动速度；t_{m} 为慢时间；r_{1} 和 r_{2} 分别为运动目标与接收镜 1 和接收镜 2 的距离；R_{1} 和 R_{2} 为两个接收镜与场景中心之间的距离。

2）运动相位误差补偿

由于激光回波信号易受到振动的影响，将经过多普勒频率粗补偿的长时间回波信号划分为多个子孔径，并分别进一步补偿各子孔径的多普勒频率和运动相位误差，可有效去除大运动带宽对成像的影响。

采用粗补偿和顺轨干涉运动相位误差估计方法[24,39,41,50]，去除运动对回波信号的影响。由回波信号的时频分析可估计运动引起的瞬时多普勒频率，实现运动相位误差的粗补偿。顺轨干涉通过顺轨方向获取的双路回波信号估计目标径向速度，计算瞬时多普勒频率，实现运动相位误差的精补偿，其计算公式如下：

$$V_{\mathrm{r}}=-\frac{\lambda V_{\mathrm{t}}\Delta\varphi}{2\pi B_{\mathrm{Y}}} \tag{5.25}$$

$$\Delta f_{\mathrm{d}}=-\frac{2\Delta V_{\mathrm{r}}}{\lambda} \tag{5.26}$$

其中，V_{r} 为目标径向速度；$\Delta\varphi$ 为慢时间方向对齐后双通道回波信号的干涉相位；ΔV_{r} 和 Δf_{d} 为运动引起的瞬时目标径向速度和多普勒频率变化量。

3）子孔径成像与几何校正

回波信号划分子孔径后，采用 RD 算法成像，并将多个子孔径的 RD 成像结果拼接，由于子孔径较短，成像过程中不对回波信号做距离徙动校正处理；通过 Stolt 变换实现拼接后图像的几何校正。为提高图像效果，可在成像过程加入距离向超分辨和方位向多视处理。

4. 仿真和实际数据处理

1）仿真和实验参数

实验照片和实验场景模型如图 5.46 和图 5.47 所示，以贴有多张 4.5cm×2cm 高反射率纸、尺寸为 4.6m×1.7m×1.5m 的小轿车为运动合作目标，该合作目标沿 Y 轴负方向运动，并穿过俯仰扩束后的激光光斑。

(a) 合作目标实验照片　　　　　　　　(b) 红外相机拍摄的光斑照片

图 5.46　合作目标和激光光斑照片

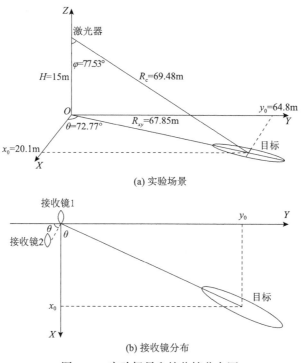

(a) 实验场景

(b) 接收镜分布

图 5.47　实验场景和接收镜分布图

　　经俯仰扩束，激光器在俯仰向和方位向的波束宽度分别为 34.9mrad 和 1.5mrad，由于激光器在大斜视角的情况下照射合作目标，投影后的方位向波束覆盖范围为 0.3m。

　　当运动相位的主要分量呈正弦形式时，其瞬时多普勒频率变化公式为

$$\varphi\left(t_{\mathrm{m}}\right)=-\frac{4\pi}{\lambda}\Delta R\left(t_{\mathrm{m}}\right)=-\frac{4\pi}{\lambda}A\sin\left(2\pi f_{\mathrm{m}}t_{\mathrm{m}}+\varphi_{\mathrm{m}}\right) \tag{5.27}$$

$$\Delta f_{\mathrm{d}}\left(t_{\mathrm{m}}\right)=\frac{1}{2\pi}\frac{\mathrm{d}\varphi\left(t_{\mathrm{m}}\right)}{\mathrm{d}t_{\mathrm{m}}}=-\frac{4\pi}{\lambda}f_{\mathrm{m}}A\cos\left(2\pi f_{\mathrm{m}}t_{\mathrm{m}}+\varphi_{\mathrm{m}}\right) \tag{5.28}$$

其中，λ 为激光波长；$\Delta R(t_{\mathrm{m}})$ 为运动导致的目标径向距离变化；$\varphi(t_{\mathrm{m}})$ 为运动相位；A、f_{m} 和 φ_{m} 分别为正弦形式运动的幅度、频率和初始相位。结合发射参考信号可得静止车辆回波信号的距离向脉冲压缩结果，其时频分析结果如图 5.48 所示。由该时频分析结果可知，运动覆盖的多普勒频率范围为 6kHz，合作目标的运动频率为 37Hz，运动幅度为 20μm。

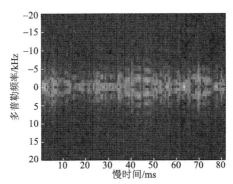

图 5.48　静止车辆回波信号距离向脉冲压缩后的时频分析结果

2）仿真分析

基于上述大斜视角情况下的激光回波信号空间域成像处理流程和实验参数进行激光回波信号的成像仿真，其参数如表 5.6 所示。

表 5.6　激光回波信号成像仿真参数

参数	数值	参数	数值
激光波长/μm	1.55	顺轨等效基线长度/mm	8.15
斜视角/(°)	72.77	斜距/m	69.48
位向波束宽度/mrad	1.5	投影后的方位向光斑尺寸/m	0.3
目标径向速度/(m/s)	4.95	多普勒频率/MHz	6.39
目标横向运动速度/(m/s)	5.3	合成孔径时间/s	0.057
脉冲重复频率/kHz	100	快时间采样率/GHz	4
运动频率/Hz	37	运动幅度/μm	20

由于激光具有频率高、波长短的特点，其回波信号易受到运动相位的影响。仿真中引入了正弦形式的目标径向距离误差，由此模拟运动相位对激光回波信号

的影响。

如图 5.49 所示，仿真场景中的点目标位置根据合作目标上高反射率纸的实际分布设置。点目标在 X、Y 和 Z 方向上的覆盖范围分别为 1.7m、1.6m 和 0.4m，X 方向相邻点目标间距为 0.34m 和 0.425m，Y 方向相邻点目标间距为 0.4m 和 0.27m，Z 方面目标点的坐标分别为 1.1m、1.3m 和 1.5m。

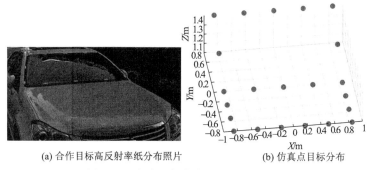

(a) 合作目标高反射率纸分布照片　　(b) 仿真点目标分布

图 5.49　实验和仿真中的点目标分布图

有噪声影响时的回波信号仿真结果如图 5.50 所示。图 5.50 (e)～(h) 为无距离向超分辨和方位向多视时双通道成像结果的干涉相位和相干系数图，运动补偿后成像结果干涉相位的稳定和相干系数的提高表明粗补偿和顺轨干涉方法可有效实现运动相位误差的补偿。

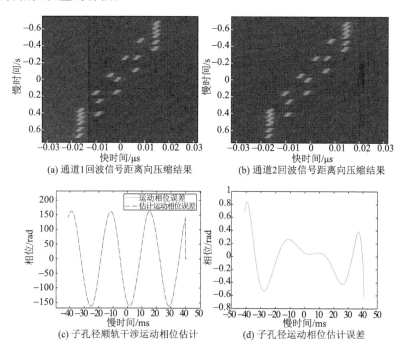

(a) 通道1回波信号距离向压缩结果　　　(b) 通道2回波信号距离向压缩结果

(c) 子孔径顺轨干涉运动相位估计　　　(d) 子孔径运动相位估计误差

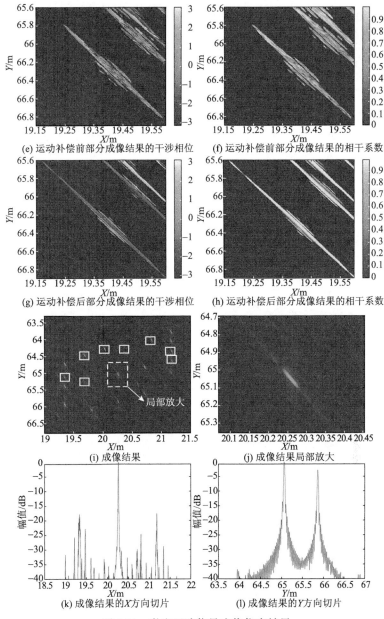

图 5.50 激光回波信号成像仿真结果

图 5.50(i) 中的实线框标注了图 5.49(b) 所示实验数据成像中点目标在仿真成像结果中的对应位置，虚线框为图 5.50(j) 的对应局部图像。根据表 5.6 所示仿真参数，合成孔径时间为 0.057s，对应回波信号的方位向带宽为 3.66kHz，因此成像结果的理想 Y 方向 (方位向) 分辨率为 1.45mm。经距离向超分辨和方位向多视

处理后，仿真中成像结果的 X 方向和 Y 方向分辨率分别为 1.06cm 和 2.66cm。

3）实验数据处理

在实验中，合作车辆以 5.3m/s 横向速度沿 Y 方向穿过激光光斑，回波信号慢时间调频率为 64.175kHz/s。当设置子孔径长度为 81.92ms 时，成像结果的理想 Y 方向（方位向）分辨率为 2mm。

实际双通道回波信号处理结果如图 5.51 所示。由图 5.51（a）～（d）可见，回波信号时长为 1.2s，其运动带宽达到约 30kHz。为便于显示，图 5.51（c）为经距离徙动校正处理的通道 2 回波信号多个距离单元时频分析的相干叠加，由此可见回波信号中存在复杂的运动相位误差，通过时频分析估计多普勒频率变化曲线可实现运动相位误差的粗补偿。图 5.51（d）和（e）表明双通道回波信号中的运动相位误差具有较好的相干性，通过顺轨干涉方法进行运动相位误差估计具有合理性。

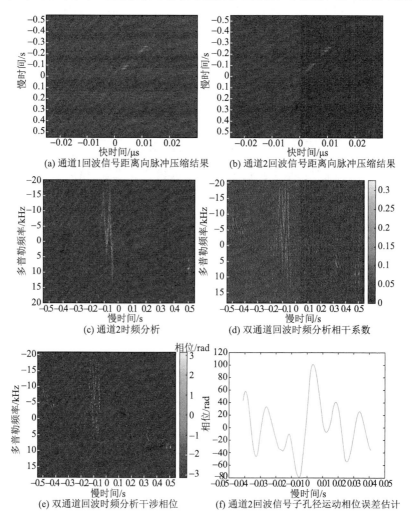

(a) 通道 1 回波信号距离向脉冲压缩结果   (b) 通道 2 回波信号距离向脉冲压缩结果

(c) 通道 2 时频分析   (d) 双通道回波时频分析相干系数

(e) 双通道回波时频分析干涉相位   (f) 通道 2 回波信号子孔径运动相位误差估计

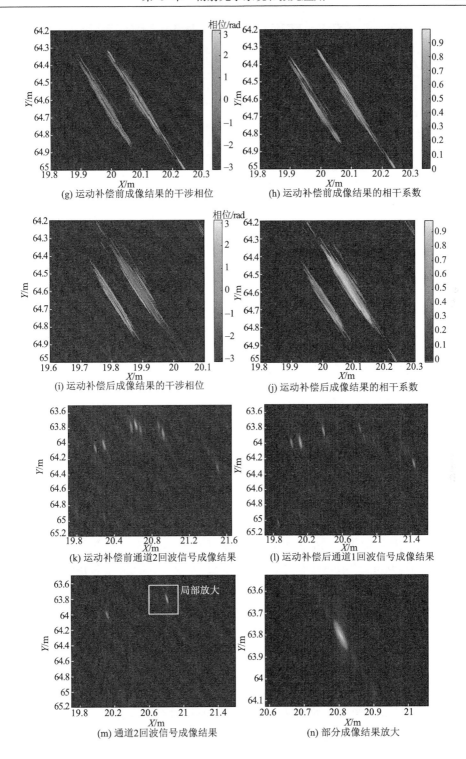

(g) 运动补偿前成像结果的干涉相位

(h) 运动补偿前成像结果的相干系数

(i) 运动补偿后成像结果的干涉相位

(j) 运动补偿后成像结果的相干系数

(k) 运动补偿前通道2回波信号成像结果

(l) 运动补偿后通道1回波信号成像结果

(m) 通道2回波信号成像结果

(n) 部分成像结果放大

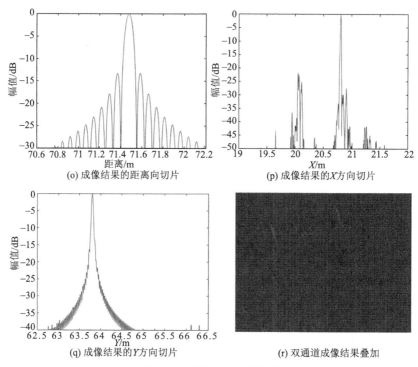

(o) 成像结果的距离向切片

(p) 成像结果的X方向切片

(q) 成像结果的Y方向切片

(r) 双通道成像结果叠加

图 5.51   实验数据处理结果

图 5.51 (g) ～ (j) 为没有距离向超分辨和方位向多视时，运动相位误差补偿前后双通道回波信号成像结果的干涉相位和相干系数，运动相位误差补偿后的成像结果点目标干涉相位稳定、相干系数较大，因此基于粗补偿和顺轨干涉的运动相位误差补偿方法可有效解决存在运动误差时 ISAL 目标的高分辨率成像问题。

经距离向超分辨、几何校正和方位向多视处理后，点目标在 X 方向和 Y 方向的覆盖范围分别为 1.6m 和 1.8m，成像结果的距离向、X 方向和 Y 方向分辨率分别为 6.77cm、1.22cm 和 3.74cm。双通道成像结果经叠加和处理后的图像如图 5.51 (r) 所示，其表明实验数据成像结果中包括 8 个点目标，考虑实验误差、仿真中点目标的分布误差、非平面的合作目标导致高反射率纸反射方向不同和空变等因素的影响，该实验数据成像结果中点目标分布与图 5.50 (i) 所示仿真成像结果中部分点目标的分布基本一致。

以上介绍了基于宽脉冲 BPSK 信号的双通道 ISAL 成像实验系统，阐述了存在大斜视角情况下的激光回波信号空间域小计算量成像方法，并用仿真和实验数据处理验证了该成像方法的有效性。本节基于 BPSK 信号的低旁瓣特性，通过发射参考信号的距离向压缩，实现静止目标回波信号距离向主旁瓣比达到 25dB，运动目标回波信号距离向主旁瓣比达到 15dB；基于 BPSK 信号的脉冲压缩和距离向超分辨，使得实验数据成像结果的距离向分辨率达到 6cm 量级，说明了 BPSK 信号在 SAL/ISAL 成像中的应用价值。

本节通过粗补偿和顺轨干涉相结合的方式实现运动相位误差补偿，双通道回波信号时频分析及其干涉表明该方式的合理性，运动补偿前后双通道成像结果的干涉相位和相干系数表明了该方法的有效性。BPSK 信号远区旁瓣较高，在宽脉冲的情况下对图像质量有一定影响，后续可引入旁瓣抑制方法改善图像质量。

5.4.6 内视场基线多通道 ISAL 成像探测实验

1. 样机组成与参数

本节所用的相干激光雷达样机系统原理框图如图 5.52 所示。

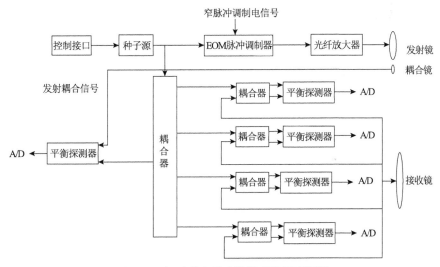

图 5.52 相干激光雷达样机系统原理框图

窄脉冲激光信号经发射望远镜发出前，先经过一个分光镜分出部分信号作为发射参考信号，以记录激光发射信号中的时变相位，后续成像处理前通过快时间匹配滤波校正激光发射信号中的相位误差。四通道回波信号和发射参考信号经过单路采样后获得实信号，再通过快时间希尔伯特变换构造复信号。

样机采用收发分置，利用平行光管调整发射光束指向使得收发光斑在远场目标处对准。从样机背面看去，收发望远镜的位置关系如图 5.53(a) 所示。发射望远镜采用二阶相位柱面镜实现发射光斑俯仰扩束，俯仰向和方位向波束宽度分别为 3mrad 和 0.1mrad；为形成四个接收通道，在接收望远镜内视场设置四个光电

探测器 $T_1 \sim T_4$，其位置关系如图 5.53(a) 所示。四个探测器两两对称放置，发射望远镜位于 T 处，等效相位中心 $E_1 \sim E_4$ 位于探测器与发射望远镜连线的中心位置，为便于分析，后文使用"通道"代替"相位中心"进行描述。

目标处收发光斑在图 5.53(b) 中用与对应通道相同的颜色标注，通过将探测器所在平面偏离接收望远镜焦面来实现宽视场接收，并获得干涉处理所需的接收"光斑"的重叠部分。扩束后单个接收光斑两维的波束宽度均为 3mrad，四个接收"光斑"在上下、左右各重叠 0.5mrad。该样机其余系统参数同 5.4.4 节。

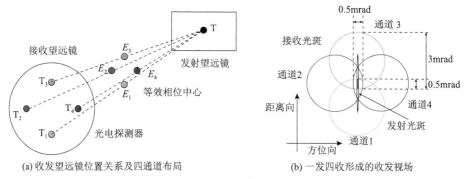

(a) 收发望远镜位置关系及四通道布局　　　　(b) 一发四收形成的收发视场

图 5.53　一发四收望远镜位置关系及形成的收发视场示意图

2. 信号处理方法

1) 四通道正交干涉模型

图 5.54 为 ISAL 四通道正交干涉(orthogonal interferometry by 4 channels, OI4C)模型，其中全局坐标系为大地坐标系 $OXYZ$，车辆目标以速度 V 沿 Y 轴反方向运动，其穿过激光波束时在 OXY 平面中对应的位置为 X_c 和 Y_c，θ 和 ϕ 分别为雷达斜视角和下视角，发射和接收通道位于高度 H 处，其所在的局部坐标系定

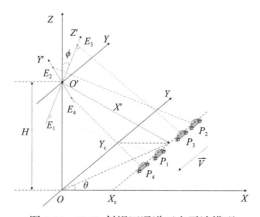

图 5.54　ISAL 斜视四通道正交干涉模型

义为 $X'Y'Z'$，X' 轴为雷达视线方向，Y' 轴平行于 OXY 平面且垂直于 X' 轴，其与 Y 轴的夹角为斜视角 θ，Z' 轴垂直于 X' 和 Y' 轴(满足右手螺旋定则)。目标于位置 P_1、P_2、P_3 和 P_4(当目标位于重叠视场时合并为一个位置 p)被通道 E_1、E_2、E_3、E_4 接收到回波信号，表示如下(人为将目标位置角标和通道角标对准是为了后文公式推导方便)：

$$s_a\left(\hat{t},t_{ka}\right)=\sigma\cdot p\left(\hat{t}-2\cdot E_aP_a/C\right)\cdot\exp\left(-\mathrm{j}\cdot\frac{4\pi\cdot E_aP_a}{\lambda}\right)\cdot\exp\left\{\mathrm{j}\cdot\varphi_\nu\left(t_{ka}\right)\right\},\quad a\in[1,4]\quad(5.29)$$

其中，σ 为目标散射系数；$\hat{t}$ 表示快时间；t_k 表示慢时间；a 表示通道序号；$p(\hat{t})$ 为经过发射参考校正后的窄脉冲信号；$\varphi_\nu(t_k)$ 为目标振动引入的相位误差。配准后分别对 $s_2(\hat{t},t_{k1})$ 和 $s_4(\hat{t},t_{k1})$、$s_1(\hat{t},t_{k1})$ 和 $s_3(\hat{t},t_{k1})$ 进行干涉处理，干涉相位可分别表示为

$$\begin{cases}\Delta\varphi_{24}\left(t_k\right)=-\dfrac{4\pi}{\lambda}\cdot\left(E_2P_2-E_4P_4\right)+\varphi_\nu\left(t_{k2}\right)-\varphi_\nu\left(t_{k4}\right)\\[3mm]\Delta\varphi_{13}\left(t_k\right)=-\dfrac{4\pi}{\lambda}\cdot\left(E_1P_1-E_3P_3\right)+\varphi_\nu\left(t_{k1}\right)-\varphi_\nu\left(t_{k3}\right)\end{cases}\quad(5.30)$$

其中，$\varphi_\nu(t_{k2})-\varphi_\nu(t_{k4})$ 和 $\varphi_\nu(t_{k1})-\varphi_\nu(t_{k3})$ 分别为各自干涉相位中的顺轨分量；$-\dfrac{4\pi}{\lambda}\cdot(E_2P_2-E_4P_4)$ 和 $-\dfrac{4\pi}{\lambda}\cdot(E_1P_1-E_3P_3)$ 为交轨分量，需要根据目标速度矢量与基线的几何关系对交轨分量进行对消，进而提取顺轨分量用于计算振动相位误差的梯度，再对梯度积分获得振动相位误差估计结果：

$$\varphi_\nu\left(t_k\right)'=\int_0^{t_k}\nabla\varphi_\nu\left(t_k\right)\mathrm{d}t_k=\varphi_\nu\left(t_k\right)-\varphi(0)\quad(5.31)$$

其中，$\nabla\varphi_\nu(t_k)$ 为慢时刻 t_k 时的振动相位误差梯度，基于文献[22]和文献[41]，振动相位误差梯度计算公式可表示如下：

$$\begin{aligned}\nabla\varphi_\nu\left(t_k\right)=&\|V\|\cdot\frac{\Delta\varphi_{24}\left(t_k\right)\cdot\left(L_{13}\cos\theta\sin\theta\right)+\Delta\varphi_{13}\left(t_k\right)\cdot\left(L_{24}\sin\phi\right)}{-2L_{24}\cdot L_{13}\sin\left(\theta\right)}\\[2mm]&+\|V\|\cdot\frac{4\pi}{-2\lambda}\left(\sin\theta\cdot\cos\phi\right)+\|V\|\cdot\frac{\sin\phi}{-2\sin\theta}\cdot\frac{4\pi}{\lambda}\\[2mm]&\cdot\left(-\sqrt{\frac{\sin^2\theta}{\tan^2\phi}+\cos^2\theta}\cdot\cos\left[\begin{array}{l}\arccos\left(-\dfrac{\cos\theta\cdot\sin\phi}{\sqrt{\sin^2\theta/\tan^2\phi+\cos^2\theta}}\right)\\[2mm]+\arccos\left(\cos\phi\cdot\cos\theta\right)\end{array}\right]\right)\end{aligned}\quad(5.32)$$

2) 时频域干涉降噪

OI4C 的估计精度受目标回波信号信噪比影响较大，而实际数据中，噪声不可避免，为了有效抑制噪声，基于回波信号慢时间维的时频分析，本节提出在回波的时频域进行通道间干涉，利用傅里叶变换实现多脉冲的相干积累，M 个脉冲相干积累，可使得信噪比提升 M 倍，从而保持通道间相干性，提高振动相位误差的估计精度。

设回波信号 s_a（$a \in [1,4]$）某一距离单元的时频分析为 s_{a_stft}（时频分析的重叠点数为窗长减 1），n、m 分别为时频分析 s_{a_stft} 的多普勒频率单元数和慢时间单元数。为有效提取干涉相位，分别对通道 2、4，通道 1、3 的时频分析求相干系数矩阵 $\gamma_{24}(n,m)$ 和 $\gamma_{13}(n,m)$，并通过设定合适的阈值 th_{24} 和 th_{13} 构造矩阵 $W_{24}(n,m)$ 和 $W_{13}(n,m)$ 以对干涉相位进行选通：

$$\begin{cases} W_{24}\left(n,m\right) = \left[\gamma_{24}\left(n,m\right) \underset{1}{\overset{0}{\lesseqgtr}} \text{th}_{24} \right] \\ W_{13}\left(n,m\right) = \left[\gamma_{13}\left(n,m\right) \underset{1}{\overset{0}{\lesseqgtr}} \text{th}_{13} \right] \end{cases} \tag{5.33}$$

将通道 2、4，通道 1、3 的时频分析结果共轭相乘后，分别乘以矩阵 $W_{24}(n,m)$ 和 $W_{13}(n,m)$，再对多普勒带宽范围进行累加后获取干涉相位：

$$\begin{cases} \Delta\varphi_{24}\left(t_k\right) = \text{angle}\left[\sum_{n=N_{\min}}^{N_{\max}} s_{2\_\text{stft}}\left(n,m\right) \cdot s_{4\_\text{stft}}^*\left(n,m\right) \cdot W_{24}\left(n,m\right) \right] \\ \Delta\varphi_{13}\left(t_k\right) = \text{angle}\left[\sum_{n=N_{\min}}^{N_{\max}} s_{1\_\text{stft}}\left(n,m\right) \cdot s_{4\_\text{stft}}^*\left(n,m\right) \cdot W_{13}\left(n,m\right) \right] \end{cases} \tag{5.34}$$

其中，$N_{\min}$、$N_{\max}$ 分别为选通后干涉相位在时频分析中瞬时多普勒带宽范围的最小值和最大值，当选取的阈值较大时，选通后的干涉相位对应着信号在时频图中能量较高的带宽范围，通过对该范围内的干涉相位进行累积可进一步减小噪声的影响。

基于四通道正交干涉处理的 ISAL 振动相位误差补偿及成像流程如图 5.55 所示。其中，预处理步骤包含快时间希尔伯特变换、发射信号相位误差校正、带通滤波去噪和配准四个步骤。目标参数估计包括慢时间调频率估计和距离横向速度估计，"粗补偿"是指由于斜视角以及目标在高程向的位置分布和速度分量导致的时变多普勒中心补偿。在时频域对通道 2、4，通道 1、3 分别进行干涉处理后，对消干涉相位中的交轨分量，得到顺轨相位误差，估计出振动相位误差后对回波信号进行补偿，最后将 RD 算法作为斜视 ISAL 成像算法[51]获得最终无振动影响的成像结果。

关于 OI4C 方法有几点需要说明：OI4C 方法需要先估计目标的速度信息，本节利用文献[52]，分别通过多普勒中心和慢时间调频率估计目标的径向速度和横向速度。此外，对回波信号做时频分析时需选择一定的窗长，虽然在低信噪比时加大窗长可提升信噪比，但窗长也不宜选取过大，选取原则是：窗长时间内的振动相位误差几乎为线性变化，此时在时频域提取的干涉相位中，由窗长内其余脉冲引入的误差较小，进而可降低振动相位的估计误差。不同单脉冲信噪比下窗

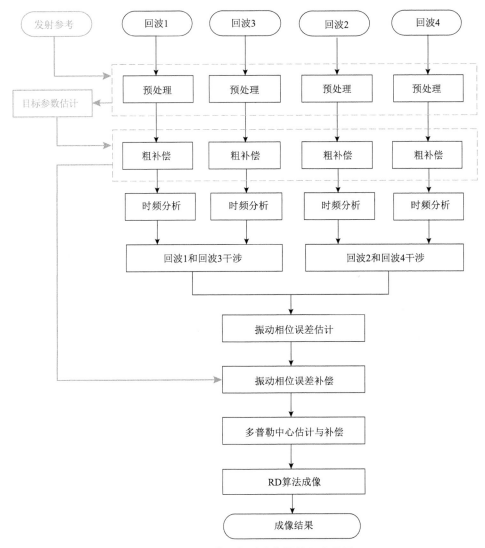

图 5.55 四通道正交干涉信号处理流程图

长对振动相位误差估计精度的影响在仿真中给出。最后，OI4C 方法需要保证干涉相位不缠绕，由文献[41]的推导，在本节基线已确定的情况下，目标的振动应满足如下不等式：

$$A_{\mathrm{v}} \cdot F_{\mathrm{v}} < \min\left[\|V\| \cdot \cos\theta / (2L_{24}), \|V\| \cdot \sin\phi / (2L_{13} \cdot \sin\theta)\right] \tag{5.35}$$

其中，A_{v}、F_{v} 分别为振动相位误差的幅度和频率；L_{24} 和 L_{13} 分别为通道 2、4 和通道 1、3 之间的基线长度。

3. 实际数据处理

1)地面合作车辆数据

利用本节激光雷达样机，对距离 1214m 处的合作车辆目标做 ISAL 成像实验，录取回波数据，车辆光学照片如图 5.56 所示，成像几何模型如图 5.54 所示。合作车辆在横向上共贴有四处高反射率条，从车头到车尾的布设间隔依次为 70.5cm、5cm、124.5cm。通过信号慢时间调频率估计出目标的横向速度约为 10.6m/s，与利用靶标布设间隔和回波时间间隔估计结果相当。

图 5.56 合作车辆照片

图 5.57 给出了回波时域信号、时频分析及两通道(以通道 2、4 为例)在时域/时频域的相干系数图和靶标 1(最右侧靶标)回波对应的干涉相位曲线。此处的时域回波已做过慢时间维的带通滤波去噪，否则无法在时域识别出信号区域(后文中的时域回波均是先经过了带通滤波)。此后，相干系数图分别选取了时域/时频域中回波信号大于 10dB/13dB 的区域。可以看出，从时域变换到时频域后，信号区域大部分相干系数从 0.5 提升至 0.7，且时频域的干涉相位受噪声影响较小，从而可提升振动相位误差的估计精度。

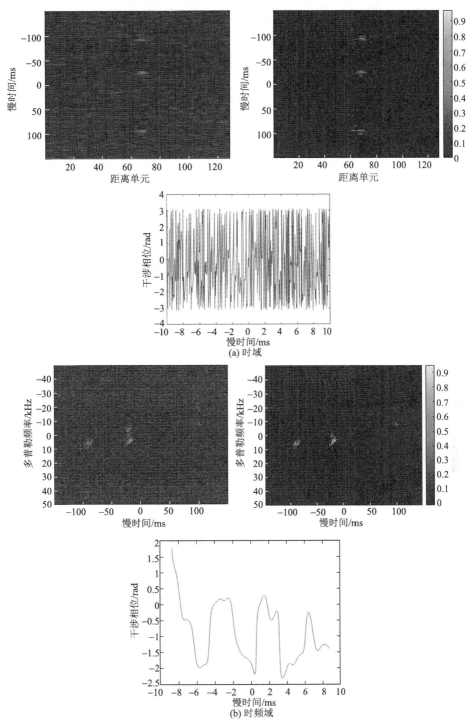

图 5.57 回波时域信号、时频分析、相干系数图和靶标 1 干涉相位

　　分别采用空间相关算法(spatial correlation algorithm, SCA)、通道 2/4 干涉 (interferometry between channel 2 and channel 4, I2C)和 OI4C 方法进行振动相位误差估计, 靶标 1 的估计结果及 OI4C 方法补偿后的时频分析结果如图 5.58 所示, 图 5.59 分别给出了利用上述估计结果补偿前后的成像结果、横向切片及放大图。从图中可以看出, 补偿前, 成像结果散焦严重; 利用 OI4C 方法补偿后, 成像结果的聚焦程度得到了极大改善; 若假定目标在回波时间内做匀速运动, 则可计算得到成像结果中各靶标间隔为 69.8cm、5.6cm、126cm, 与实际布设情况相比, 最大位置误差不超过 1.5cm。此外, I2C 方法和 SCA 补偿后, 成像结果仍存在一定散焦。

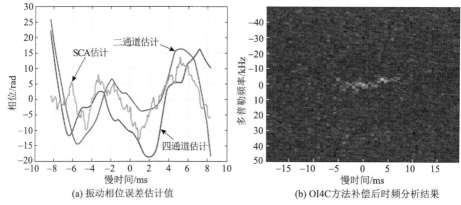

(a) 振动相位误差估计值　　　　　(b) OI4C方法补偿后时频分析结果

图 5.58　振动相位误差估计结果和 OI4C 方法补偿后的时频分析结果

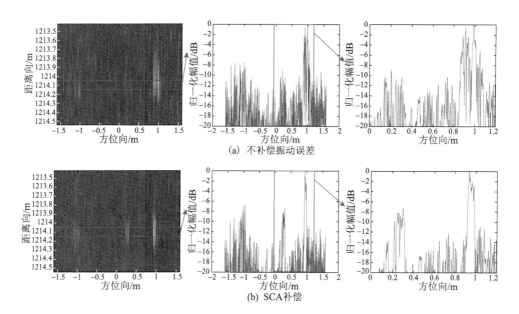

(a) 不补偿振动误差

(b) SCA补偿

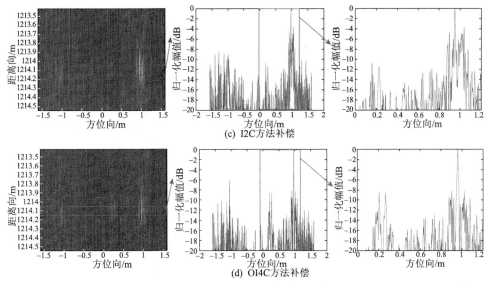

图 5.59 振动相位误差补偿前后成像结果

表 5.7 给出了图 5.59 中四种情况下的熵与对比度，可以看出，OI4C 方法对应成像结果的熵最小，对比度最大，聚焦效果最好；SCA 和 I2C 方法对应成像结果的聚焦效果相对不补偿的情况有部分改善，但仍然存在一定程度的散焦。

表 5.7 成像结果评价指标

参数	图 5.59 (a)	图 5.59 (b)	图 5.59 (c)	图 5.59 (d)
熵	10.50	9.6	9.38	9.22
对比度	0.72	0.73	0.86	0.88

图 5.60 给出了 OI4C 方法补偿后通道 2、4，通道 1、3 成像结果的相干系数图和干涉相位图，在目标区域，大部分相干系数为 0.8 以上，且经过基线补偿后干涉相位较为稳定。

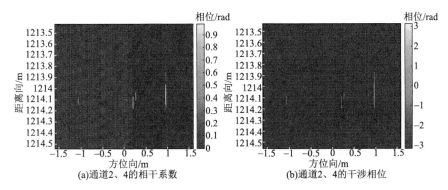

(a)通道2、4的相干系数   (b)通道2、4的干涉相位

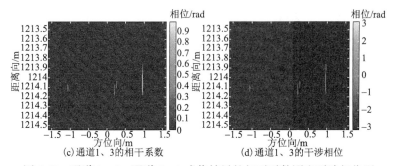

(c)通道1、3的相干系数　　　　(d)通道1、3的干涉相位

图 5.60　通道 2、4，通道 1、3 成像结果的相干系数图和干涉相位图

　　为进一步体现 OI4C 方法补偿的有效性，图 5.61 分别给出不补偿振动相位误差、I2C 方法补偿后成像结果干涉相位图（以通道 2、4 为例），为便于比较干涉相位的变化，利用 OI4C 方法补偿后对应的成像结果对干涉相位图进行选通。与图 5.60 相比后可以看出，不补偿和利用 I2C 方法补偿后，目标区域的干涉相位仍有较大起伏，表明了 OI4C 方法的有效性。

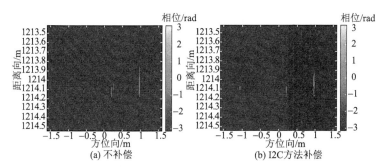

(a) 不补偿　　　　　　　(b) I2C方法补偿

图 5.61　不同方法补偿振动相位误差后通道 2、4 成像结果的干涉相位图

　　对 OI4C 方法补偿后的成像结果做距离向超分辨，可进一步提升成像结果的距离向分辨率至 4cm，超分辨后的成像结果及靶标 1 的二维切片如图 5.62 所示，此时各目标在距离向得以分开。

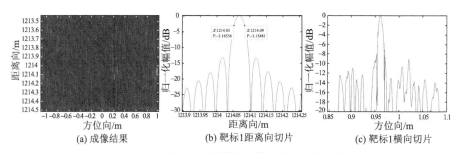

(a) 成像结果　　　(b) 靶标1距离向切片　　　(c) 靶标1横向切片

图 5.62　距离向超分辨后成像结果及二维切片

2)空中非合作无人机

本节利用激光雷达样机，对距离约 250m 的空中非合作固定翼无人机做 ISAL 成像实验，录取回波数据。利用 OI4C 方法对一段短时长信号进行振动相位误差估计与补偿，对一段长时长信号通过 SCA 进行处理，并利用 PGA 对图像做进一步聚焦处理。

(1)短时信号。

实验参数如表 5.8 所示。通道 4 的时域回波和振动相位误差粗补偿后时频分析结果如图 5.63 所示，回波信号时长约 30ms，其中信号较强的部分仅约 5ms，这应对应着机身上一个强反射点，相比之下，其余部分回波信号强度相对较弱。

表 5.8　短时信号实验参数

参数	数值	参数	数值
斜距/m	245	多普勒中心频率/MHz	4.5
信号时长/ms	40	多普勒带宽/kHz	14
径向/横向速度/(m/s)	3.48/7.25	滤波器带宽/kHz	2.8
斜视角/(°)	25.7	目标距离/m	245.6

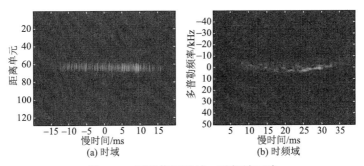

图 5.63　短时信号时域、时频域回波

分别采用 SCA、I2C 方法和 OI4C 方法进行振动相位误差估计，估计结果和 OI4C 方法补偿后的时频分析如图 5.64 所示，图 5.65 分别给出了不补偿和利用上述估计值补偿后的成像结果和横向切片。从图中可以看出，用 SCA 和 I2C 方法补偿后，仍存在较大散焦，对于 I2C 方法，此时除了斜视在干涉相位中引入方位分量，无人机飞行方向与基线方向不平行也会引入方位分量使得估计误差增大。经过 OI4C 方法补偿后，成像结果的聚焦程度得到了较大改善，此时成像结果的横向分辨率优于 1cm，且进一步做 PGA 处理后，聚焦程度略微提升，表明 OI4C 方法估计误差较小，补偿效果较好。

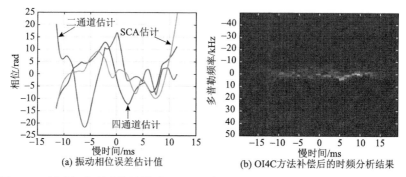

(a) 振动相位误差估计值

(b) OI4C方法补偿后的时频分析结果

图 5.64　振动相位误差估计结果和 OI4C 方法补偿后的时频分析结果(短时信号)

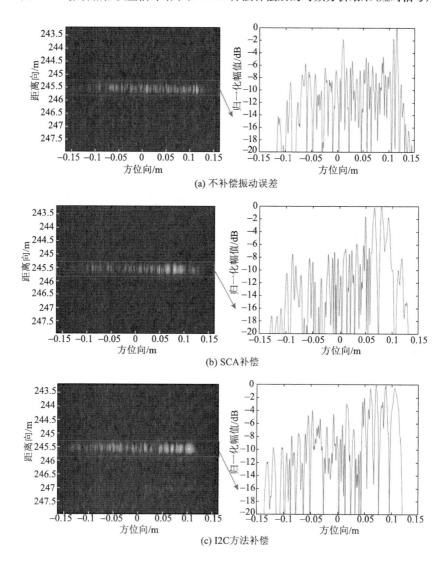

(a) 不补偿振动误差

(b) SCA补偿

(c) I2C方法补偿

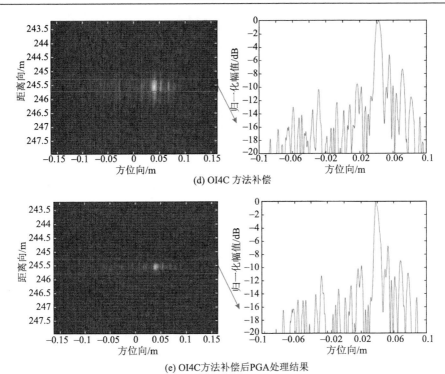

(d) OI4C 方法补偿

(e) OI4C方法补偿后PGA处理结果

图 5.65　振动相位误差补偿前后成像结果(短时信号)

表 5.9 给出了图 5.65 中四种情况下的熵与对比度,可以看出,OI4C 方法对应成像结果的熵最小,对比度最大,聚焦效果最好,经过 PGA 处理后聚焦程度略微有所提升;SCA 和 I2C 方法对应成像结果相对不补偿的情况均有一定程度的改善。

表 **5.9**　短时信号成像结果评价指标

参数	图 5.65(a)	图 5.65(b)	图 5.65(c)	图 5.65(d)	图 5.65(e)
熵	11.63	9.65	9.89	9.33	9.30
对比度	0.74	0.96	0.83	1.07	1.08

(2) 长时信号。

长时信号实验参数如表 5.10 所示。时域回波和振动相位误差粗补偿后时频分析结果如图 5.66 所示,回波时长约 200ms,信号主要集中在 55～70 距离单元,对应飞机机身反射的回波,此外在 70～80 距离单元处有一段长约 20ms 的短信号,如图 5.66(a)中白框所示。

表 5.10　长时信号实验参数

参数	数值	参数	数值
斜距/m	215	多普勒中心频率/MHz	21
信号时长/ms	200	多普勒带宽/kHz	30
径向/横向速度/(m/s)	15.4/36.2	滤波器带宽/kHz	14
斜视角/(°)	23.1	目标距离/m	210.7

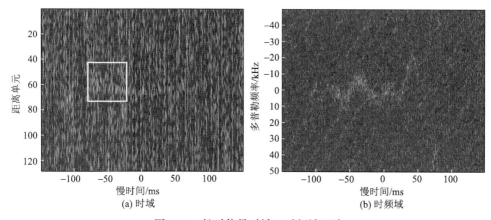

(a) 时域　　　　　　　　　　　　(b) 时频域

图 5.66　长时信号时域、时频域回波

图 5.67 给出了 55～70 距离单元 SCA 估计的振动相位误差曲线和补偿后的时频分析结果，可以看出，经过 SCA 补偿后，多普勒带宽变窄，大部分振动相位误差予以去除。

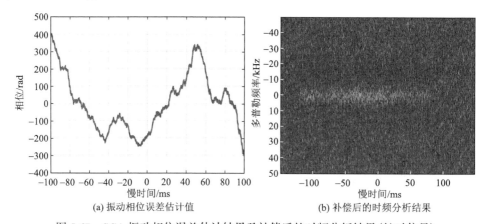

(a) 振动相位误差估计值　　　　　　　(b) 补偿后的时频分析结果

图 5.67　SCA 振动相位误差估计结果及补偿后的时频分析结果(长时信号)

图 5.68 给出了有无 SCA 补偿的成像探测结果，以及 75 距离单元处的横向切片及放大图。可以看出，SCA 补偿后信号聚焦程度得到提升，表示目标不同距离单元的振动相位误差变化不大。此外，SCA 补偿后的成像结果再经过 PGA 处理后，聚焦程度得到进一步提升，且 70～80 距离单元处的短信号聚焦出一个强点，表示 SCA 补偿后仍有一定的相位误差。此处以信噪比来评价成像探测结果，信噪比越大，越有利于目标探测。经计算，SCA 补偿后信噪比由 2.2dB 提升至 4.8dB，PGA 处理后信噪比达到 4.83dB。

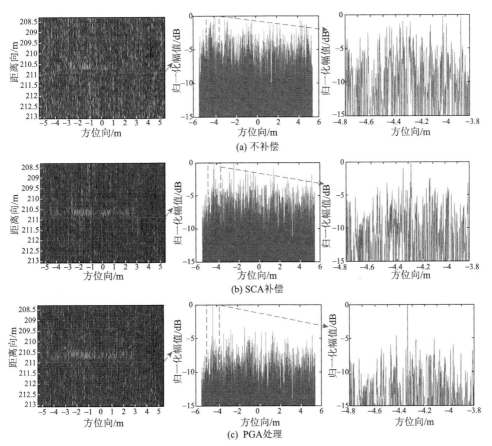

图 5.68　有无 SCA 补偿以及 PGA 处理后的成像结果(长时信号)

目标振动引入的相位误差会导致 ISAL 成像结果散焦，针对本节激光雷达样机获取的距离约 1200m 处的地面合作车辆数据和距离约 250m 处的空中非合作无人机数据，本节通过内视场四通道短基线正交干涉模型，估计出振动相位误差，补偿后获得了横向约 8mm 分辨率的成像结果。此外，为了有效抑制实际数据中噪声对干涉相位的影响，基于回波信号慢时间维时频分析，本节提出在时频域进行干涉处理，获得了受噪声影响较小的干涉相位。仿真和实际数据的成像结果均验证了所提方法的有效性。

5.4.7　激光信号的相干性保持实验

对于采用相干探测体制的激光雷达，由于激光信号的频率不稳定，激光回波信号与本振信号这两路信号之间存在的时间差会给混频后的信号引入一个本振相位误差，且作用距离越远，本振相位误差越大。以 ISAL 为例，其成像结果的横向分辨率取决于激光信号的相干性，对激光信号的相干性要求较高，在远距离作用的情况下，研究激光信号的相干性保持方法具有重要意义。

ISAL 可采用本振信号延时的方法以保持信号的相干性，本振信号经光纤延时后再与回波信号混频，若光纤延时的时长与激光信号从发射到接收之间的时间差较为接近，即可大幅度减小激光信号频率稳定度差所引入的本振相位误差。但由于延时光纤的长度难以时变，该方法只适用于观测几何关系不变，即目标距离较近且合成孔径时间内目标距离变化量较小的情况，难以应用在针对远距离目标成像的 ISAL 中。文献[38]提出了对本振信号进行数字延时以保持激光信号相干性的方法，该方法根据所建立的激光信号模型计算出目标距离对应的本振相位误差，并对回波信号进行补偿。该方法可以针对不同的目标距离来等效设置延时长度减小本振相位误差，具有系统灵活、动态范围大的优点，但对激光模型的准确性要求较高。本节在此基础上，通过发射参考通道对发射大功率信号导致的非线性相位和随机初相进行定标校正，并结合不同长度的延时光纤对应的实测数据，进一步完善激光信号模型，研究本振相位误差的补偿方法，并开展相关实验，验证相干性保持方法的有效性。

1. 系统组成和参数

本小节所用的激光雷达系统主要包括发射通道、回波接收通道、发射参考通道和激光本振参考通道，其中 AOM 信号、EOM 信号和 ADC 时钟均来自同一个晶振，以形成相干系统，系统框图如图 5.69 所示。发射通道中窄脉冲光纤激光器的参数如表 5.11 所示，本振信号的线宽约 1kHz(一个小时内，波长变化范围 1~2pm)。发射参考通道用以校正大功率发射信号时引入的相位误差，激光本振参考通道用以估计并补偿本振信号频率不稳定引入的本振相位误差，二者相结合来实现激光雷达信号相干性的保持。"补偿"和"校正"两个术语均用于消除相位误差，但就处理方法而言，二者有一定的区别，"补偿"的方法是直接对回波信号做处理，将估算出的相位误差在时域直接补入回波信号中。而"校正"是用发射信号构造匹配滤波器，对回波信号做匹配滤波处理，由此来实现脉冲间发射信号的相位误差校正。

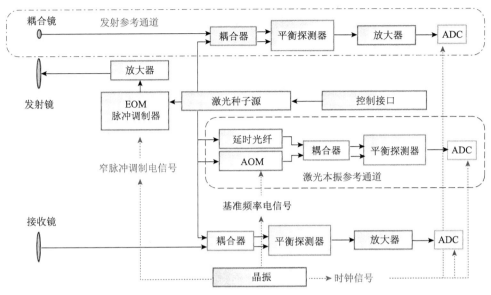

图 5.69 激光信号的相干性保持实验系统框图

表 5.11 窄脉冲光纤激光器的参数

参数	数值
平均功率/W	10
脉宽/ns	5
脉冲重复频率/kHz	100
工作波长/μm	1.55

2. 信号模型

理想情况下激光信号应是频率稳定的单频信号，但实际上，激光在单频振荡时会有相位噪声，造成激光在频域上的抖动，这将影响相干激光雷达或者干涉仪的作用距离等系统性能。微波领域用来描述信号频率稳定度的常用模型为正弦变化，为容易表征激光信号中心频率的时变特征，假定激光信号的频率变化形式也为正弦变化。由于中心频率变化的幅度和频率受信号产生机理、功率大小、工作环境等因素的影响，往往需要用多个正弦分量来对其进行表征。

激光信号模型如式(5.36)所示：

$$s_{\text{laser}}(t) = \exp\left\{ \text{j}2\pi f_c t + \varphi_{\text{sin}}(t) + \varphi_{\text{f}}(t) + \varphi_{\text{r}}(t) \right\} \tag{5.36}$$

其中，f_c 为激光信号的中心频率；$\varphi_{\text{sin}}(t) + \varphi_{\text{f}}(t) + \varphi_{\text{r}}(t)$ 为激光信号频率不稳定所引入

的相位误差，包括信号频率正弦变化引入的相位 $\varphi_{\sin}(t) = 2\pi \sum_{i=1}^{N} \int_0^t A_{Fi} \sin(2\pi f_{Fi}\tau)\mathrm{d}\tau$ 、高

斯分布的随机相位 $\varphi_r(t)$ 和随机频率引入的相位 $\varphi_f(t) = 2\pi \int_0^t f_r(\tau)\mathrm{d}\tau$ ，其中 A_{Fi} 为

第 i 个正弦分量的幅度， f_{Fi} 为第 i 个正弦分量的频率， $f_r(t)$ 为高斯分布的随机频率。

目前激光信号相干性的评价指标主要为线宽，其定义为激光信号瞬时频谱的 $-3\mathrm{dB}$ 宽度，线宽越窄，相干长度越长，噪声越小，信号的相干性越好。由于光谱仪的频率分辨率低，不足以对窄线宽激光信号进行测量，通常采用自外差技术，在拍频后将高频光信号转化为低频电信号，再在频谱仪上观测其功率谱（功率谱的 $-3\mathrm{dB}$ 带宽的一半即激光线宽）。激光信号自外差实验框图如图 5.69 中虚线框所示，两路信号一路经过光纤延时，另一路经过移频器（AOM）移频，再混频得到自外差信号。自外差是一种退相干测量，激光线宽越窄，相干长度越长，所需的延迟光纤长度也就越长。对于千赫兹量级的窄线宽激光器，为准确测量其线宽，自外差所需的光纤长度约 25km。

基于上述所建立的激光模型，激光信号自外差后所得到的低频电信号可以表示为

$$s_h(t) = \exp\{\mathrm{j}2\pi f_c t_0\} \cdot \exp\{\mathrm{j}2\pi f_m t\} \cdot \exp\left\{\mathrm{j}2\pi \sum_{i=1}^{N} \int_{t-t_0}^{t} A_{Fi} \sin(2\pi f_{Fi}\tau)\mathrm{d}\tau\right\}$$
$$\cdot \exp\left\{\mathrm{j}2\pi \int_{t-t_0}^{t} f_r(\tau)\mathrm{d}\tau\right\} \cdot \exp\left\{\mathrm{j}\left[\varphi_r(t) - \varphi_r(t-t_0)\right]\right\} \tag{5.37}$$

其中， $t_0 = L \cdot n_g / c$ 为光脉冲信号在光纤中的延时时长， L 为延时光纤的长度， n_g 为光纤的折射率， c 为光速。该电信号中含有激光信号相位的差分信息，拍频后中心频率引入的常数相位 $2\pi f_c t_0$ 和 AOM 引入的线性相位 $2\pi f_m t$ 均可在后续信号处理时消除，其余的相位差分项均与延时长度相关，根据不同延时长度情况下获得的自外差信号可以估计出上述激光模型中 A_F 、 f_F 的数值，但 $\varphi_f(t)$ 和 $\varphi_r(t)$ 由于瞬时变化且随机，无法准确估计。

保持激光器发射功率一定，使用 300m、500m 和 20.5km 的 PM1550-XP 单模保偏光纤分别对激光信号进行延时处理，与 AOM（ $f_m = 100\mathrm{MHz}$ ）输出的激光信号拍频，根据获得的电信号确定激光模型的参数。由于实际应用中激光信号频率时变形式是复杂的，采用三组正弦调频信号对其进行描述，所建立的激光模型的各项参数如表 5.12 所示，上述三种延时长度对应的实际信号（real signal，RS）与根据模型计算的仿真信号（simulated signal，SS）对比情况如图 5.70 所示。

表 5.12　激光模型的各项仿真参数

参数	数值	参数	数值
正弦调频信号 1 的调频幅度/kHz	5	正弦调频信号 1 的调频频率/Hz	145
正弦调频信号 2 的调频幅度/kHz	2.5	正弦调频信号 2 的调频频率/Hz	270
正弦调频信号 3 的调频幅度/kHz	2.5	正弦调频信号 3 的调频频率/Hz	539
随机频率/kHz	230	随机相位/rad	0.01

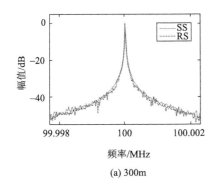

(a) 300m

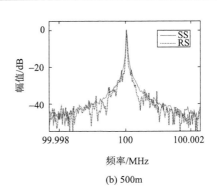

(b) 500m

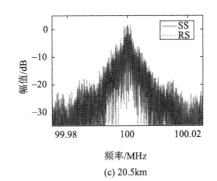

(c) 20.5km

图 5.70　仿真信号与实际信号的频谱对比

　　由图 5.70 可以看出，延时光纤长度越长，噪声越大，自外差信号的 3dB 谱宽越宽。文献[38]指出，正弦调频信号的频率和幅度影响电信号的峰值旁瓣比，随机频率与随机相位的标准差决定了远区噪声电平，即积分旁瓣比。在短光纤延时情况下，相位噪声较小，自外差信号主瓣附近的频谱形状主要受线性相位对应的频谱包络的影响，使得正弦调频分量对自外差信号频谱的影响被淹没，难以准确得到激光信号模型中正弦调频分量的参数，仅能判断出随机相位和随机频率的数值。因此，需要将自外差信号中的线性相位滤除再做分析，滤除线性相位后三种延时长度对应的实际信号与仿真信号对比情况如图 5.71 和图 5.72 所示。

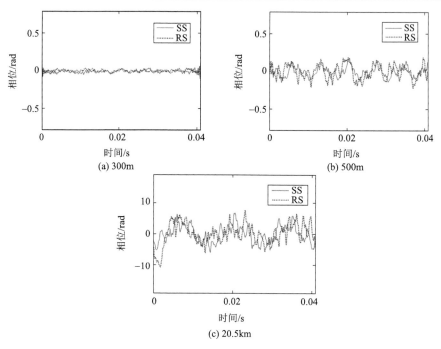

图 5.71　去除线性相位后仿真信号与实际信号的相位曲线对比

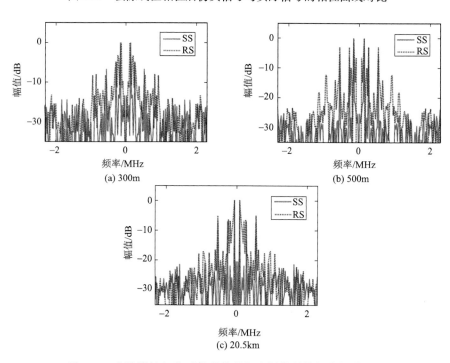

图 5.72　去除线性相位后仿真信号与实际信号的相位频谱对比

　　滤除线性相位后，正弦调频信号对应的频谱分量已显露出来，根据实际数据中的各谱线峰值即可确认正弦调频分量的参数。由图 5.70～图 5.72 可以看出，三种延时长度对应的仿真信号与实际信号的各项指标均较为接近，信号频谱的基本要素，即中心频率、带宽、杂散频率分量、噪声电平等均基本一致，信号频谱曲线的相干系数均大于 0.75，相位曲线的相干系数均大于 0.32，且相位频谱中主要的峰值点也能够一一对应，这表明建立的激光信号模型可用于模拟实际信号。

　　20.5km 光纤自外差结果已能较为准确地反映出本振信号的线宽，其自外差信号的功率谱的 3dB 宽度约为 1.9kHz，这也印证了所用激光器的线宽约为 1kHz。根据模型所建立的本振信号的频谱如图 5.73 所示，假定其载波为 100MHz，其单边带相位噪声 $L(f)$ 及对应的相位变化的均方根值 $\Delta\phi_{rms}^2$ 如表 5.13 所示。

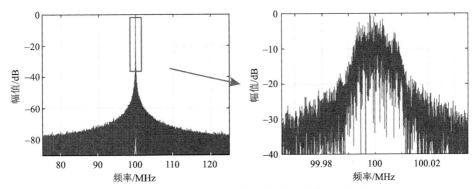

图 5.73　上述仿真参数下本振信号的频谱仿真结果

表 5.13　相位噪声

f/kHz	$L(f)$/(dBc/Hz)	$\Delta\phi_{rms}^2$/rad
25	−27	0.089
100	−40	0.014
250	−48	0.006

　　自外差信号的频谱在原理上等同于 ISAL 平台与目标相对静止时激光回波信号的慢时频谱，也可以认为是二者存在相对运动时，对激光回波信号方位去斜后的慢时频谱，即目标在多普勒域的成像结果，此时光纤形成的延时对应于激光信号从发射到接收时的时间差。可以看出，回波与本振信号的时间相干性会随着 ISAL 作用距离的增大而下降，从而影响系统的作用距离、方位分辨率与成像信

噪比。

3. 发射和本振校正

根据前面建立的激光信号模型，单个散射点的回波信号与本振拍频后的信号可表示为

$$
\begin{aligned}
s_{\mathrm{d}}\left(\hat{t}, t_k\right) = {} & \exp\left\{-\mathrm{j}4\pi f_{\mathrm{c}} \frac{R\left(\hat{t}+t_k\right)}{c}\right\} \cdot \exp\left\{\mathrm{j}\varphi_{\mathrm{m}}\left(\hat{t}+t_k - 2\frac{R\left(\hat{t}+t_k\right)}{c}\right)\right\} \\
& \cdot \exp\left\{\mathrm{j}\varphi_{\mathrm{t}}\left(\hat{t}+t_k - 2\frac{R\left(\hat{t}+t_k\right)}{c}\right)\right\} \\
& \cdot \exp\left\{\mathrm{j}\left[\varphi_{\sin}\left(\hat{t}+t_k - 2\frac{R\left(\hat{t}+t_k\right)}{c}\right) - \varphi_{\sin}\left(\hat{t}+t_k\right)\right]\right\} \quad (5.38) \\
& \cdot \exp\left\{\mathrm{j}\left[\varphi_{\mathrm{f}}\left(\hat{t}+t_k - 2\frac{R\left(\hat{t}+t_k\right)}{c}\right) - \varphi_{\mathrm{f}}\left(\hat{t}+t_k\right)\right]\right\} \\
& \cdot \exp\left\{\mathrm{j}\left[\varphi_{\mathrm{r}}\left(\hat{t}+t_k - 2\frac{R\left(\hat{t}+t_k\right)}{c}\right) - \varphi_{\mathrm{r}}\left(\hat{t}+t_k\right)\right]\right\}
\end{aligned}
$$

其中，$\hat{t}$ 为快时间；t_k 为慢时间；$R(\hat{t}+t_k)$ 为散射点到雷达的距离；$\varphi_{\mathrm{m}}(\hat{t}, t_k)$ 为调制信号的相位；$\varphi_{\mathrm{t}}(\hat{t}, t_k)$ 为发射信号带来的相位误差；$\varphi_{\sin}(\hat{t}+t_k)$ 为正弦调频分量引入的相位；$\varphi_{\mathrm{f}}(\hat{t}+t_k)$ 为随机频率引入的相位；$\varphi_{\mathrm{r}}(\hat{t}+t_k)$ 为随机相位。

激光信号对温度等环境因素均较为敏感，在调制放大过程中均会引入非线性相位和脉冲间的随机初始相位，使得发射信号的快时间相位和慢时间相位都存在非线性变化，这将影响信号的相干性和回波信号的成像性能。通过空间耦合的方式，利用发射参考通道采集并记录激光发射信号的时变相位，并将发射参考信号和回波信号在快频域进行匹配滤波，该方法可以对发射信号引入的相位误差进行校正。

将实际系统工作时发射信号的相位误差添加到仿真回波中，并进行点目标仿真，采用上述方法进行发射校正前后的结果如图 5.74 所示。由慢时相位曲线和慢时相位的频谱可以看出，发射校正后回波的慢时相位起伏更为稳定，且部分高阶相位误差分量被去除，此外，校正后回波信号的慢时频谱变窄且信噪比提高，即信号的相干性得以提升。

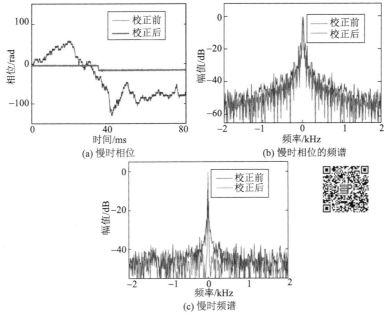

(a) 慢时相位　　　　　　　　　　(b) 慢时相位的频谱

(c) 慢时频谱

图 5.74　采用发射参考通道校正前后的结果

在本振与回波拍频后信号的相位项中，随机频率相位和随机相位是随机瞬时变化的，无法进行补偿，能补偿的误差相位仅有正弦调频信号引入的相位误差：

$$\Delta\varphi_{\sin}=\varphi_{\sin}\left(\hat{t}+t_k-2\frac{R\left(\hat{t}+t_k\right)}{c}\right)-\varphi_{\sin}\left(\hat{t}+t_k\right) \tag{5.39}$$

基于前面所建立的激光模型，对 5km 处的点目标进行仿真，并将计算出的本振相位误差在慢时间域补入拍频后的回波信号，本振相位误差补偿前后的结果如图 5.75 所示。可以看出 5km 处的回波信号与本振光引入的相位误差已经很大，此

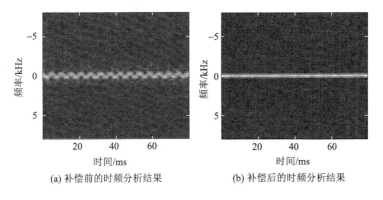

(a) 补偿前的时频分析结果　　　　　　　(b) 补偿后的时频分析结果

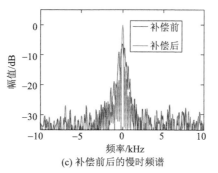

(c) 补偿前后的慢时频谱

图 5.75　本振补偿前后的仿真结果

时由于频率不稳，引入的相位误差已使信号慢频谱大幅展宽。将估算出的相位误差在时域补偿入回波信号中，可以改善信号的相干性，这体现在补偿后信号的时频分析结果中中心频率更加稳定，多普勒域中频谱宽度由 781Hz 变窄至 160Hz，信噪比提升了 6.26dB。

对图 5.19 (a)所示的 5.4km 处的高反射率目标进行成像探测，其结果如图 5.76 所示，8192 个脉冲相干积累后，补偿前回波信号的慢时频谱的−3dB 带宽约为 1.660kHz，经发射校正后，慢时频谱的−3dB 带宽减少至 293Hz，信噪比提升约 3dB。再补偿 5.4km 对应的本振相位误差，慢时频谱的−3dB 带宽可进一步减小至 74Hz。

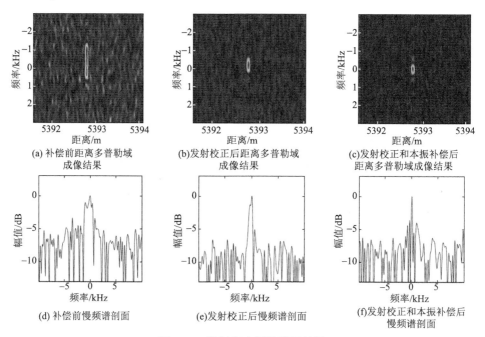

(a) 补偿前距离多普勒域
成像结果

(b)发射校正后距离多普勒域
成像结果

(c)发射校正和本振补偿后
距离多普勒域成像结果

(d) 补偿前慢频谱剖面

(e)发射校正后慢频谱剖面

(f)发射校正和本振补偿后
慢频谱剖面

图 5.76　发射和本振的校正效果

　　上述补偿方法可有效提升信号的相干性，大幅度提高 ISAL 的慢时频率分辨率，但是并没有将慢时频率分辨率提高到时宽对应的 12Hz，其原因在于所提方法不能补偿本振信号中较小的随机相位以及大气湍流所带来的相位误差，导致回波信号的慢时频谱旁瓣仍处于较高水平。上述随机相位误差可进一步采用相位梯度自聚焦(PGA)算法对其进行处理，对补偿前后的回波信号分别用 PGA 处理的结果如图 5.77 所示。可以看出，补偿后再做 PGA 处理，慢时频谱的–3dB 带宽约 14Hz，接近频率分辨率，相较于 PGA 处理前，聚焦效果更好，谱宽更窄，且信噪比也大幅提升。

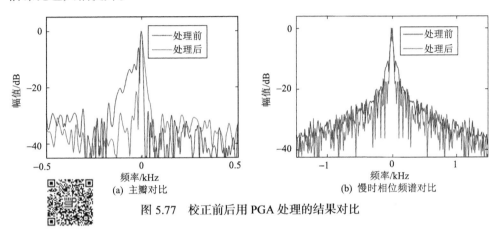

图 5.77　校正前后用 PGA 处理的结果对比

　　但 PGA 算法只能补偿低阶的相位误差，对高阶相位误差则无效。对回波直接做 PGA 处理往往会受高阶相位误差的影响，降低聚焦效果，难以取得理想的分辨率，这在图 5.77 中也有体现。相对于不做补偿直接对回波信号做 PGA 的情况，采用本节所提方法对回波信号进行补偿后再做 PGA 处理，可以获得更好的聚焦效果，慢时频谱谱宽更窄，旁瓣更低。从补偿前后的相位频谱对比图中可以看出，补偿后再做 PGA 处理，此时的慢时相位频谱相较于补偿前直接做 PGA 处理的情况，少了部分低频相位分量，这表示该方法可以去除PGA 无法补偿的信号中的高阶相位误差，在此情况下再做 PGA 处理可以获得更好的效果。

5.5　艇载 1m 衍射口径激光通信和干涉定位

5.5.1　艇载激光通信干涉系统

　　目前，基于异地分布的甚长基线干涉测量(very long baseline interferometry，VLBI) 系统已在深空探测中得到广泛应用[53,54]，根据其工作原理，构建激光通信和干涉定位系统也应具有可行性。由于激光波长比微波至少短 4 个数量级，有可能形成用于深空探测的短基线激光通信干涉系统，并减少异地设站带来的同步问题。为回避大气影响，该系统可装载在临近空间平流层飞艇上，为减少重量，激光望远镜可选用膜基衍射光学系统。激光通信无需成像的特点，使其衍射光学系统较为简单。

平流层飞艇巨大的体积和空间，为口径 1m 基线长度约 10m 的轻量干涉膜基衍射光学系统安装提供了条件。为实现正交观测，可设置 3 个三角布局的望远镜；为形成一定的观测范围，可在光路压缩后设置扫描机构以实现有限扫描视场。短基线激光通信干涉系统在艇上的系统布设示意图如图 5.78 所示。

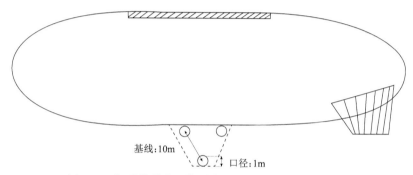

图 5.78　短基线激光通信干涉系统在艇上的布设示意图

短基线激光通信干涉系统主要指标如下：

(1)激光波长 1.064μm；

(2)望远镜口径 1m；

(3)望远镜数量 3 个(三角布局)；

(4)干涉基线长度 10m；

(5)工作视场优于 5°；

(6)干涉测角精度 0.1μrad 量级；

(7)作用距离 4 亿 km。

较大口径望远镜机械转动不便，设置折反镜并通过折反镜的二维机械扫描可实现较大的工作视场，此时馈源保持静止，便于实现激光信号的收发。采用透射式衍射光学系统时，通过光路压缩，可大幅减少折反镜的尺寸，便于二维机械扫描的实现。假定使用 10∶1 压缩光路，要实现 5° 的波束扫描范围，折反镜的旋转范围应达到 25°。激光通信可使用非成像光学系统的特点，降低了上述光路实现的难度。基于压缩光路和机械扫描结合的激光通信用衍射光学系统如图 5.79 所示，随着激光相控阵技术的发展，未来可采用小尺寸激光相控阵实现激光波束二维电扫描，采用有限电扫描方式[55]满足远距离通信需求。

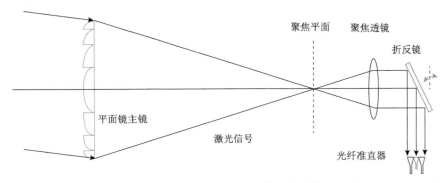

图 5.79　激光波束二维扫描的衍射光学系统示意图

5.5.2　系统性能分析

假定目前 S 波段 VLBI 系统参数如下：波长 10cm，基线长度 1000km，天线口径 100m；激光波长 1.064μm，基线长度 10m，望远镜口径 1m。两者波长和基线都相差 10^5 倍，原理上可获得同样的干涉测角精度。

激光 1m 口径望远镜的增益要比 S 波段 100m 口径天线高 60dB（10^6 倍），在表 5.14 通信系统参数下，其作用距离将达到 4 亿 km。具体分析和参数如下所示。

假设激光发射功率为 P_t，则在距离 R 处的激光接收功率密度：

$$\rho_r = \frac{P_t G_t \eta_{sys}}{4\pi R^2} \tag{5.40}$$

其中，G_t 为发射望远镜增益；η_{sys} 为发射和接收系统的传输效率，设激光发射光学系统的传输效率为 η_t，接收光学系统的传输效率为 η_r，外差探测效率为 η_m，并设光学系统的其他损耗为 η_{oth}，则 η_{sys} 为

$$\eta_{sys} = \eta_t \eta_r \eta_m \eta_{oth} \tag{5.41}$$

基于相干探测体制的激光通信最大距离为[4,56]

$$R_{max} = \sqrt{\frac{P_t \cdot G_t \cdot S_r \cdot \eta_{sys} \cdot \eta_D}{4\pi \cdot h \cdot \upsilon \cdot B \cdot F \cdot \mathrm{SNR}_{min}}} \tag{5.42}$$

其中，S_r 为接收望远镜面积；SNR_{min} 为信噪比；h 为普朗克常量；υ 为激光频率；η_D 为光电探测器的量子效率；F 为电子学噪声系数；B 为工作带宽。

激光通信系统参数如表 5.14 所示，和文献[57]中最大作用距离 7500 万 km 的小行星撞击任务（asteroid impact mission，AIM）激光通信系统相比，地球端收发均使用大口径望远镜可明显降低对激光发射功率的要求并实现远距离通信。

表 5.14　激光通信系统参数

下行参数	数值	上行参数	数值
波长/mm	1.064	波长/mm	1.064
带宽/kHz	15	带宽/kHz	15
探测器发射望远镜口径/m	0.1	艇载发射望远镜口径/m	1
艇载接收望远镜口径/m	1	探测器接收望远镜口径/m	0.1
探测器激光发射功率/W	10	艇载激光发射功率/W	15
探测器发射光学系统传输效率	0.9	艇载发射光学系统传输效率	0.7
艇载接收光学系统传输效率	0.8	探测器接收光学系统传输效率	0.9
光电探测器量子效率	0.5	光电探测器量子效率	0.5
外差探测效率	0.5	外差探测效率	0.5
光学系统的其他损耗	0.3	光学系统的其他损耗	0.3
电子学噪声系数/dB	2	电子学噪声系数/dB	2
下行数据信噪比/dB	6	上行数据信噪比/dB	6
作用距离/km	4.0 亿	作用距离/km	4.32 亿

目前微波通信 VLBI 的测角精度在百分之几角秒量级，约在 0.1μrad（百分之二角秒），10m 基线激光的干涉测角精度也在 0.1μrad 级别。当干涉相位测量误差小于 2πrad 时，在法线方向上，10m 基线激光的干涉测角精度即可优于 0.1μrad；当干涉相位测量误差小于 1rad 时，其干涉测角精度可优于 0.016μrad。在 4 亿 km 处对应的俯仰向和方位向的定位精度在 6km 量级。深空探测器和地面通信基站通常具有统一的时间基准，在此基础上，距离向的定位精度取决于探测器发回信号的时标和回波延时测量精度，当延时测量精度在 20μs 时，距离向定位精度可优于 6km。

火星与地球距离为 5500 万～4 亿 km，利用该系统可实现火星探测器远距离激光通信，通过对接收数据的正交干涉处理，对探测器实现高精度测角定位。

5.6　艇载 2m 衍射口径激光雷达水深探测

水深是海底地形测绘的基础数据，对于海洋科学研究有着重要意义。根据当前技术的发展情况，深入研究提高激光雷达海洋测深距离方法，对海洋激光探测技术的发展和应用具有重要意义。

美国是开展海洋激光探测技术最早的国家。20 世纪 70 年代初期，美国国家海洋与大气管理局(National Oceanic and Atmospheric Administration，NOAA)研制了机载激光雷达测探(airborne lidar bathymetry，ALB)系统[58]，采用 50Hz 的 Nd：YAG 激光器，探测深度可达 10m，验证了蓝绿激光探测水下目标的可行性。90 年代，激光重复频率大大提高，美国研制了扫描型机载激光雷达水下地形测量系统(scanning hydrographic operational airborne lidar survey system，SHOALS)[59]，采用 1000Hz 的半导体泵浦固体激光器，在峰值功率 2MW、脉宽 5ns、航高 500m 的情况下最大探测深度为 50m。澳大利亚研制的激光机载测深仪(laser airborne depth sounder，LADS)[60]，通过向海面发射 50mJ 的脉冲，最大探测深度可以达到 70m。文献[61]对机载海洋激光测深系统参量设计与最大探测深度能力进行了分析，当接收望远镜口径在 240mm、光谱接收范围为 0.5nm、航高 500m 时，其海水探测深度为 49m。

近年来机载激光雷达探测技术发展迅速并获得广泛应用[62]，其是一种具有高效快速、测量精度高等特点的遥感测深技术手段[63]，现阶段也需考虑激光雷达的艇载应用问题。利用特定波长激光在水中的良好穿透特性和低衰减特性，并借助空中平台，能够获得船舶无法驶入区域的水深数据，在港口建设和海岸带测绘领域有着广阔的应用前景[64]。

飞艇平台为大衍射口径激光雷达的安装提供了有利条件，文献[9]提出了艇载 1m 衍射口径激光通信和干涉定位系统概念并分析了其性能。若艇载激光雷达口径达到 1m 并采用相干探测体制，其对地面和空中目标探测距离将会大幅提高。基于大口径接收衍射光学系统，本节主要分析艇载激光雷达海水深度探测性能。

5.6.1　探测模型

1. 激光在海水中的传输特性

测深激光雷达主要利用波长为 470~580nm 的蓝绿激光在海水中传播时，受到的吸收、散射等能量衰减作用相对其他波段影响较低，即该范围内的蓝绿激光对海水有着极佳的穿透能力，且蓝绿激光在大气信道中传播时也具有"大气窗口"效应，所以蓝绿激光为水深测量的最佳选择，目前水深探测激光雷达所用波长以 532nm 为主。

海水含有溶解物质、悬浮体和各种各样的活性有机体，由于其不均匀性，光在水下传播过程中因吸收和散射作用而衰减。光束在海水中传输，如果传输距离较短，忽略散射的能量进入探测器视场时，与在大气中传输一样，衰减规律服从指数规律，即 $E = E_0 \exp(-\alpha L)$，其中 L 为激光在海水中的传输距离，E_0 为激光脉冲入射时的初始能量，α 为激光雷达系统消光系数，其与海洋光学参数之间存在以下关系[65]：

$$\alpha = K_d + (c - K_d) \cdot \exp(-0.85cD') \tag{5.43}$$

$$K_d = c\left[0.19(1-\omega_0)\right]^{\frac{\omega_0}{2}} \tag{5.44}$$

其中，K_d 为漫射衰减系数，我国近海区域的 K_d(532nm) 分布范围在 $0.037\sim$ $0.654\mathrm{m}^{-1}$；c 为光束衰减系数；$\omega_0 = b/c$ 为单次散射反照率，$c = a + b$，a、b 分别为水体的光束吸收系数、散射系数；$D' \approx H \cdot \theta_r$ 为激光雷达系统接收视场在海表面的直径，θ_r 为接收视场角，H 为激光雷达到海面之间的距离。可以发现激光雷达系统消光系数与接收视场角和飞行高度之间的关系十分密切。

实际上，由于海水具有尖锐的前向散射区域[66]，大部分光还是沿着传输方向，但随着传输距离增加，直射部分将逐渐减少，当传输路程足够长时，在传输方向上没有发生散射的光会迅速减少，多次散射光将逐渐占据主导地位。因为回波信号受水体多次散射效应的影响非常强，准直光束在海水中传输一定的距离后，只有一部分光束能量仍然保持准直状态，其余的能量则转化为散射光能或被水体吸收，导致准直光场逐渐向漫射光场过渡[67]。

在小视场角接收情况下，系统接收视场在海表面的接收直径极小，只能接收到反射的准直光束的能量和一小部分散射能量，在一定深度范围内 α 基本保持不变并趋向水体光束衰减系数 c；而在大视场接收情况下，系统接收视场在海表面的接收直径可以高达几十米，此时系统可以接收到大多数回波信号能量，α 趋近于漫射衰减系数 K_d。

一般情况下，要求激光发散角(10^{-5}rad 量级)远远小于接收视场角(10^{-3}rad 量级)，在水深探测时通常采用较大的接收视场角，使得望远镜在水面的接收直径足够大(星载激光雷达在海面接收直径一般为上百米)，从而接收到更多的回波信号，提升系统的测深能力。

2. 激光发射和接收

目前激光测深用得较多的公式为 Dolin-Levin 模型[68]，假定海底目标上的激光点完全覆盖激光发散角对应的目标区域，在目标处激光照射面积为 A_L，则海底目标上的功率密度为

$$\Phi = \frac{P_T}{A_L}(1-\rho_w)\exp(-\tau_a)\exp(-\alpha L) \tag{5.45}$$

其中，P_T 为激光脉冲峰值功率；τ_a 为大气光学厚度；α 为激光雷达系统的消光系数；L 为水深，激光光束由大气经过海面射入海水时，在空气-海水界面处会产生复杂的反射与折射过程，在激光由水下反射回来再返回大气时同样也会产生

类似的过程，反射可以近似认为与测距情形相同，一般认为 $1 - \rho_{\mathrm{w}}$ 为海洋-大气界面透射率，ρ_{w} 为海表的反射系数，当入射角小于 30° 时，平静海面的反射率一般小于 0.02。

假定目标(漫反射体)的反射分布函数为 ρ_{s}/π，ρ_{s} 为海底的反射系数，则目标处的总反射功率为

$$P_{\mathrm{R}} = \frac{\rho_{\mathrm{s}}}{\pi} \Phi A_{\mathrm{T}} \tag{5.46}$$

其中，A_{T} 为目标面积。假设水底陆地的漫反射特性与陆地大致一样，且都为朗伯表面，则激光在水底反射后，沿着相反路径再返回到系统探测器。联立上述公式，并考虑水体和大气对激光的二次衰减后，可得接收信号功率：

$$P_{\mathrm{S}} = \frac{P_{\mathrm{T}} A_{\mathrm{T}} A_{\mathrm{R}}}{A_{\mathrm{L}} \pi R^2} \rho_{\mathrm{s}} (1 - \rho_{\mathrm{w}})^2 \exp(-2\tau_{\mathrm{a}}) \exp(-2\alpha L) \tag{5.47}$$

其中，R 为激光雷达到海底目标之间的距离；A_{R} 为光学系统有效接收面积，且 $A_{\mathrm{R}} = \pi D^2/4$，$D$ 为接收望远镜口径。

由于激光束很窄，激光雷达探测的目标的截面积往往远大于激光光束截面，一般情况下认为目标是一种扩展的"面目标"。在激光雷达的应用中，许多目标由于波束窄而变成面目标，如采用 0.1mrad 的波束，在 20km 处的车辆也可以认为是面目标。当目标面积相对较大时，视场内目标的被照射部分在激光发射光束截面方向投影面积很大，光斑处所散射的所有激光能量都被激光接收系统接收，则在一次激光探测过程中，可以认为发射激光束照射面积和目标面积近似相等，即 $A_{\mathrm{L}} = A_{\mathrm{T}}$，则激光测深方程可改写为

$$P_{\mathrm{S}} = \frac{P_{\mathrm{T}} A_{\mathrm{R}}}{\pi R^2} \rho_{\mathrm{s}} (1 - \rho_{\mathrm{w}})^2 \exp(-2\tau_{\mathrm{a}}) \exp(-2\alpha L) \tag{5.48}$$

艇载激光雷达测深模型如图 5.80 所示，不同于在陆地上的探测，激光在气-海水界面会发生折射，使得等效飞行高度高于实际飞行高度，且接收视场角需大于波束发散角。激光在大气、海水两种折射率不一的介质中传输的问题可以等效为在折射率均匀的同一介质中传输的问题[69]。

如图 5.80(a)所示，激光发射脉冲相对于垂直方向的扫描角为 θ_{a}，水体为均匀分布的介质，海水折射率 n=1.34，θ_{w} 为激光脉冲由水气界面进入海水之后的传播方向与垂直方向的夹角，从图 5.80(b)中可以清楚地看出等效问题的几何性质，虚线粗箭头代表发射激光波束，实线粗箭头代表海底回波信号。H_0、θ_{T0}、

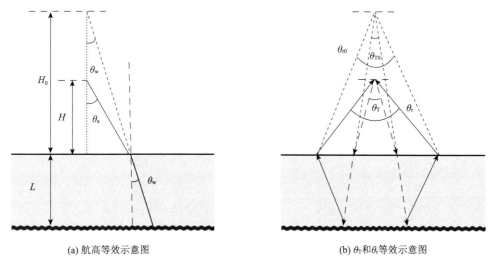

(a) 航高等效示意图　　　　　　　　　　　(b) θ_T和θ_r等效示意图

图 5.80　艇载激光雷达水深探测模型

θ_{r0} 分别为激光雷达距离海面实际高度 H、波束发散角 θ_T、接收视场角 θ_r 的等效值[70]。

$$H_0 = Hn\left(\cos\theta_w / \cos\theta_a\right)^3 \tag{5.49}$$

$$\theta_{T0} n\cos\theta_w = \theta_T \cos\theta_a \tag{5.50}$$

$$\theta_{r0} n\cos\theta_w = \theta_r \cos\theta_a \tag{5.51}$$

根据折射定律有 $\sin\theta_a = n\sin\theta_w$，可以看出气-海水界面的 θ_a 与 θ_w 极为相近，所以 $H_0 \approx Hn$，$\theta_{T0} \approx \theta_T / n$，$\theta_{r0} \approx \theta_r / n$，即将空气介质等效成海水介质之后，飞行高度变高，波束发散角和接收视场角相应变小，则等效之后激光雷达与海底的距离可以表示为

$$R = L + H_0 \approx L + nH \tag{5.52}$$

此外，光学系统接收和发射都有损耗，定义 $\eta = \eta_t\eta_r\eta_m\eta_{oth}\eta_{ele}$ 为系统损失因子，其中，η_t 为发射光学系统损耗，η_r 为接收光学系统损耗，η_m 为光学系统匹配损耗，η_{oth} 为其他光学系统损耗，η_{ele} 为电子学系统损耗，定义双程大气损耗因子 $\eta_{ato} = \exp(-2\tau_a)$，其中 τ_a 为大气光学厚度，机载平台情况下通常取 0.08，定义 $F(\theta_r,L)$ 为由接收视场角、探测深度、海水光学参数、波束发散角等多种因素导致的损耗因子，引入上述损耗因子之后，发射和接收功率之间的关系可以由式 (5.53) 给出：

$$P_{\mathrm{S}} = \frac{P_{\mathrm{T}} A_{\mathrm{R}} (1 - \rho_{\mathrm{w}})^2 \eta}{(nH + L)^2} \cdot \frac{\rho_{\mathrm{s}}}{\pi} \eta_{\mathrm{ato}} \exp(-2\alpha L) F(\theta_{\mathrm{r}}, L) \tag{5.53}$$

文献[61]对 $F(\theta_{\mathrm{r}}, L)$ 进行了简化，即 $F(\theta_{\mathrm{r}}, L) = m\theta_{\mathrm{r}}$ ， m 为与系统接收视场角 θ_{r} 相关的因子。文献[71]对 m 因子进行了分析，指出 m 的取值介于 6 和 8 之间，对于海岸带区域的水体， m 取 8。

3. 探测信噪比

噪声是影响探测系统性能的关键因素，一个光电探测系统的探测能力通常由探测信噪比决定。探测信噪比 R_{SN} 的定义式为[72]

$$R_{\mathrm{SN}} = \frac{\overline{i_{\mathrm{S}}^2}}{\overline{i_{\mathrm{SN}}^2} + \overline{i_{\mathrm{Th}}^2} + \overline{i_{\mathrm{Bk}}^2} + \overline{i_{\mathrm{Dk}}^2}} \tag{5.54}$$

其中， $\overline{i_{\mathrm{S}}^2}$ 为信号电流的均方值； $\overline{i_{\mathrm{SN}}^2}$ 为散弹噪声电流的均方值； $\overline{i_{\mathrm{Th}}^2}$ 为热噪声电流的均方值； $\overline{i_{\mathrm{Bk}}^2}$ 为背景噪声电流的均方值； $\overline{i_{\mathrm{Dk}}^2}$ 为暗电流的均方值。

肖特基(Schottky)于 1918 年证明散弹噪声具有白噪声性质，其电流噪声功率谱密度 $S(f) = 2eI$ ，其中， I 为通过 PN 结的平均电流， e 为电子的电荷量。因此，信号光散弹噪声电流的均方值 $\overline{i_{\mathrm{S}}^2} = 2eBP_{\mathrm{S}} s(\lambda)$ ，暗电流的均方值 $\overline{i_{\mathrm{Dk}}^2} = 2eBI_{\mathrm{d}}$ ，热噪声电流的均方值 $\overline{i_{\mathrm{Th}}^2} = 4kTB/R_{\mathrm{L}}$ ，其中电子电荷量 $e = 1.602 \times 10^{-19}\mathrm{C}$ ， B 为探测器电子学频宽， $s(\lambda) = \eta_{\mathrm{D}} e/(h\upsilon)$ 为探测器的电流响应度(A/W)， η_{D} 为光电探测器的量子效率， υ 为激光频率，普朗克常量 $h = 6.626 \times 10^{-34}\mathrm{J \cdot s}$ ， I_{d} 为探测器暗电流，玻尔兹曼常量 $k = 1.38 \times 10^{-23}\mathrm{J/K}$ ， T 为探测器工作温度(K)， R_{L} 为负载电阻，通常参数取值如表 5.15 所示。

表 5.15 光电探测系统参数

参数	数值
探测器暗电流/A	10^{-12}
探测器的电流响应度	0.043
探测器工作温度/K	300
负载电阻/ MΩ	50

光学接收机和微波接收机有着显著的不同，对于激光测深系统，在晴朗的白天，太阳光的辐射是背景光噪声的一个重要组成部分，背景噪声电流的均方值为

$$\overline{i_{Bk}^2} = 2eBP_{Bk}s(\lambda) \tag{5.55}$$

其中，P_{Bk} 为背景光功率（W）。一般来说，机载激光测深系统所接收到的背景噪声主要是测深系统视场角内的背景光功率，其表达式为[71]

$$P_{Bk} = L_S A_R \Delta\lambda A_S / H^2 \tag{5.56}$$

$$A_S = \pi\left[\frac{D}{2} + H\tan\left(\frac{\theta_r}{2}\right)\right]^2 \tag{5.57}$$

其中，L_S 为背景光的光谱辐亮度，白天时，光谱辐亮度为 $0.14\text{W}/(\text{m}^2 \cdot \text{nm} \cdot \text{sr})$，晴朗夜空的背景光的光谱辐亮度约为白天的 $1/10^5$；$\Delta\lambda$ 为光学系统光谱接收范围；A_S 为激光在海面的覆盖面积；θ_r 为接收视场角，因为 $\theta_r \ll 1$，所以背景光功率还可以表示为

$$P_{Bk} = L_S A_R \Delta\lambda \frac{\pi\theta_r^2}{4} \tag{5.58}$$

对于直接检测系统，激光回波信号直接入射到光探测器的光敏面上，光检测器响应光的辐射强度并输出相应的电流和电压，其回波信号电流的均方值为 $\overline{i_S^2} = P_S^2 s^2(\lambda)$。

工程上，一般用均方值来代表信号的平均功率，用均方值的平方根来等效信号的幅值大小，因此通常用信号电流与噪声电流的均方根值之比作为表征探测系统探测能力和精度的一个十分重要的指标。根据上述分析，激光测深系统的单脉冲信噪比可以由式 (5.59) 表示[61]：

$$R_{SN} = \frac{P_S s(\lambda)}{\sqrt{2eB\left[s(\lambda)(P_S + P_{Bk}) + I_d\right] + 4kTB/R_L}} \tag{5.59}$$

对于激光测深系统，其测深精度与回波信号的信噪比的平方根成正比，信噪比越高，测深精度也越高，对应的探测深度也越大。

根据文献[61]，白天工作时背景光噪声对探测性能的影响较大，系统工作在背景噪声限下，此时信噪比可以表示为

$$R_{SN} = \frac{P_S s(\lambda)}{\sqrt{2eBs(\lambda)P_{Bk}}} \tag{5.60}$$

因为 $nH \gg L$，所以背景噪声限下的最大探测深度可以表示为

$$L = \frac{1}{2\alpha} \ln\left[\frac{P_{\mathrm{T}} D (1 - \rho_{\mathrm{w}})^2 \rho_{\mathrm{s}} \eta_{\mathrm{ato}} m}{\pi n^2 H^2 R_{\mathrm{SN}}} \cdot \sqrt{\frac{s(\lambda)\eta}{2eBL_{\mathrm{s}}\Delta\lambda}} \right] \tag{5.61}$$

系统工作在背景噪声限时，增大接收视场角，则接收的背景光噪声也会相应增大。通过增大接收口径、减少光学系统光谱接收范围能够有效提高接收信噪比并增加探测深度。

在夜间工作时背景光噪声较小，此时热噪声是直接探测系统的主要噪声源，探测性能主要受热噪声限制，此时信噪比可以表示为

$$R_{\mathrm{SN}} = \frac{P_{\mathrm{S}} s(\lambda)}{\sqrt{4kTB/R_{\mathrm{L}}}} \tag{5.62}$$

同理，热噪声限下的最大探测深度可以表示为

$$L = \frac{1}{2\alpha} \ln\left[\frac{P_{\mathrm{T}} A_{\mathrm{R}} (1 - \rho_{\mathrm{w}})^2 \rho_{\mathrm{s}} \eta_{\mathrm{ato}} m}{\pi n^2 H^2 R_{\mathrm{SN}}} \cdot \frac{s(\lambda)\eta\theta_{\mathrm{r}}}{\sqrt{4kTB/R_{\mathrm{L}}}} \right] \tag{5.63}$$

夜间背景光的光谱辐亮度远远低于白天，系统工作在热噪声限下，增大接收口径或者接收视场角都会在一定程度上增加探测深度。

因为在白天工作时，背景噪声对探测性能的影响较大，所以激光雷达探测系统工作的时间应当尽量选在晨昏或者夜晚工作。

5.6.2　艇载激光雷达参数

系统的安装方式可采用艇腹悬挂方式，如图 5.81 所示，设置一个小口径发射望远镜和三个大口径接收望远镜，小口径发射望远镜通过扫描覆盖视场 15°×5°，每个大口径接收望远镜覆盖视场 5°，通过三个接收望远镜覆盖 15°×5°。当飞行高度 20km、激光雷达下视扫描视场为 15°×5°时，海面覆盖范围为 5.2km×1.8km，飞艇低速运动的特点，使基于激光波束扫描方式实现宽覆盖范围成为可能。

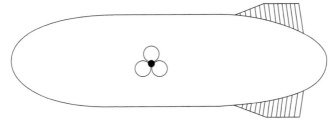

图 5.81　一个发射望远镜和三个大口径接收望远镜在艇腹悬挂布设示意图

艇载大口径共形衍射光学系统主要指标如下：

(1) 激光波长 532nm；

(2) 小口径发射望远镜 1 个；

(3) 发射望远镜下视扫描视场 15°×5°；

(4) 接收望远镜口径 2m；

(5) 接收望远镜数量 3 个；

(6) 接收望远镜下视观测视场 15°×5°；

(7) 每个接收望远镜覆盖视场 5°。

目前水深测量激光雷达波长以 532nm 为主，为提高激光雷达的测深距离，光学系统需采用大的接收口径。大口径带来的气动问题，可通过设计衍射薄膜镜与整流罩实现共形来解决；大口径带来的重量问题，可通过衍射光学系统如轻量的衍射薄膜镜来解决。为形成曲面共形衍射光学系统，可考虑将薄膜透镜共形设置在设备整流罩内侧，或将设备整流罩内侧直接加工成所需的基于二元光学器件的衍射镜。

小口径发射望远镜束散角为 50μrad，海面光斑尺寸约为 2m，通过二维扫描实现 15°×15° 的视场覆盖。大口径接收望远镜采用共形衍射光学系统，较大口径接收望远镜机械转动不便，需设置折反镜并通过折反镜的二维机械扫描实现较大的工作视场。采用透射式衍射光学系统时，通过光路压缩，可大幅减少折反镜的尺寸，便于二维机械扫描的实现，如图 5.82 所示。假定使用 10∶1 压缩光路，要实现 5° 的扫描范围，折反镜的旋转范围应达到 25°。

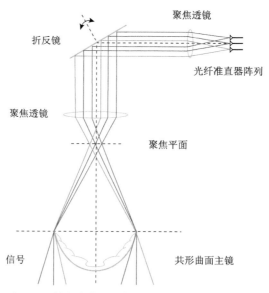

图 5.82　激光波束二维扫描的衍射光学系统示意图

　　激光收发系统采用收发光路分置的方式，其中接收系统采用全光纤光路，位置和姿态测量系统用于提供雷达的位置、姿态和速度信息。采用一发多收基于激光本振的相干接收体制。激光雷达发射高功率信号，回波信号经光学系统进入 100 组光纤准直器，每组光纤准直器都可实现激光信号的相干外差解调和光电探测，通过 100 组光纤准直器阵列覆盖较宽的接收视场。每组回波信号经光电探测和 A/D 采样后，经信号处理获取海面和海底回波的距离和角度信息，实现水深探测。

　　大口径接收望远镜的 2mrad 瞬时视场由 100 组光纤准直器阵列覆盖实现，每组光纤准直器覆盖视场约 0.02mrad，20km 航高时的瞬时视场海面覆盖范围为 40m，每组光纤准直器海面覆盖范围 4m。将接收视场设计成近线状椭圆，将准直器阵列排列成 50×2，即可使每组光纤准直器海面覆盖范围在 0.8m 量级，保证作业时海面水平网格精度优于 0.8m。

　　表 5.16 给出了艇载激光雷达系统参数，接收采用 2m 口径共形衍射光学系统，发射脉冲能量为 50mJ，发射脉冲宽度 20ns，重复频率 1kHz，激光发射平均功率在 50W 量级。

表 5.16　艇载激光雷达系统参数

参数	取值	参数	取值
飞行高度/km	20	海表反射系数	0.02
激光脉冲峰值功率/MW	2.5	海底反射系数	0.1
脉宽/ns	20	双程大气损耗因子	0.64
接收视场角/mrad	2	系统损失因子	0.3
接收望远镜口径/m	2	白天背景光的光谱辐亮度 /$(W/(m^2 \cdot nm \cdot sr))$	0.14
激光束散角/μrad	50	激光雷达系统的消光系数/m^{-1}	0.08
激光重复频率/kHz	1	信号带宽/MHz	100
m 因子	8	光学系统光谱接收范围/nm	0.01

　　激光属于窄带信号，其信号带宽通常为其时宽的倒数，为获得最大的探测信噪比，采用匹配滤波时的系统接收带宽通常设置为其信号带宽，当信号时宽为 10ns 时，对应的信号带宽即 100MHz。衍射光学系统容易获得窄的光谱接收范围，为了对太阳背景光有较好的抑制，衍射光学系统光谱范围可设计在 0.01nm 量级，对应的系统频域带宽为 10.6GHz。

5.6.3　艇载激光雷达探测性能

1. 基于大口径共形衍射光学系统

对于直接探测方式，采用大口径的共形衍射光学系统，根据表 5.16 所给参数，在近岸海域（α=0.08）进行水深探测，经计算得到系统的探测深度与接收回波信噪比曲线如图 5.83 所示。

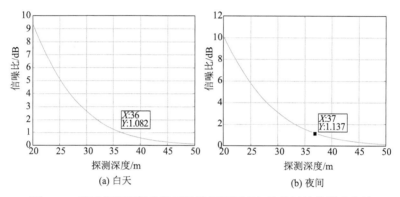

(a) 白天　　　　　　　　　　　　　　(b) 夜间

图 5.83　基于共形衍射光学系统的探测深度与接收回波信噪比曲线

若将 $R_{\mathrm{SNmin}} = 1$ 设为激光测深系统的最小信噪比阈值，由图 5.83(a) 可知，在白天工作时，系统可以探测到水下 36m，此时回波信号能量为 8.57×10^{-17}J，等效的探测灵敏度约为 229 个光子（每个光子能量为 3.74×10^{-19}J）；信号电流均方值为 $\overline{i_{\mathrm{S}}^2} = 3.40 \times 10^{-20}$A^2，信号光散弹噪声电流的均方值 $\overline{i_{\mathrm{SN}}^2} = 2.95 \times 10^{-21}$A^2，背景噪声电流的均方值 $\overline{i_{\mathrm{Bk}}^2} = 9.51 \times 10^{-21}$A^2，暗电流的均方值 $\overline{i_{\mathrm{Dk}}^2} = 1.60 \times 10^{-23}$A^2，热噪声电流的均方值 $\overline{i_{\mathrm{Th}}^2} = 1.66 \times 10^{-20}$A^2。可见在白天工作时，探测性能主要受限于背景噪声和热噪声。

由图 5.83(b) 可知，在夜晚工作时，系统可以探测到水下 37m，此时回波信号能量为 7.30×10^{-17}J，等效的探测灵敏度约为 195 个光子；信号电流均方值为 $\overline{i_{\mathrm{S}}^2} = 2.47 \times 10^{-20}$A^2，信号光散弹噪声电流的均方值 $\overline{i_{\mathrm{SN}}^2} = 2.51 \times 10^{-21}$A^2，背景噪声电流的均方值 $\overline{i_{\mathrm{Bk}}^2} = 9.51 \times 10^{-26}$A^2，暗电流的均方值 $\overline{i_{\mathrm{Dk}}^2} = 1.60 \times 10^{-23}$A^2，热噪声电流的均方值 $\overline{i_{\mathrm{Th}}^2} = 1.66 \times 10^{-20}$A^2。可见在夜间工作时，探测性能受限于热噪声。

显然，采用大口径共形衍射光学系统，有助于增加探测深度。

近年来，随着单光子探测技术的发展[64]，基于光子计数的激光雷达已投入应用，典型的如瑞士 Leica 公司推出的 SPL100 单光子激光雷达[73]。假定直接探测方式下光电探测器完成光电转换至少需要 30 个光子，采用单光子探测技术，可提高探测深度。

2. 基于激光本振

相比于直接探测激光雷达，基于激光本振的相干探测激光雷达(如 SAL[74])和激光通信技术近年也得到快速发展，本振信号的存在使目标微弱回波可实施光电转换为后续信号积累提供条件，其探测灵敏度已远优于 1 个光子。通常激光本振功率可设置得足够高(在毫瓦(mW)量级)，这使得接收端仅受限于量子噪声且容易实现窄带滤波，由此可获得较高的探测灵敏度，其灵敏度可比直接探测激光雷达高 20dB[75]。

引入激光本振之后，信号电流的均方值 $\overline{i_S^2} = 2P_S P_{Lo} s^2(\lambda)$，系统的噪声源中还需考虑本振光引起的噪声，本振光散弹噪声电流的均方值 $\overline{i_{Lo}^2} = 2eBP_{Lo}s(\lambda)$，因此信噪比方程可以表示为[72]

$$R_{SN} = \frac{\sqrt{P_S P_{Lo}} s(\lambda)}{\sqrt{eB\left[s(\lambda)\left(P_S + P_{Bk} + P_{Lo} \right) + I_d \right] + 2kTB/R_L}} \tag{5.64}$$

由式(5.64)可以看出，增大本振光功率有利于抑制除信号光引起的噪声以外的所有其他噪声，从而获得高的转换增益。因为本振光本身也要引起散弹噪声，所以本振光功率也不是越大越好，一般在 5～10mW，由本振光引起的散弹噪声电流均方值 $\overline{i_{Lo}^2}$ 在 $1.38 \times 10^{15} \sim 2.75 \times 10^{15} A^2$，即本振光引起的散弹噪声远远大于所有其他噪声。

衍射光学系统的光谱接收范围很窄，通过对背景光进行窄带滤波，可以很好地抑制背景光噪声。采用衍射光学系统，白天的背景光功率仅为 $1.38 \times 10^{-5} mW$，远远小于本振光功率，因此在引入激光本振后，认为背景噪声对系统的影响极小，可以忽略不计。在此基础上，信噪比方程可以简化为

$$R_{SN} = \sqrt{\frac{\eta_D P_S}{h\upsilon B}} \tag{5.65}$$

引入激光本振之后，虽然系统噪声有所增加，但信号电流的均方值相较直接探测方式下扩大了 P_{Lo}/P_S 倍(一般情况下，P_{Lo} 要比 P_S 大 5～7 个数量级)，因此引入激光本振对探测信噪比有一定的改善作用。式(5.65)是引入激光本振后所能达到的最大信噪比，称为量子探测极限或量子噪声限，此时最大探测深度可以表示为

$$L = \frac{1}{2\alpha} \ln \left[\frac{P_T D^2 \rho_s (1 - \rho_w)^2 \eta \eta_D \eta_{ato} m\theta_r}{4h\upsilon B n^2 H^2 R_{SN}^2} \right] \tag{5.66}$$

采用表 5.16 所给参数在开放型海域进行探测，探测深度与接收的单脉冲回波信噪比曲线如图 5.84 所示。

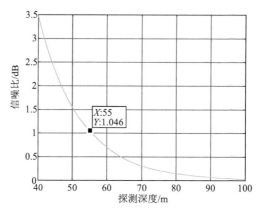

图 5.84　基于激光本振的探测深度与接收回波信噪比曲线

由图 5.84 可知，单脉冲探测时系统可以探测到水下 55m，较直接探测在探测深度上有较大优势，且工作性能几乎不受工作时段影响。激光本振设置后，系统还可采用多脉冲非相干积累技术来进一步增加探测深度至 80m 左右。

5.7　面阵探测器激光成像

ISAL 通过激光雷达与目标的相对运动，以时分方式获取回波信号，可等效实现望远镜口径的增大并提高分辨率[24,76,77]。当激光采用自发自收形式且中心波长为 1.55μm 时，目标 15.5μrad(3″) 的微小自转可实现 5cm 分辨率的成像，且与探测距离无关。

在传统 ISAL 成像距离-方位二维成像概念的基础上，本节分析面阵探测器 ISAL 成像在俯仰-方位二维方案的可行性，介绍基于面阵探测器的激光合成孔径（laser synthetic aperture，LSA）成像方法。该方法基于目标的微小自转和小幅平动形成虚拟合成孔径，实现成像结果分辨率的提高，由于无须发射和处理宽带信号，具有系统简单和现有光学系统结合紧密的特点，同时介绍傅里叶叠层（Fourier ptychographic，FP）成像算法的应用。

5.7.1　面阵探测器和系统结构

面阵探测器激光合成孔径成像可使用激光本振相干阵列探测器，如 2020 年美国点云公司发布的基于硅光芯片的光波导结构相干阵列探测器[11]，该探测器激光中心波长为 1.55μm，像元规模为 32×16，探测器像元尺寸为 8μm×5μm。相干阵列探测器的另一种实现方式为激光本振与回波采用空间光路混频，这种方式也可用于全息成像[78,79]和激光复数图像处理[80]。

采用衍射薄膜镜[7,9]的激光合成孔径成像系统结构如图 5.85 所示。望远镜焦面设置激光本振相干阵列探测器，激光种子源输出的窄带激光信号经放大形成激光发射信号，同时该信号经基准频率电信号(如 10MHz)调制后作为激光本振。目标回波信号和激光本振在探测器上实施相干探测，经 A/D 转换为数字信号后进行相干成像处理。该系统激光合成孔径图像在俯仰向和方位向二维，不涉及距离向分辨率，系统结构与成像效果与传统光学成像系统接近。

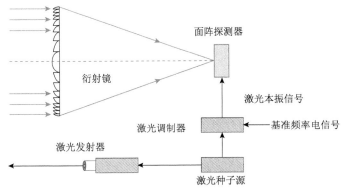

图 5.85　激光合成孔径成像系统结构图

本节系统参数设置激光波长为 1.55μm，面阵探测器规模为 64×64，探测器像元尺寸为 8μm×8μm。

5.7.2　激光回波信号模型

基于目标自转的激光合成孔径成像，以尺寸为 50m×50m×50m 的三维卫星目标和 3×3 点阵目标为观测对象，如图 5.86 所示。

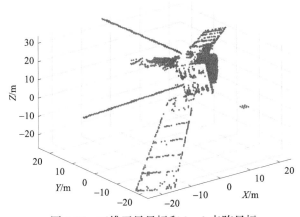

图 5.86　三维卫星目标和 3×3 点阵目标

假定三维卫星和点阵目标绕 X 轴和 Y 轴有两维自转，望远镜中心与坐标轴原点重合，目标中心与望远镜中心的距离为 R_0，如图 5.87 所示。

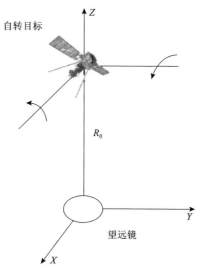

图 5.87　基于目标自转激光合成孔径成像几何示意图

根据文献[81]和[82]，当望远镜两次采集回波信号的时间间隔较小时，可忽略该时间间隔内目标自转轴矢量和自转角速度的变化，则目标中第 i 个点的坐标变化为

$$\begin{bmatrix} x_i(t) \\ y_i(t) \\ z_i(t) \end{bmatrix} \approx W\big(\Omega_x, \omega_x(t-1/f_s)\big) \cdot W\big(\Omega_y, \omega_y(t-1/f_s)\big) \cdot \begin{bmatrix} x_i(t-1/f_s) \\ y_i(t-1/f_s) \\ z_i(t-1/f_s) \end{bmatrix} \tag{5.67}$$

其中，$\omega_x(t)$ 和 $\omega_y(t)$ 为目标绕 X 轴和 Y 轴的自转角速度；f_s 为相干阵列探测器的慢时间采样频率；Ω_x 和 Ω_y 为自转轴矢量；W 为坐标变换矩阵。

激光成像系统采用收发分置脉冲体制，激光信号宽波束发射，面阵探测器宽视场接收。当面阵探测器采集低分辨率图像时，设自转目标的回波信号表达式为

$$s(x,y,t) = \sum_{i=1}^{N_t} \mathrm{rect}\left[\frac{t - R_i(x,y,t)/c}{\tau}\right] \exp\left\{-\mathrm{j}\frac{2\pi}{\lambda} R_i(x,y,t)\right\} \tag{5.68}$$

$$R_i(x,y,t) = R_t(t) + R_r(x,y,t) \tag{5.69}$$

$$R_t(t) = \sqrt{\big[x_i(t) - x_t\big]^2 + \big[y_i(t) - y_t\big]^2 + \big[y_i(t) - y_t\big]^2} \tag{5.70}$$

$$R_r(x,y,t) = \sqrt{\left[x_i(t)-x\right]^2 + \left[y_i(t)-y\right]^2 + \left[z_i(t)-R_0\right]^2} \tag{5.71}$$

其中，N_t 为点目标数量；$(x_i(t),y_i(t),z_i(t))$ 为第 i 个点目标的坐标；(x_t,y_t,z_t) 为激光器坐标；(x,y) 为接收望远镜平面；$R_t(t)$ 为激光回波从第 i 个点目标传播至望远镜平面上的距离；$R_r(x,y,t)$ 为激光回波从第 i 个点目标传播至望远镜平面上的距离；$R_i(x,y,t)$ 为第 i 个点目标信号的收发总距离；τ 为快时间脉宽；λ 为激光中心波长。

显然式 (5.68) 表述的是复数回波，且具有明确的物理意义。该回波信号经望远镜聚焦，由相干阵列探测器接收，考虑到实际探测器的信号带宽有限，其输出电信号在快频域等效做了低通滤波。

5.7.3　基于目标自转的激光合成孔径成像

1. 成像处理流程

通常低轨卫星姿态控制精度在角秒量级，姿态稳定度可达 1.7μrad/s 量级，目标客观存在的微小二维转动使对其实现激光合成孔径高分辨率成像在原理上可行。

基于目标自转的激光合成孔径成像处理流程如图 5.88 所示。相干阵列探测器多次采集获取一系列自转目标的复图像，根据每帧复图像采集时目标的自转角度计算对应空间采样中心，将多帧复图像的空间采样按照其空间采样中心进行拼接，可等效扩大空间采样范围，从而实现成像分辨率的提高。

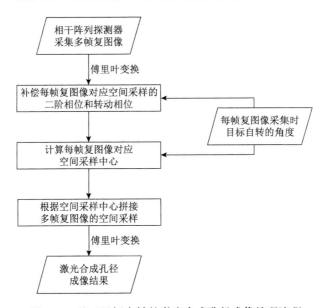

图 5.88　基于目标自转的激光合成孔径成像处理流程

2. 单帧相位校正与转动相位校正

相干阵列探测器采集的单帧复图像对应空间采样位于望远镜平面(XY)，目标在该平面上不同位置产生的斜距变化导致空间采样中出现二阶相位：

$$\varphi_0\left(x,y\right)=\frac{2\pi}{\lambda}\left(\sqrt{x^2+y^2+R_0^2}-R_0\right) \tag{5.72}$$

单帧相位校正用于补偿每帧复图像对应空间采样中式(5.72)所示二阶相位。

在目标绕 X 轴和 Y 轴自转的过程中，每个点目标与望远镜中心间的距离变化不同：当点目标位于两个自转轴的交点(原点)时，该点目标的斜距不变；当点目标偏离两个自转轴的交点时，该点目标的斜距与其到两个自转轴的距离有关。

为补偿目标自转时斜距变化导致的相位，对每帧复图像对应空间采样进行转动相位校正。计算三维目标中每个点目标与自转轴交点的距离，并将位于距离均值处的点目标作为基准，计算其在转动过程中的斜距变化，补偿每帧复图像对应空间采样中的相位。转动相位为

$$\varphi_r\left(t\right)=\frac{2\pi}{\lambda}\left\{\sqrt{x_{\mathrm{mid}}^2\left(t\right)+y_{\mathrm{mid}}^2\left(t\right)+z_{\mathrm{mid}}^2\left(t\right)}-\sqrt{x_{\mathrm{mid}}^2\left(\frac{T}{2}\right)+y_{\mathrm{mid}}^2\left(\frac{T}{2}\right)+z_{\mathrm{mid}}^2\left(\frac{T}{2}\right)}\right\} \tag{5.73}$$

在三维目标自转过程中，$(x_{\mathrm{mid}}(t),y_{\mathrm{mid}}(t),z_{\mathrm{mid}}(t))$ 为位于自转轴距离均值处的点目标的坐标，T 为相干阵列探测器采集多帧复图像的总时间。

3. 单帧图像分辨率

记探测器像元尺寸为 a，望远镜焦距为 f，望远镜口径为 D，远场条件要求目标距离 R 应满足 $R\geqslant 2D^2/\lambda$，则在远场条件下，系统的像元分辨率为 $\rho_a=aR_0/f$，望远镜的衍射极限对应的角分辨率为 $\rho_e=1.22\lambda R_0/D$，且通常有 $\rho_a>\rho_e$。

分辨率公式为

$$\rho=\frac{\lambda}{\theta} \tag{5.74}$$

$$\theta=\arctan\left(\frac{|d|}{R_0}\right)\approx\frac{|d|}{R_0} \tag{5.75}$$

其中，$|d|$ 为图像对应的空间采样范围，探测器像元角分辨率和望远镜衍射极限角分辨率对应的空间采样范围分别为 $|d_a|=\lambda f/a$ 和 $|d_e|=D/1.22$。

当成像的分辨率达到望远镜衍射极限时，空间采样范围为

$$x^2 + y^2 \leqslant \left(\frac{d_e}{2}\right)^2 \tag{5.76}$$

此时要求探测器像元尺寸满足：

$$a \leqslant f\frac{\lambda}{D} = \lambda F_\# \tag{5.77}$$

其中，$F_\#$ 为光学系统参数。该条件可在长焦系统下实现，否则等效减小图像对应的空间采样范围：

$$x^2 + y^2 \leqslant \left(\frac{d_a}{2}\right)^2 \tag{5.78}$$

4. 激光合成孔径成像分辨率分析

假定目标绕 X 轴和 Y 轴自转，因为目标自转等效激光发射器和望远镜的同步转动，所以望远镜采集复图像对应空间采样中心的变化由 2 倍目标自转角度决定。

当目标绕 X 轴和 Y 轴分别转动 $\Delta\theta_x$ 和 $\Delta\theta_y$ 时，相干阵列探测器采集复图像，该复图像对应空间采样中心为 $(2\Delta\theta_x R_0, 2\Delta\theta_x R_0)$。若在目标自转过程中，相干阵列探测器采集多帧复图像，则激光合成孔径成像在 X 和 Y 方向的空间采样范围可增大为

$$|d_u| = |d_0| + 2\Delta\theta_u R_0 \tag{5.79}$$

激光合成孔径成像分辨率为

$$\rho_u = \frac{\lambda R_0}{|d_u|} \tag{5.80}$$

其中，u 表示 x 或 y；$|d_0|$ 为单帧复图像对应空间采样范围。由 $|d_u| \geqslant |d_0|$ 可见，激光合成孔径可利用目标自转明显提高成像分辨率。

5.7.4　激光合成孔径成像仿真

当相干阵列探测器慢时间采样率较低，每帧复图像对应空间采样范围无重叠时，基于目标自转的激光合成孔径成像分析参数如表 5.17 所示，此时相干阵列探测器采集的单帧图像分辨率约低于系统衍射极限分辨率 1/4，且系统满足远场条件。设面阵中的每个相干探测器在快时间采集 1.5μs 信号，并在快时间取均

值，等效对快时间信号做了带宽 1MHz 的低通滤波。

表 5.17　基于目标自转的激光合成孔径成像参数

参数	数值	参数	数值
激光中心波长/μm	1.55	目标距离/km	20
望远镜口径/mm	120	焦距/mm	150
探测器像元尺寸/(μm×μm)	8×8	探测器规模	64×64
视场/(m×m)	68.3×68.3	望远镜有效口径/mm	30
望远镜有效口径对应角度/μrad	1.5	探测器快时间采样频率/MHz	20
激光发射脉宽/μs	1	探测器快时间采样时间窗/μs	1.5
衍射极限/μrad	15.76	衍射极限对应图像分辨率/m	0.32
像元角分辨率/μrad	53.33	像元角分辨率对应图像分辨率/m	1.07
复图像采集帧数	13	目标绕 X、Y 轴自转总角度/μrad	6.36
相邻两帧复图像采集间目标绕 X、Y 轴自转角度/μrad	0.53	激光合成孔径成像在 X、Y 方向的空间采样范围/m	0.28
激光合成孔径成像在 X、Y 方向的分辨率/m	0.11	采集图像信噪比/dB	5

　　三维卫星目标和间距 0.3m 的 3×3 点阵目标相干阵列探测器在初始时刻采集的单帧复图像及其对应空间采样结果如图 5.89 所示，根据焦距和探测器像元尺寸，其等效光瞳仅为实际光瞳的 1/4，直径为 30mm，此时单帧图像无法区分间距 0.3m 的 3×3 点阵目标。

　　基于 13 帧复图像的激光合成孔径成像结果及其空间采样结果如图 5.90 所示，此时每帧复图像对应空间采样不重叠。相比于单帧复图像，激光合成孔径成像结果在 X 和 Y 方向的分辨率提高 9 倍，此时成像结果可分辨间距 0.3m 的 3×3 点阵目标。

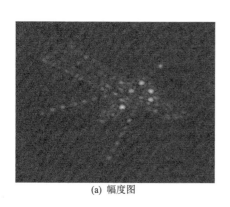

(a) 幅度图　　　　　　　　　　　　　　(b) 相位图

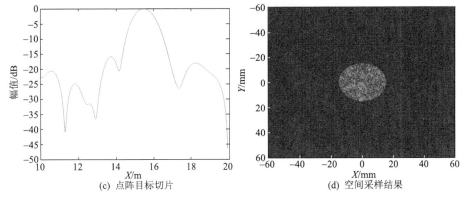

(c) 点阵目标切片　　　　　　　　(d) 空间采样结果

图 5.89　相干阵列探测器采集的单帧复图像和空间采样结果

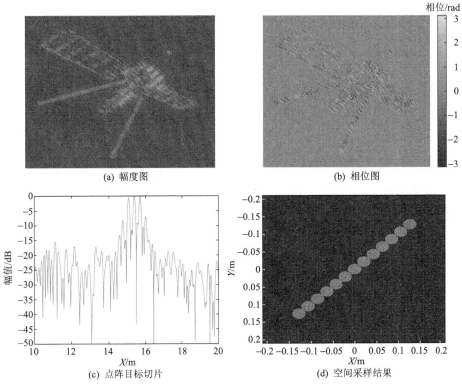

(a) 幅度图　　　　　　　　　　　(b) 相位图

(c) 点阵目标切片　　　　　　　　(d) 空间采样结果

图 5.90　激光合成孔径成像结果和无重叠空间采样结果

　　当提高相干阵列探测器的慢时间采样率，使得相邻两帧复图像对应空间采样重叠 75%时，在激光合成孔径成像结果分辨率提高 9 倍的情况下，相干阵列探测器需采集 49 帧复图像。相邻两帧复图像采集间目标绕 X 轴和 Y 轴自转的角度为 0.13μrad，目标绕 X 轴和 Y 轴自转总角度均为 6.36μrad，激光合成孔径成像在 X

和 Y 方向的空间采样范围均为 0.28m，成像结果在 X 和 Y 方向的分辨率为 0.11m。多帧复图像对应空间采样重叠率 75% 时的激光合成孔径成像结果及其空间采样如图 5.91 所示，此时成像结果可分辨间距 0.3m 的 3×3 点阵目标。对比图 5.90(d) 和图 5.91(d) 可见，重叠率的提高要求激光合成孔径成像算法增加复图像的帧数，有助于抑制噪声对成像结果的影响。

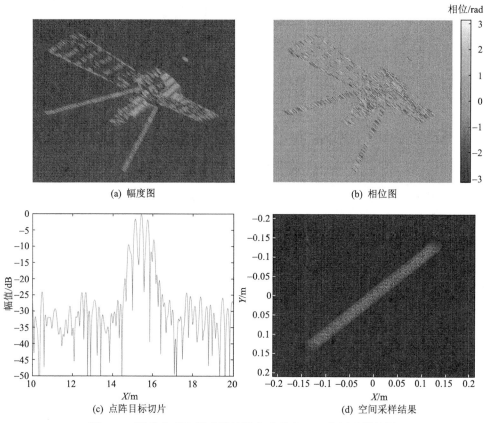

图 5.91　激光合成孔径成像结果和重叠率 75% 空间采样结果

5.7.5　傅里叶叠层成像

文献[83]提出了傅里叶叠层显微成像(Fourier ptychography microscopy，FPM)，通过单色发光二极管(light emitting diode，LED)阵列从不同角度时分照射目标并用显微镜接收图像的方式，等效增大显微镜的数值孔径和空间采样范围，从而提高成像分辨率。

由于光源对目标的不同角度照射和显微镜在不同位置的接收均可改变低分辨率图像的空间采样中心，文献[84]在 2014 年提出了小孔扫描傅里叶叠层成像(aperture-scanning Fourier ptychography)，并将该算法的应用范围由显微镜拓展至望远镜，将探测距离增大至 0.7m。傅里叶叠层显微成像针对透射目标，文献[85]在 LED 阵列照射的前提下完成了反射傅里叶叠层成像实验，将傅里叶叠层成像算法应用至反射目标。在此基础上，文献[86]基于相机移动形成合成孔径，研究了在空间采样重叠率较低条件下的傅里叶叠层成像问题。文献[87]完成了基于激光阵列照射的反射式傅里叶叠层成像实验，通过激光发射器的空间移动形成合成孔径，增大空间采样范围，提高成像分辨率，并应用于远距离遥感。

1. 基于多帧低分辨率幅度图的傅里叶叠层成像

傅里叶叠层成像算法目前在高分辨率近场显微成像方面已得到广泛应用，该成像算法采用直接探测器采集幅度图像，获取光强信息。根据表 5.17 所示参数，本小节在远场条件下设置相邻两帧图像对应空间采样重叠率为 75%，基于直接探测器阵列采集 49 帧图像，将空间采样范围增大 9 倍，进行傅里叶叠层成像仿真。

图 5.92 为三维卫星目标和间距 0.3m 的 3×3 点阵目标成像结果，图 5.93 为

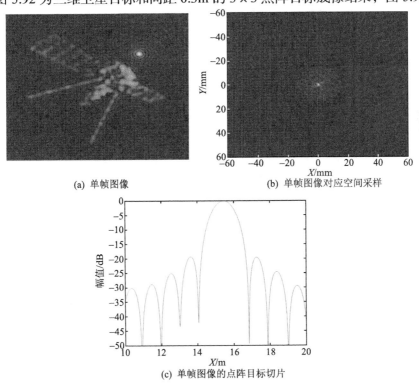

(a) 单帧图像

(b) 单帧图像对应空间采样

(c) 单帧图像的点阵目标切片

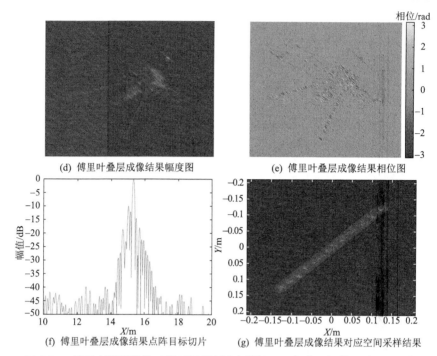

(d) 傅里叶叠层成像结果幅度图

(e) 傅里叶叠层成像结果相位图

(f) 傅里叶叠层成像结果点阵目标切片

(g) 傅里叶叠层成像结果对应空间采样结果

图 5.92 基于多帧图像的三维卫星目标和间距 0.3m 点阵目标傅里叶叠层成像结果及其空间采样结果

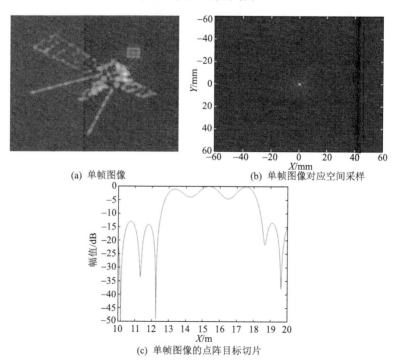

(a) 单帧图像

(b) 单帧图像对应空间采样

(c) 单帧图像的点阵目标切片

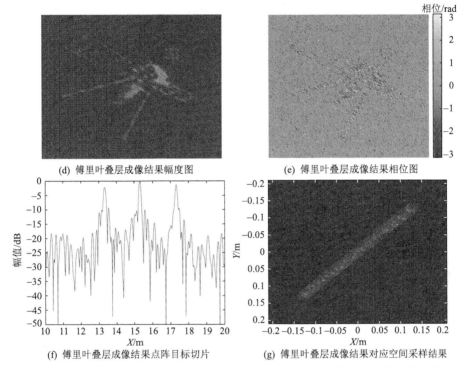

(d) 傅里叶叠层成像结果幅度图　　　　　　　(e) 傅里叶叠层成像结果相位图

(f) 傅里叶叠层成像结果点阵目标切片　　　　(g) 傅里叶叠层成像结果对应空间采样结果

图 5.93　基于多帧图像的三维卫星目标和间距 1.8m 点阵目标傅里叶叠层成像结果及其空间采样结果

三维卫星目标和间距 1.8m 的 3 × 3 点阵目标成像结果。由图 5.92 和图 5.93 可见，当点阵目标间距 0.3m 时，单帧图像和傅里叶叠层成像结果均无法分辨点阵目标；当点阵目标间距增大至 1.8m 时，单帧图像和傅里叶叠层成像结果才可分辨点阵目标。

2. 基于单帧图像的傅里叶叠层成像

以上在目标自转过程中，傅里叶叠层成像算法通过直接阵列探测器采集多帧图像，每帧图像对应空间采样可通过目标自转角度计算。考虑到直接阵列探测器无法获取图像的相位信息，在远场条件下多帧幅度图像相近，多帧图像并不能感知目标的转动信息，以下在不改变空间采样中心的条件下，用单帧图像替代多帧图像，并进行傅里叶叠层成像。

根据表 5.17 所示参数，设置相邻两帧图像对应空间采样重叠率为 75%，以三维卫星和间距 0.3m/1.8m 的 3 × 3 点阵为目标，基于单帧图像的傅里叶叠层成像仿真结果如图 5.94 和图 5.95 所示，单帧图像如图 5.92 (a) 和图 5.93 (a) 所示，形成的空间采样范围均增大 9 倍。

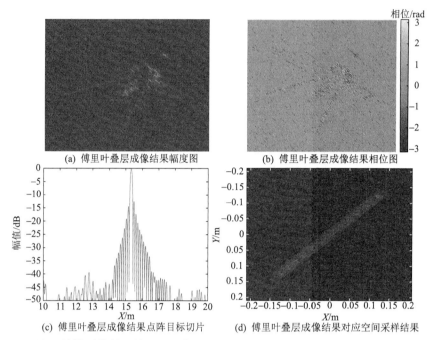

(a) 傅里叶叠层成像结果幅度图　　　　　　(b) 傅里叶叠层成像结果相位图

(c) 傅里叶叠层成像结果点阵目标切片　　　(d) 傅里叶叠层成像结果对应空间采样结果

图 5.94　基于单帧图像的三维卫星目标和间距 0.3m 点阵目标傅里叶叠层成像结果及其空间采样结果

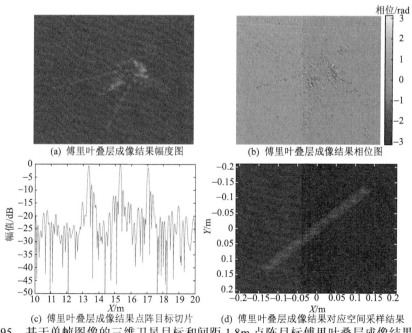

(a) 傅里叶叠层成像结果幅度图　　　　　　(b) 傅里叶叠层成像结果相位图

(c) 傅里叶叠层成像结果点阵目标切片　　　(d) 傅里叶叠层成像结果对应空间采样结果

图 5.95　基于单帧图像的三维卫星目标和间距 1.8m 点阵目标傅里叶叠层成像结果及其空间采样结果

比较图 5.94 和图 5.95 可见，基于多帧与单帧低分辨率图像的傅里叶叠层成像重构的图像结果相近，故在远场条件下的傅里叶叠层成像属于超分辨成像范畴。

5.7.6　成像方法比较和讨论

根据表 5.17 所示参数，若将焦距增大至 600mm，则相干阵列探测器采集图像可达到衍射极限分辨率。在无噪声影响时，以三维卫星和间距 0.8m 的 3×3 点阵为目标时的衍射极限分辨率图像（对应 600mm 焦距）、低分辨率图像（对应 150mm 焦距）、无空间采样重叠时基于 5 帧图像的激光合成孔径成像结果、空间采样重叠率为 75%时基于 15 帧图像的激光合成孔径成像结果、空间采样重叠率 75%时基于 15 帧图像的傅里叶叠层成像结果、基于多帧图像的傅里叶叠层成像结果和基于单帧图像的傅里叶叠层成像结果如图 5.96 所示，其中激光合成孔径成像和傅里叶叠层成像均基于焦距 150mm 时采集的低分辨率图像，并将图像对应空间采样在 X 和 Y 方向增大约 4 倍，此时激光合成孔径成像分辨率理论值与衍射极限分辨率相近，均为 0.32m。

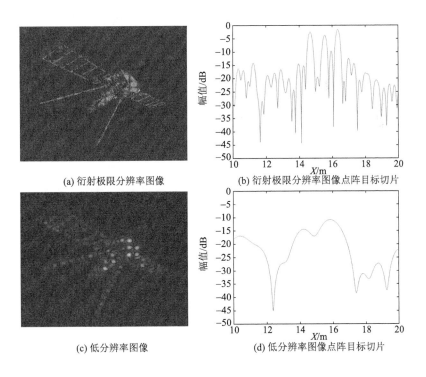

(a) 衍射极限分辨率图像　　　　　　(b) 衍射极限分辨率图像点阵目标切片

(c) 低分辨率图像　　　　　　(d) 低分辨率图像点阵目标切片

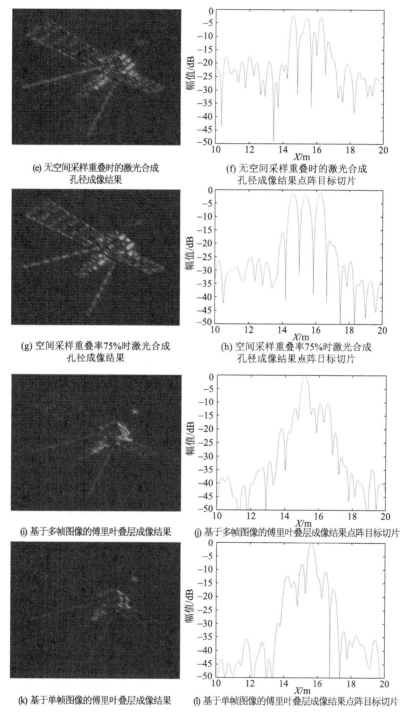

(e) 无空间采样重叠时的激光合成
孔径成像结果

(f) 无空间采样重叠时的激光合成
孔径成像结果点阵目标切片

(g) 空间采样重叠率75%时激光合成
孔径成像结果

(h) 空间采样重叠率75%时激光合成
孔径成像结果点阵目标切片

(i) 基于多帧图像的傅里叶叠层成像结果

(j) 基于多帧图像的傅里叶叠层成像结果点阵目标切片

(k) 基于单帧图像的傅里叶叠层成像结果

(l) 基于单帧图像的傅里叶叠层成像结果点阵目标切片

图 5.96　衍射极限分辨率图像、低分辨率图像与成像结果对比

衍射极限分辨率图像、低分辨率图像、激光合成孔径成像结果和傅里叶叠层成像结果的比较如表 5.18 所示，其中相干系数通过衍射极限分辨率图像幅度图与其他图像幅度图计算。

表 5.18　重构高分辨率图像与衍射极限条件下的高分辨率图像比较

图像种类	间距 0.8m 的 3×3 点阵目标分辨情况	与衍射极限分辨率图像的相干系数
衍射极限分辨率图像	是	1
低分辨率图像	否	0.61
无空间采样重叠时的激光合成孔径成像结果	是	0.76
空间采样重叠率 75%时的激光合成孔径成像结果	是	0.82
基于多帧图像的傅里叶叠层成像结果	否	0.66
基于单帧图像的傅里叶叠层成像结果	否	0.57

由对比结果可见，激光合成孔径成像可有效提高图像的分辨率，且成像结果幅度图与高分辨率图像幅度图的相干系数较高。相邻两帧复图像对应空间采样的重叠率增大至 75%时，相干阵列探测器的慢时间采样率提高，成像使用的复图像数量增加，空间采样的稀疏度降低，激光合成孔径成像的相干系数可进一步提高。

远场条件下，傅里叶叠层成像虽然增大了图像的空间采样范围并重构了复图像相位，但是该相位与实际情况下高分辨率复图像相位可能存在较大差异，因此无法有效提高成像分辨率。相比于低分辨率图像，基于多帧图像的傅里叶叠层成像幅度图与高分辨率图像幅度图的相干系数较高。

相干阵列探测器获取的复图像信号，在激光合成孔径的形成中具有严格的数学关系和明确的物理意义，这使激光合成孔径成像在原理上可实现很高的成像分辨率，并具有重要的应用价值。与之不同，傅里叶叠层成像算法需要通过空间采样重叠实现"相位恢复"，形成复图像，可通过直接阵列探测器采集图像，具有系统简单的特点，但其高分辨率实现建立在多帧低分辨率图像已具备一定分辨能力的基础上，本质为图像的数值解，重构复图像相位具有多值性，物理意义不清楚，不属于传统的匹配滤波相干成像概念，应划归超分辨成像范畴。

5.8　频域稀疏采样激光成像

目前探测器规模在 20000×20000 的可见光相机已很常见，随着高分辨率宽幅相机需求的不断扩大，探测器的规模还在进一步扩大。由此带来两个问题：

（1）大规模探测器研制周期长、成本较高，通过小规模探测器拼接大规模探测器（尤其是要实现无缝拼接）将使相机方案复杂，并会增加较多的体积重量；

（2）大规模探测器产生的海量数据，给数据存储、传输和处理带来极大困难，为实现数据传输，数据压缩已是必不可少的环节。

前端先大数据量采集，后端再数据压缩，这似乎是一个前后矛盾的过程。激光具有窄带性和单色性，由傅里叶光学成像 4f 实验[88]和文献[89]可知，利用激光探测获取的目标信号在频域稀疏且频谱集中在低频区间。在此基础上，利用傅里叶透镜将激光图像变换到频域，在其低频区间实施稀疏采样，进一步通过反演实现激光成像具有可行性。

将小规模面阵探测器设置在激光回波频谱低频区间，用频域稀疏采样的方式可等效对激光回波复图像的二维低频滤波，在仅丢失图像部分高频信息的情况下，以小幅牺牲分辨率为代价减少图像数据量，或可大幅缓解探测器规模和高分宽幅成像的矛盾。近年来快速发展的计算成像技术[90]为频域稀疏采样激光成像思路提供了一定程度的理论和实践支持，如文献[87]将傅里叶叠层成像技术用于远距离遥感成像问题。

文献[9]探讨了图像频域稀疏激光成像问题，给出了一些初步仿真结果，基于激光本振相干探测技术体制，其技术实现原理清楚。2020 年美国 Point Cloud 公司基于硅光芯片的 FMCW 激光雷达相干阵列探测器（阵元规模为 512（32×16）），使频域稀疏激光成像成为可能。考虑到目前大量应用的激光探测器仍然采用没有激光本振的直接探测体制，主要实现信号平方律检波功能，为便于区分，本节将其简称为直接探测器，本节在文献[9]和时域相干探测[23]的基础上研究基于直接探测器的频域稀疏采样激光成像问题。

5.8.1　图像频域稀疏采样

基于直接探测器的频域稀疏采样成像系统结构如图 5.97 所示，其中 F 为经接收望远镜聚焦后的激光回波复图像，f 表示傅里叶透镜的焦距。激光器发射相同的两束激光，其中一束用于照射目标以获取激光回波，另一束作为参考激光，经空间相位调制后用于激光回波频谱的重构。激光回波经过傅里叶透镜处理，其频谱和参考激光的相干光由直接探测器接收。空间光调制器采用时分方式，对参考激光实现 0° 和 90° 相移处理，以获取激光回波频谱的实部和虚部。为减少数据量，采用小规模面阵直接探测器，并在低频区由 5 个 1/4×1/4 规模频域探测器构成十字形。

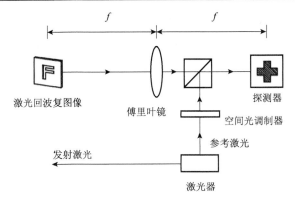

图 5.97　基于直接探测器的频域稀疏采样成像系统结构

在对基于直接探测器的复图像重构过程进行分析前，做出以下假设：

（1）面阵探测器中各直接探测像元位于 XY 平面；

（2）频域采样过程中，激光器、目标和傅里叶透镜之间的距离固定，激光由激光器传播至傅里叶透镜所经过的光程为定值；

（3）在空间光调制器对参考激光做 0° 和 90° 相移过程中，激光回波复图像保持不变；

（4）参考激光的幅度远大于激光回波频谱的幅度。

激光回波为复信号，经过傅里叶透镜处理后所得频谱为复数，因此可设置激光回波频谱的表达式为

$$U_1(x,y,t) = a_1(x,y)e^{j\theta_1(x,y,t)} \tag{5.81}$$

双路参考激光的表达式为

$$U_2(x,y,t) = a_2(x,y)e^{j\theta_2(x,y,t)} \tag{5.82}$$

参考激光经空间光调制器相移 90° 后的表达式为

$$U_2'(x,y,t) = a_2(x,y)e^{j\left[\theta_2(x,y,t)-\frac{\pi}{2}\right]} \tag{5.83}$$

其中，$a_1(x,y)$ 和 $a_2(x,y)$ 分别为回波频谱和参考激光在探测器平面上的幅度；$\theta_1(x,y,t) = 2\pi f_0 t + \varphi_1(x,y)$ 和 $\theta_2(x,y,t) = 2\pi f_0 t + \varphi_2(x,y)$ 分别为回波频谱和参考激光在探测器平面的相位，f_0 为激光载频，t 为快时间，$\varphi_1(x,y)$ 和 $\varphi_2(x,y)$ 分别为回波频谱和参考激光在探测器平面上坐标 (x,y) 位置上的初始相位。

文献[23]表明，同源同频（同波长）参考激光和激光回波具有时域相干性，傅里叶透镜对每个快时间时刻的激光回波复图像在二维空间域做傅里叶变换，并未改

变激光回波的时域相干性，因此激光回波频谱与参考激光在时域也具有相干性。

激光回波频谱和相移 90° 前后的参考激光在探测器平面上相干后的光强[91-93]为

$$
\begin{aligned}
& I_{\mathrm{I}}(x,y,t) \\
&= \left[U_1(x,y,t)+U_2(x,y,t)\right]\left[U_1(x,y,t)+U_2(x,y,t)\right]^* \\
&= a_1^2(x,y)+a_2^2(x,y)+2a_1(x,y)a_2(x,y)\cos\left[\theta_1(x,y,t)-\theta_2(x,y,t)\right] \\
&= a_1^2(x,y)+a_2^2(x,y)+2a_1(x,y)a_2(x,y)\cos\left[\varphi_1(x,y)-\varphi_2(x,y)\right] \\
&= I_{\mathrm{I}}(x,y)
\end{aligned} \tag{5.84}
$$

$$
\begin{aligned}
& I_{\mathrm{Q}}(x,y,t) \\
&= \left[U_1(x,y,t)+U_2'(x,y,t)\right]\left[U_1(x,y,t)+U_2'(x,y,t)\right]^* \\
&= a_1^2(x,y)+a_2^2(x,y)+2a_1(x,y)a_2(x,y)\cos\left[\theta_1(x,y,t)-\theta_2(x,y,t)+\frac{\pi}{2}\right] \\
&= a_1^2(x,y)+a_2^2(x,y)-2a_1(x,y)a_2(x,y)\sin\left[\theta_1(x,y,t)-\theta_2(x,y,t)\right] \\
&= a_1^2(x,y)+a_2^2(x,y)-2a_1(x,y)a_2(x,y)\sin\left[\varphi_1(x,y)-\varphi_2(x,y)\right] \\
&= I_{\mathrm{Q}}(x,y)
\end{aligned} \tag{5.85}
$$

其中，$*$ 表示信号的共轭；$\theta_1(x,y,t)-\theta_2(x,y,t)=\varphi_1(x,y)-\varphi_2(x,y)$ 消除了激光载波的影响。

由假设可得 $a_2(x,y)\gg a_1(x,y)$，因此式 (5.84) 和式 (5.85) 中的 $a_1^2(x,y)$ 可忽略。用功率计可获取参考激光的光强 $a_2^2(x,y)$，经换算可将式 (5.84) 和式 (5.85) 转化为激光回波频谱实部和虚部的表达式：

$$
\hat{S}_{\mathrm{I}}(x,y)=a_1(x,y)\cos\left[\theta_1(x,y,t)-\theta_2(x,y,t)\right]\approx\frac{1}{2}\left[\frac{I_{\mathrm{I}}(x,y)}{a_2(x,y)}-a_2(x,y)\right] \tag{5.86}
$$

$$
\hat{S}_{\mathrm{Q}}(x,y)=a_1(x,y)\sin\left[\theta_1(x,y,t)-\theta_2(x,y,t)\right]\approx\frac{1}{2}\left[a_2(x,y)-\frac{I_{\mathrm{Q}}(x,y)}{a_2(x,y)}\right] \tag{5.87}
$$

由式 (5.86) 和式 (5.87) 组合可得复频谱：

$$
\hat{S}(x,y)=a_1(x,y)\mathrm{e}^{\mathrm{j}\left[\theta_1(x,y,t)-\theta_2(x,y,t)\right]}=a_1(x,y)\mathrm{e}^{\mathrm{j}\left[\varphi_1(x,y)-\varphi_2(x,y)\right]} \tag{5.88}
$$

因 $\theta_1(x,y,t)-\theta_2(x,y,t)$ 仅为 XY 平面上的变量，该复频谱在任意时刻固定。式 (5.88) 所示复频谱与激光回波频谱 $a_1(x,y)\mathrm{e}^{\mathrm{j}\varphi_1(x,y)}$ 存在相位差，当参考激光的初

始相位 $\varphi_2(x,y)=0$ 时，激光回波频谱恢复效果较好；当参考激光的初始相位 $\varphi_2(x,y)=\pi/2$ 时，激光回波频谱的幅度仍能较好恢复，但重构频谱与激光回波频谱正交。

当设置参考激光的初始相位为零时，式 (5.88) 重构频谱经傅里叶逆变换可得激光回波，即实现图像的重构。

5.8.2　频域稀疏采样成像仿真

目前涉及激光雷达回波复图像研究的文献不多，与微波成像雷达类似，激光成像雷达回波信号的初始相位也应由目标斜距决定，因此激光回波复图像的相位与其幅度应具有强相关性，部分傅里叶叠层成像文献对复图像的幅度和相位不建立相关性，会造成复图像物理意义不明确。

受实验条件所限并使问题简化，本节仿真中假定激光回波复图像的相位与其灰度图相同，傅里叶叠层成像研究工作中也常做这种假定。

图 5.98 给出了本节仿真分析所用的像素规模为 256×256 的复图像幅度图，设置该复图像的相位图与幅度图一致，且相位的变化范围设置为 0~2π。根据 5.8.1 节推导仿真激光回波频谱和图像的重构。本节在仿真中设置参考激光和激光回波频谱的幅度关系为 $a_2(x,y)=30\mu\left[a_1(x,y)\right]$，$a_2(x,y)$ 为不随 X 和 Y 变化的固定值，参考激光的初始相位 $\varphi_2(x,y)=0$，其中 $\mu[\cdot]$ 表示取均值，实际工作中可在没有参考激光的条件下用频域直接探测器大致估计 $a_1(x,y)$ 的均值。

图 5.98　激光回波复图像幅度图

1. 面阵探测器重构频谱和图像

在面阵中满布 256×256 个直接探测器的情况下，仿真激光回波频谱和图像的重构，仿真结果如图 5.99～图 5.101 所示。由仿真结果可见，面阵探测器重构图像与激光回波图像基本一致。

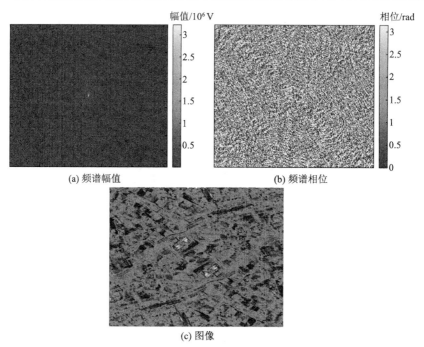

幅值/10⁶ V　　　　　　　相位/rad

(a) 频谱幅值　　　　　　(b) 频谱相位

(c) 图像

图 5.99　面阵探测器频谱实部重构

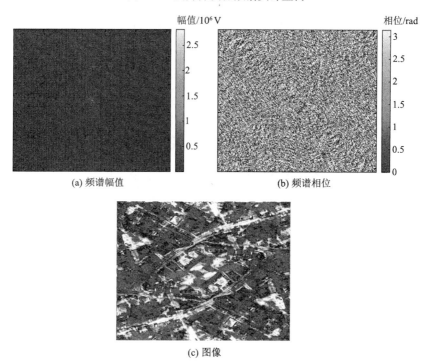

幅值/10⁶ V　　　　　　　相位/rad

(a) 频谱幅值　　　　　　(b) 频谱相位

(c) 图像

图 5.100　面阵探测器频谱虚部重构

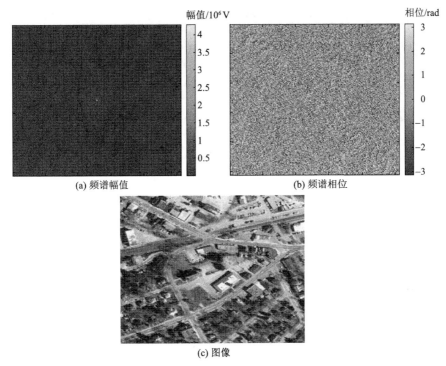

幅值/10⁶ V

相位/rad

(a) 频谱幅值

(b) 频谱相位

(c) 图像

图 5.101　面阵探测器频谱重构

2. 稀疏面阵探测器重构频谱和图像

用 5 个 1/4×1/4 规模频域直接探测器拼接构成十字形的情况下，仿真激光回波频谱和图像的重构，探测器范围如图 5.102 所示，仿真结果如图 5.103～图 5.105 所示。图 5.101 与图 5.105 对比可见，面阵探测器重构复图像效果优于十字形探测器重构复图像，频域稀疏导致激光回波频谱部分信息损失。

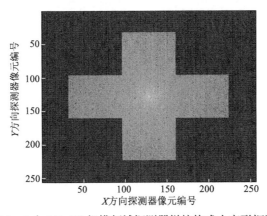

图 5.102　5 个 1/4×1/4 规模频域探测器拼接构成十字形探测范围

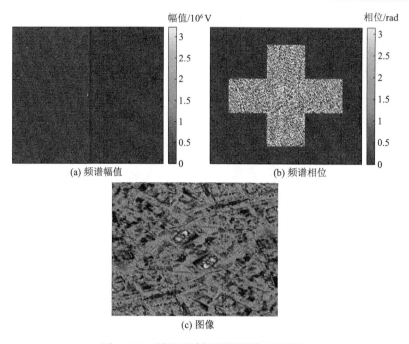

(a) 频谱幅值　　　　　　　　(b) 频谱相位

(c) 图像

图 5.103　稀疏面阵探测器频谱实部重构

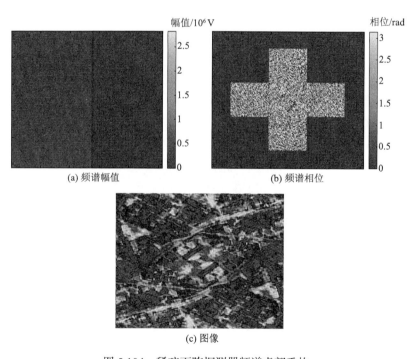

(a) 频谱幅值　　　　　　　　(b) 频谱相位

(c) 图像

图 5.104　稀疏面阵探测器频谱虚部重构

(a) 频谱幅值　　　　　　　　　(b) 频谱相位

(c) 图像

图 5.105　稀疏面阵探测器频谱重构

3. 重构效果评价

本节采用相干系数、均方误差和结构相似度评价激光回波复图像和频谱的重构效果。以下将在面阵探测器和稀疏面阵探测器的条件下，根据式(5.88)重构所得频谱及其经傅里叶逆变换所得复图像分别定义为面阵探测器重构频谱、面阵探测器重构复图像、稀疏面阵探测器重构频谱和稀疏面阵探测器重构复图像。

相干系数表示重构复图像(频谱)与激光回波复图像(频谱)之间的线性关系，其范围为 $[0,1]$，相干系数越接近 1，复图像(频谱)的重构效果越好，其定义式为

$$\gamma = \left| \frac{E\left(\hat{S}S^*\right)}{\sqrt{E\left(\hat{S}\hat{S}^*\right)E\left(SS^*\right)}} \right| \tag{5.89}$$

其中，$E(g)$ 表示计算数学期望，也可用平均值替代；S 为激光回波复图像或频谱；$\hat{S}$ 为重构复图像或频谱。

均方误差表征重构复图像(频谱)与激光回波复图像(频谱)的差异程度，其表

达式为

$$\text{MSE} = \frac{1}{N} \sum_{i=1}^{N} (\hat{s}_i - s_i)^2 \tag{5.90}$$

其中，N 为复图像(频谱)的规模，本节中 $N = 256 \times 256$；$\hat{s}_i$ 和 s_i 分别为重构复图像(频谱)和激光回波复图像(频谱)中第 i 个单元的值。均方误差越小，表示重构效果越好。

结构相似度从对比度、亮度和结构等角度评价复图像(频谱)的重构效果，其表达式为

$$\text{SSIM} = \frac{\left[2E(S)E(\hat{S}) + C_1 \right]\left[2\text{cov}(S,\hat{S}) + C_2 \right]}{\left[E^2(S) + E^2(\hat{S}) + C_1 \right]\left[D^2(S) + D^2(\hat{S}) + C_2 \right]} \tag{5.91}$$

其中，$D(\cdot)$ 表示计算方差；$\text{cov}(\cdot)$ 表示计算协方差；C_1 和 C_2 均为常数矩阵。结构相似度的范围为 $[0,1]$。当 $\text{SSIM}=1$ 时，两幅复图像(频谱)完全相同；当 $\text{SSIM}=0$ 时，两幅复图像(频谱)不相关。

面阵探测器和稀疏面阵探测器重构频谱和复图像的相干系数、均方误差和结构相似度如表 5.19 所示。由相干系数和均方误差可见稀疏面阵探测器的频谱重构效果较好，但由于利用傅里叶逆变换重构复图像对频谱的精确度要求较高，稀疏面阵探测器重构复图像结构相似度明显降低，均方误差增大。

表 5.19 　面阵探测器和稀疏面阵探测器频谱与复图像重构效果

重构结果	相干系数	均方误差	结构相似度
面阵探测器重构频谱	1.00	2.51	1.00
面阵探测器重构复图像	1.00	0.01	1.00
稀疏面阵探测器重构频谱	0.96	22.14	1.00
稀疏面阵探测器重构复图像	0.96	1857.25	0.67

4. 参数变化的影响分析

上述仿真和分析均基于参考激光和激光回波频谱幅度满足 $a_2(x,y) = 30\mu[a_1(x,y)]$，参考激光的初始相位 $\varphi_2(x,y) = 0$ 的条件，以下基于相干系数分析幅度比值 $R = \dfrac{a_2(x,y)}{\mu[a_1(x,y)]}$ 和 $\varphi_2(x,y)$ 对重构效果的影响。

图 5.106 和图 5.107 分别为 $\varphi_2(x, y) = 0$ 条件下不同 R 对应的稀疏面阵探测器重构复图像的相干系数曲线，以及 $R = 30$ 条件下不同 $\varphi_2(x, y)$ 对应稀疏面阵探测器重构复图像的相干系数曲线。

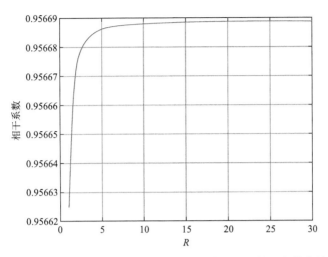

图 5.106　R 与稀疏面阵探测器重构复图像相干系数的变化曲线

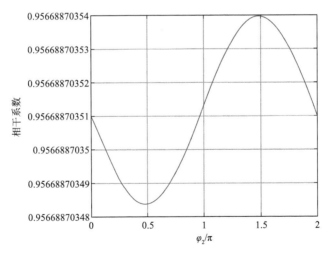

图 5.107　$\varphi_2(x, y)$ 与稀疏面阵探测器重构复图像相干系数的变化曲线

由仿真结果可知，参考激光的初始相位对激光回波复图像的重构效果没有明显的影响，参考激光幅度和激光回波频谱幅度均值的比值 R 的增大可提升复图像的重构性能。当 $R \to 30$ 时，相干系数的增大趋于平稳。$R = 30$ 条件虽在一定程度上牺牲了探测器的动态范围，但能够保证获得较好的重构结果。

为基于直接探测器重构复频谱，采用时分方式对参考激光实现的空间相位调制，这对高数据传输率成像造成了一定影响，因此本节方法适用于场景变化缓慢、需求对时效性要求不高的情景。与此同时，该方法要求参考激光的幅度较大，这在一定程度上降低了探测器的动态范围。

在复频谱重构过程中引入参考激光，其思路和数字全息成像有相近之处。目前的数字全息成像采样在图像域完成，其重构工作主要是为了恢复图像的幅度（灰度），对其相位的重构效果较差，将本节方法用于数字全息成像[94-96]，不以稀疏采样减少数据量为目的时，有可能获得比现有数字全息方法更好的复图像重构效果，持续相关研究工作具有重要意义。

5.9　本章小结

本章论述了衍射光学系统的几种激光应用方式，表明了衍射光学系统的重要价值，相关概念对大口径激光雷达和激光通信技术的发展具有重要意义，而临近空间和外层空间，已成为衍射光学系统激光应用的广阔天地。

本章分析的大口径激光雷达都是在远场条件下进行的，对地和对海应用涉及的近场问题，可考虑通过在衍射薄膜镜中设置近场补偿相位来解决。

本章同时探讨了阵列探测器激光成像和频域稀疏采样激光成像问题，对我国高分辨率激光成像探测技术的发展也具有重要意义。

参 考 文 献

[1] 焦建超, 苏云, 王保华, 等. 地球静止轨道膜基衍射光学成像系统的发展与应用[J]. 国际太空, 2016, (6): 49-55.

[2] 刘韬, 张润松. 国外地球静止轨道高分辨率光学成像系统发展综述[J]. 航天器工程, 2017, 26(4): 91-100.

[3] Zhu J, Xie Y. Large aperture diffractive telescope design for space-based lidar receivers[C]. Selected Proceedings of the Photoelectronic Technology Committee Conferences, 2015, Beijing, 9795: 1-6.

[4] 李道京, 胡烜. 合成孔径激光雷达光学系统和作用距离分析[J]. 雷达学报, 2018, 7(2): 263-274.

[5] 高敬涵, 李道京, 周凯, 等. 共形衍射光学系统机载激光雷达测深距离的分析[J]. 激光与光电子学进展, 2021, 58(12): 67-74.

[6] 胡烜, 李道京. 10m衍射口径天基合成孔径激光雷达系统[J]. 中国激光, 2018, 45(12): 261-271.

[7] 李道京, 高敬涵, 崔岸婧, 等. 2m衍射口径星载双波长陆海激光雷达系统研究[J]. 中国激光, 2022, 49(3): 123-134.

[8] 周程灏, 王治乐, 朱峰. 大口径光学合成孔径成像技术发展现状[J]. 中国光学, 2017, 10(1): 25-38.

[9] 李道京, 朱宇, 胡烜, 等. 衍射光学系统的激光应用和稀疏成像分析[J]. 雷达学报, 2020, 9(1): 195-203.

[10] 李道京, 侯颖妮, 滕秀敏, 等. 稀疏阵列天线雷达技术及其应用[M]. 北京: 科学出版社, 2014.

[11] Rogers C, Piggott A Y, Thomson D J, et al. A universal 3D imaging sensor on a silicon photonics platform[J]. Nature, 2021(590): 256-261.

[12] Hu K, Zhao Y Q, Ye M, et al. Design of a CMOS ROIC for InGaAs self-mixing detectors used in FM/cw LADAR[J]. IEEE Sensors Journal, 2017, (99): 5547-5557.

[13] 马阎星, 吴坚, 粟荣涛, 等. 光学相控阵技术发展概述[J]. 红外与激光工程, 2020, 49(10): 44-57.

[14] Yaacobi A, Sun J, Moresco M, et al. Integrated phased array for wide-angle beam steering[J]. Optics Letters, 2014, 39(15): 4575-4578.

[15] Sun J, Timurdogan E, Yaacobi A, et al. Large-scale nanophotonic phased array[J]. Nature, 2013, (493): 195-199.

[16] Hancock S, Mcgrath C, Lowe C, et al. Requirements for a global lidar system: Spaceborne lidar with wall-to-wall coverage[J]. The Royal Society, 2021, (12): 1-6.

[17] 朱进一, 谢永军. 采用衍射主镜的大口径激光雷达接收光学系统[J]. 红外与激光工程, 2017, 46(5): 1-8.

[18] McGrath C, Lowe C, Macdonald M, et al. Investigation of very low Earth orbit(VLEOs) for Global Spaceborne lidar[J]. CEAS Space Journal, 2022, (14): 625-636.

[19] 李道京, 胡烜, 周凯, 等. 基于共形衍射光学系统的合成孔径激光雷达成像探测[J]. 光学学报, 2020, 40(4): 179-192.

[20] Xu X W, Gao S, Zhang Z H. Inverse synthetic aperture ladar demonstration and outdoor experiments[C]. China International SAR Symposium, Shanghai, 2018: 1-4.

[21] Waller D, Campbell L, Domber J L, et al. MOIRE primary diffractive optical element structure deployment testing[C]. AIAA Spacecraft Structures Conference, Kissimmee, 2015, 1836: 1-10.

[22] 杜剑波, 李道京, 马萌, 等. 基于干涉处理的机载合成孔径激光雷达振动估计和成像[J]. 中国激光, 2016, 43(9): 253-264.

[23] 谭千里. 四象限探测器组件在激光制导技术中的应用[J]. 半导体光电, 2005, (2): 155-157.

[24] 李道京, 周凯, 崔岸婧, 等. 多通道逆合成孔径激光雷达成像探测技术和实验研究[J]. 激光与光电子学进展, 2021, 58(18): 342-353.

[25] 李燕平, 邢孟道, 保铮. 一种改进的相位梯度自聚焦算法[J]. 西安电子科技大学学报, 2007, (3): 386-391, 427.

[26] 孙鹏举, 高卫, 汪岳峰. 目标激光雷达截面的计算方法及应用研究[J]. 红外与激光工程, 2006, (5): 597-600, 607.

[27] 尹德成. 弹载合成孔径雷达制导技术发展综述[J]. 现代雷达, 2009, 11: 20-24.

[28] 李道京, 张麟兮, 俞卞章. 主动雷达成像导引头中几个问题的研究[J]. 现代雷达, 2003, 25(5): 1-4.

[29] Neumann C. MMW-SARseeker against ground targets in a drone application[C]. European Conference on Synthetic Aperture Radar, Cologne, 2002: 457-460.

[30] Malenke T. W-band-radar system in a dual-mode seeker for autonomous target detection[C].

European Conference on Synthetic Aperture Radar, Cologne, 2002: 457-461.

[31] 习远望, 张江华, 刘逸平. 空地导弹雷达导引头最新技术进展[J]. 火控雷达技术, 2010, 39(2): 17-22.

[32] 朱瑞平, 何炳发. 一种新型有限扫描空馈相控阵天线[J]. 现代雷达, 2003, 25(6): 49-53.

[33] 彭祥龙. 国外毫米波电扫描技术[J]. 电讯技术, 2009, 49(1): 85-90.

[34] 付彦辉. 人眼安全下红外/激光导引头光学系统总体设计[D]. 哈尔滨: 哈尔滨工业大学, 2010.

[35] 何均. 毫米波/红外共孔径复合导引头技术分析[J]. 电讯技术, 2012, 52(7): 1222-1226.

[36] 张直中. 多普勒波束锐化(DBS)理论和实践中若干问题的探讨[J]. 现代雷达, 1991, 13(2): 1-12.

[37] 李道京, 张清娟, 刘波, 等. 机载合成孔径激光雷达关键技术和实现方案分析[J]. 雷达学报, 2013, 2(2): 143-151.

[38] 胡烜, 李道京, 赵绪锋. 基于本振数字延时的合成孔径激光雷达信号相干性保持方法[J]. 中国激光, 2018, 45(5): 242-258.

[39] 马萌, 李道京, 杜剑波. 振动条件下机载合成孔径激光雷达成像处理[J]. 雷达学报, 2014, 3(5): 591-602.

[40] 赵志龙, 吴谨, 王海涛, 等. 微弱回波条件下差分合成孔径激光雷达成像实验演示[J]. 光学精密工程, 2018, 26(2): 276-283.

[41] Hu X, Li D J. Vibration phases estimation based on multi-channels interferometry for ISAL[J]. Applied Optics, 2018, 57(22): 6481-6490.

[42] Merrill I, 斯科尔尼克. 雷达系统导论[M]. 林茂庸, 等译. 北京: 国防工业出版社, 1992.

[43] 王钢, 周若飞, 邹吷珺. 基于压缩感知理论的图像优化技术[J]. 电子与信息学报, 2020, 42(1): 222-233.

[44] 李烈辰, 李道京, 张清娟. 基于压缩感知的三孔径毫米波合成孔径雷达侧视三维成像[J]. 电子与信息学报, 2013, 35(3): 552-558.

[45] 陈超. 基于二维压缩感知的高分辨SAR成像研究[D]. 西安: 西安电子科技大学, 2013.

[46] 陆延丰, 周国富. 用于脉间码捷变脉冲压缩雷达的低旁瓣 m 序列码[J]. 清华大学学报(自然科学版), 1988, (4): 23-30.

[47] 孙光民, 刘国岁, 顾红. Signal analysis and processing for random binary phase coded pulse radar[J]. 系统工程与电子技术(英文版), 2004, 15(4): 520-524.

[48] 胡英辉, 郑远, 耿旭朴, 等. 相位编码信号的多普勒补偿[J]. 电子与信息学报, 2009, 31(11): 2596-2599.

[49] Korshunov A Y, Fridman L B, Sinitsin E A. Analysis of influence of Doppler frequency shift on effectiveness of phase-shift keyed signal compression[C]. The 36th International Conference on Telecommunications and Signal Processing, Rome, 2013: 667-671.

[50] Hu X, Li D J, Du J B. Image processing for GEO object with 3D rotation based on ground-based InISAL with orthogonal baselines[J]. Applied Optics, 2019, 58(15): 3974-3985.

[51] 李丹阳, 吴谨, 万磊, 等. 天基合成孔径激光雷达成像理论初步[J]. 光学学报, 2019, 39(7): 357-364.

[52] 马萌. 正交基线毫米波 InISAR 运动目标成像探测技术研究[D]. 北京: 中国科学院大学, 2017.

[53] 郝万宏, 李海涛, 黄磊, 等. 建设中的深空测控网甚长基线干涉测量系统[J]. 飞行器测控学报, 2012, 31(S1): 34-37.

[54] 李春来, 张洪波, 朱新颖. 深空探测 VLBI 技术综述及我国的现状和发展[J]. 宇航学报, 2010, 31(8): 1893-1899.

[55] Tokoro S, Kuroda K, Kawakubo A, et al. Electronically scanned millimeter-wave radar for precrashi safety and adaptive cruise control system[C]. IEEE IV2003 Intelligent Vehicles Symposium, Columbus, 2003: 304-309.

[56] 李海涛. 深空测控通信系统设计原理与方法[M]. 北京: 清华大学出版社, 2015.

[57] 高铎瑞, 李天伦, 孙悦, 等. 空间激光通信最新进展与发展趋势[J]. 中国光学, 2018, 11(6): 901-913.

[58] Kim H. Airborne bathymetric charting using pulsed blue-green lasers[J]. Applied Optical, 1977, 16(1): 46-56.

[59] 叶修松. 机载激光水深探测技术基础及数据处理方法研究[D]. 郑州: 解放军信息工程大学, 2010.

[60] Penny M F, Billard B, Abbot R H. LADS-the Australian laser airborne depth sounder[J]. International Journal of Remote Sensing, 1989, 10(9): 1463-1479.

[61] 汪权东, 陈卫标, 陆雨田, 等. 机载海洋激光测深系统参量设计与最大探测深度能力分析[J]. 光学学报, 2003, (10): 1255-1260.

[62] 贺岩, 胡善江, 陈卫标, 等. 国产机载双频激光雷达探测技术研究进展[J]. 激光与光电子学进展, 2018, 55(8): 7-17.

[63] 卢刚, 王宗伟, 朱士才, 等. 基于 VIIRS 数据的南黄海区域激光测深性能评估[J]. 海洋学研究, 2018, 36(4): 28-34.

[64] 王鑫, 潘华志, 罗胜, 等. 机载激光雷达测深技术研究与进展[J]. 海洋测绘, 2019, 39(5): 78-82.

[65] 刘秉义, 李瑞琦, 杨倩, 等. 蓝绿光星载海洋激光雷达全球探测深度估算[J]. 红外与激光工程, 2019, 48(1): 128-133.

[66] 陈烽. 机载激光测深中激光传输通道的光学特性[J]. 应用光学, 2000, (3): 32-38.

[67] 周田华, 范婷威, 马剑, 等. 光束发射参数对蓝绿激光海洋传输特性的影响[J]. 大气与环境光学学报, 2020, 15(1): 40-47.

[68] Feigels V I, Gilbert G D. Lidars for oceanological research: Criteria for comparison, main limitations, perspectives[J]. International Society for Optics and Photonics, 1992, 1750: 473-484.

[69] Kopilevich Y I, Surkov A G. Mathematical modeling of the input signals of oceanological lidars[J]. Journal of Optical Technology, 2008, 75(5): 321-326.

[70] Kopilevich Y, Feygels V, Surkov A. Mathematical modeling of input signals for oceanographic lidar systems[C]. SPIE, San Diego, 2003, 5155: 30-39.

[71] 李凯, 张永生, 刘笑迪, 等. 机载激光海洋测深系统接收 FOV 的研究[J]. 光学学报, 2015, 35(7): 40-48.

[72] 戴永江. 激光雷达原理[M]. 6 版. 北京: 国防工业出版社, 2002.

[73] Leica SPL100 新型机载激光雷达系统正式发布[EB/OL]. https://m.sohu.com/a/127882794_583 961[2017-03-04].

[74] Barber Z W, Dahl J R. Synthetic aperture ladar imaging demonstrations and information at very low return levels[J]. Applied Optics, 2014, 53(24): 5531-5537.

[75] 王海. 相干光通信零差 BPSK 系统的设计[D]. 成都: 电子科技大学, 2009.

[76] Krause B, Buck J, Ryan C, et al. Synthetic aperture ladar flight demonstration[C]. Conference on Lasers and Electro-Optics, Baltimore, 2011:1-2.

[77] Cui A J, Li D J, Wu J, et al. Moving target imaging of a dual-channel ISAL with binary phase shift keying signals and large squint angles[J]. Applied Optics, 2022, 61: 5466-5473.

[78] Hussain A, Martinez J L, Campos J. Holographic superresolution using spatial light modulator[J]. Journal of the European Optical Society Rapid Publications, 2013, 8: 13007.

[79] Schnars U, Jüptner W. Direct recording of holograms by a CCD target and numerical reconstruction[J]. Applied Optics, 1994, 33(2): 179-181.

[80] 崔岸婧, 李道京, 吴疆, 等. 频域稀疏采样和激光成像方法[J]. 物理学报, 2022, 71(5): 391-397.

[81] Piovan G. On coordinate-free rotation decomposition: Euler angles about arbitrary axes[J]. IEEE Transactions on Robotics, 2012, 28(3): 728-733.

[82] Rotate a point about an arbitrary axis (3 dimensions)[EB/OL]. http://paulbourke.net/geometry/roate[2002-10-15].

[83] Zheng G, Horstmeyer R, Yang C, et al. Wide-field, high-resolution Fourier ptychographic microscopy[J]. Nature Photonics, 2013, 7: 739-745.

[84] Dong S, Horstmeyer R, Shiradkar R, et al. Aperture-scanning Fourier ptychography for 3D refocusing and super-resolution macroscopic imaging[J]. Optics Express, 2014, 22(11): 13586-13599.

[85] Pacheco S, Zheng G, Liang R. Reflective Fourier ptychography[J]. Journal of Biomedical Optics, 2016, 21(2): 26010.

[86] Wu J C, Yang F, Cao L C. Resolution enhancement of long-range imaging with sparse apertures[J]. Optics and Lasers in Engineering, 2022, 155: 107068.

[87] Xiang M, Pan A, Zhao Y Y, et al. Coherent synthetic aperture imaging for visible remote sensing via reflective Fourier ptychography[J]. Optics Letter, 2021, 46: 29-32.

[88] 韩亮, 田逢春, 徐鑫, 等. 光学 4f 系统的图像空间频率特性[J]. 重庆大学学报, 2008,(4): 426-431.

[89] 孙佳嵩, 张玉珍, 陈钱, 等. 傅里叶叠层显微成像技术: 理论、发展和应用[J]. 光学学报, 2016, 36(10): 327-345.

[90] 邵晓鹏, 苏云, 刘金鹏, 等. 计算成像内涵与体系(特邀)[J]. 光子学报, 2021, 50(5): 9-31.

[91] 赵明, 王希明, 张晓慧, 等. 宏观傅里叶叠层超分辨率成像实验研究[J]. 激光与光电子学进展, 2019, 56(12): 109-115.

[92] 李琦, 丁胜晖, 李运达, 等. 太赫兹数字全息成像的研究进展[J]. 激光与光电子学进展, 2012, 49(5): 46-53.

[93] 马利红, 王辉, 金洪震, 等. 数字全息显微定量相位成像的实验研究[J]. 中国激光, 2012, 39(3): 215-221.

[94] 谢宗良, 马浩统, 任戈, 等. 小孔扫描傅里叶叠层成像的关键参量研究[J]. 光学学报, 2015, 35(10): 102-110.

[95] 张文辉, 曹良才, 金国藩. 大视场高分辨率数字全息成像技术综述[J]. 红外与激光工程, 2019, 48(6): 104-120.

[96] 张美玲, 邸鹏, 温凯, 等. 同步相移数字全息综述(特邀)[J]. 光子学报, 2021, 50(7): 9-31.

第6章　红外目标探测和相干成像

6.1　引　　言

　　制造大口径望远镜难度较高，需考虑通过一系列易于制造的小口径系统组合拼接形成大口径光学系统，由此形成光学合成孔径成像技术。目前基于光学合成孔径的大口径望远镜主要分为拼接成像和干涉成像两大类，拼接式望远镜本质是通过多个小口径望远镜拼接获得大口径对应的成像分辨率，干涉式望远镜则是通过对两个或多个小口径望远镜信号的干涉处理(互相关)实现与基线长度对应口径的成像分辨率，两者成像分辨率的实现方式虽有一定区别，但其应用效果基本相同，目前都得到发展和应用。

　　拼接成像主要有迈克耳孙和菲佐两种光路结构，天基望远镜典型代表为已发射的天基詹姆斯韦伯太空望远镜(James Webb space telescope，JWST)、高轨光学合成孔径监视成像卫星(high orbit optical aperture synthesis instrument for surveillance，HOASIS)，其光学合成孔径过程为先对多个子口径信号进行相干合成，成像后实施光电探测和 A/D 采样，其光学合成孔径成像主要依赖于硬件实现，对光路微调机构精度有较高的要求。干涉成像典型代表为地基 Keck 天文望远镜、美国国家航空航天局论证的太空干涉测量法任务(space interferometer mission，SIM)和行星探测干涉仪(terrestrial planet finder interferometer，TPF-I)天基干涉望远镜系统和欧洲航天局提出的天基达尔文阵列望远镜。

　　近年来，衍射光学系统得到了快速发展[1]，其轻量化、大口径的特点使高分辨率成像易于实现，其在大口径望远镜上的应用已受到高度关注。由于其光谱范围较窄，一般认为适于激光雷达使用[2-4]。当其用于红外相机时，需采用色差校正技术[5]。然而，即便经过色差校正，红外相机所能利用的信号能量也将大幅降低，一般认为红外探测信噪比会大幅降低。假定衍射光学系统的光谱范围仅为传统光学系统光谱范围的 1/20，探测信噪比在原理上将减小至原来的 1/20，这使其红外应用受到影响。衍射光学系统轻量的特点使其大口径容易实现，增加其直径 4.5 倍，其红外探测信噪比也可以得到保证。上述红外探测通常用于对地成像场合，当红外相机用于目标探测时，考虑到地物背景和目标光谱特性不同，衍射光学系统窄的光谱范围，实际上有助于地物背景和目标分离，并将有利于目标探测。近年来相干探测技术得到快速发展，红外相机是否能借鉴相关技术进一步提高其探测性能是值得思考的。时宽(积分时间)一定的红外信号是宽带噪声信号的特点使其等效噪声功率较高，从原理上讲，借助激光本振在电子学细分光谱会降低红外等效噪声功率，这有助于提高红外相机的探测性能。

本章在衍射光学系统和细分红外光谱的基础上，分析对地观测红外相机的目标探测性能，给出新的降低红外等效噪声功率的方法，对非制冷红外相机技术的发展和应用具有重要意义；介绍激光本振红外光谱干涉成像、综合孔径红外干涉成像、光学合成孔径红外相干成像概念，基于平流层飞艇平台，给出 10m 基线 2m 衍射口径红外光谱干涉成像望远镜、6.5m 综合孔径红外射电望远镜和 10m 光学合成孔径红外相干成像望远镜方案，分析其探测和成像性能，讨论关键技术及其可能的技术途径。

6.2　红外系统参数分析

本节对红外系统中的信噪比、灵敏度及比探测率等重要参数进行介绍；由于红外系统的比探测率计算较为复杂，本节给出一个计算示例，并重点分析使用衍射光学系统后比探测率不变的本质原因；最后推导比探测率与光学系统角分辨率的关系。

6.2.1　信噪比

假设单个目标像元在受到红外辐射时产生的目标信号电压峰值为 V_{ts}，其可描述为[6]

$$V_{ts} = P_t R' = P_t D^* V_N \left[A_d / \left(2t_{int2} \right) \right]^{-1/2} \tag{6.1}$$

其中，P_t 为单个目标像元接收到的辐射功率；R' 为探测器光谱范围内的波段响应度；D^* 为探测器的比探测率，是归一化的波段探测度，其表示在某一波段内，面积为 $1cm^2$ 的焦平面上有 $1W$ 的入射功率，并用 $1Hz$ 带宽的电路测量时的信噪比；A_d 为探测器单个像元面积；t_{int2} 为实际工作中探测器的积分时间；V_N 为探测器噪声电压峰值。类似地，单个背景像元对应的信号电压峰值 V_{bs} 为

$$V_{bs} = P_{bg} R' = P_{bg} D^* \left(\lambda \right) V_N \left[A_d / \left(2t_{int2} \right) \right]^{-1/2} \tag{6.2}$$

其中，P_{bg} 为单个背景像元接收到的辐射功率，则联立式(6.1)和式(6.2)可知红外探测器输出可检测的最小信噪比 SNR 为

$$SNR = \left(V_{ts} - V_{bs} \right) / V_N = \Delta P D^* \left(\lambda \right) \left[A_d / \left(2t_{int2} \right) \right]^{-1/2} \tag{6.3}$$

其中，ΔP 为单个目标像元和背景像元上的辐射功率差。

6.2.2　灵敏度

作为可检测的最小接收功率，红外探测器的接收灵敏度 ΔP 与探测距离 R 的关系可表示为

$$\Delta P = \left| \left(L_{t} - L_{bg} \right) / N_{t} \right| A_{t} A_{0} \tau_{a} \eta_{0} / R^{2} \tag{6.4}$$

其中，N_{t} 为目标在焦平面上所占的像元个数；A_{t} 和 A_{0} 分别为目标的有效辐射面积和光学系统入瞳面积，而 A_{0} 与光学系统口径 D_{0} 的关系可表示为 $A_{0} = \pi \left(\dfrac{D_{0}}{2} \right)^{2}$；$\tau_{a}$ 和 η_{0} 分别为大气透过率和光学系统透过率；L_{t} 和 L_{bg} 分别为目标和背景的辐射亮度，其可通过式 (6.5) 计算得到[7]：

$$L = \frac{\varepsilon M\left(T \right)}{\pi} \tag{6.5}$$

其中，$M\left(T \right) = \displaystyle\int_{\lambda_{1}}^{\lambda_{2}} \dfrac{c_{1}}{\lambda^{5}} \dfrac{1}{\exp\left[c_{2} / \left(\lambda T \right) \right] - 1} \mathrm{d}\lambda$ 为黑体红外辐出度，c_{1} 和 c_{2} 分别为第一、第二辐射常数，T 为目标或者背景的温度；ε 为目标或背景的发射率。为便于计算，一般通过式 (6.6) 并查找黑体相对辐出度表来计算此积分[8]。

$$M\left(T \right) = \left[F\left(\lambda_{2} T \right) - F\left(\lambda_{1} T \right) \right] \sigma T^{4} \tag{6.6}$$

其中，σ 为斯特藩常数；$F(\lambda T)$ 为黑体相对辐出度函数。

6.2.3　比探测率

从式 (6.3) 中可以看出，在除 D^{*} 外其余参数不变的情况下，D^{*} 越大，探测信噪比越高，所以进一步研究 D^{*} 是值得的。对于光电探测器，D^{*} 可描述为[6]

$$D^{*} = \frac{4K \cdot F^{2} \cdot T_{B}^{\ 2} \cdot \lambda_{P}}{c_{2} \cdot \eta_{0t} \cdot \mathrm{NETD} \cdot \left(2t_{\mathrm{int}1} \cdot A_{d} \right)^{1/2} M\left(T_{B} \right)} \tag{6.7}$$

其中，K 为峰值探测率到有效探测率的转换系数；F 为光学系统参数；λ_{P} 为探测器峰值波长；NETD 为噪声等效温差，对于制冷型探测器，其值较低，从而可得到较大的比探测率值；η_{0t} 和 $t_{\mathrm{int}1}$ 分别为测试 NETD 时的光学系统透过率和积分时间；$M(T_{B})$ 为背景辐出度。表 6.1 给出了一个利用式 (6.7) 计算非制冷探测器 D^{*} 的具体示例，得到其计算值为 $5.3 \times 10^{10} \mathrm{cm \cdot Hz^{1/2}/W}$。

表 6.1　　D^* 计算相关参数

参数	数值	参数	数值
转换系数 K	0.7	光学系统参数 F	1
夏季草地背景温度 T_B/K	303	探测器峰值波长/μs	10.8
第一辐射常数 c_1/(W·μm⁴·m²)	3.74×10^8	第二辐射常数 c_2/(μm·K)	1.4388×10^4
测试时的光学系统透过率 η_{0t}	0.6	背景发射率	0.93
噪声等效温差 NETD/K	40×10^{-3}	测试时的积分时间 t_{int1}/s	34.56×10^{-6}
探测器像元面积 A_d/cm²	$(14 \times 10^{-6})^2 \times 10^4$	探测器比探测率 D^*/(cm·Hz¹ᐟ²/W)	5.3×10^{10}

由于背景辐出度 $M(T_B)$ 是波长的函数，当输入主镜使用衍射光学系统时，由于光谱范围变窄，将直接导致 $M(T_B)$ 变化，下面给出具体分析。图 6.1 为黑体相对辐出度函数 $F(\lambda T)$ 随着 λT 的变化曲线，假设 λ 的变化范围为 $0\sim15\mu m$，$T=1000K$，即 λT 的变化范围为 $0\sim15\times10^3\mu m\cdot K$。图 6.1(a)、(b)和(c)分别给出了 λT 取不同范围时黑体相对辐出度函数曲线。

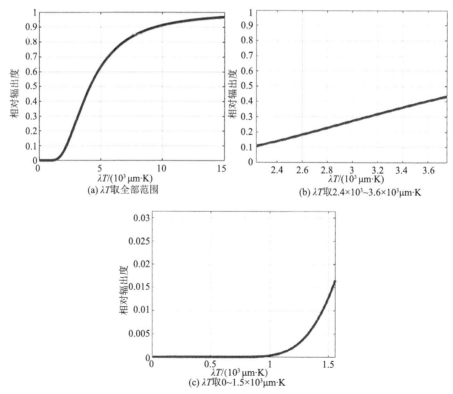

(a) λT取全部范围

(b) λT取$2.4\times10^3\sim3.6\times10^3\mu m\cdot K$

(c) λT取$0\sim1.5\times10^3\mu m\cdot K$

图 6.1　λT 取不同范围时黑体相对辐出度函数

假定输入主镜使用衍射光学系统，中心波长为 10.8μm，其可用的光谱宽度为 0.2μm，相比于探测器 8～12μm 的光谱范围，相应的积分区间会减小为原来的 1/20。虽然从图 6.1(a) 中 λT 的全部范围看，$F(\lambda T)$ 并非 λT 的线性函数，但是在特定温度下(如 $T = 300\text{K}$)，小光谱范围内(如 8～12μm)时，从图 6.1(b) 可以看出 $F(\lambda T)$ 近似为 λT 的线性函数。此时，由式(6.6)可知，目标/背景辐出度会由于使用衍射光学系统后波段积分区间缩小为原来的 1/20 而同比缩小。

另外，从图 6.1(c) 中也可以看出，当 λT 减小到一定程度后，黑体相对辐出度已趋近于零，正如背景辐出度非常小的深空背景，其光学系统部件所产生的红外杂散辐射就成为影响背景辐射的主要因素[9]。而对地观测时，背景辐出度较强不可忽略，且由式(6.5)可知，当目标和背景的光谱特性相同时，目标和背景的辐亮度都会随着光谱范围的缩小同比减小。

此外，受到光谱范围缩减影响的参数还有 NETD，在 NETD 数值的实验室测量中，其可由式(6.8)计算[10]：

$$\text{EETD} = \frac{\Delta T}{\left(V_{\text{ts}} - V_{\text{bs}}\right)/V_{\text{N}}} \tag{6.8}$$

其中，ΔT 为目标/背景温差。由式(6.8)可知，随着光谱范围的缩小，目标/背景峰值电压差同比缩小，而 NETD 则同比增大。

所以，最终从式(6.7)中可以看出，随着光谱范围的缩小，背景辐出度 $M(T_{\text{B}})$ 同比缩小，而 NETD 又同比增大，在此基础上 D^* 一般不会变化。

文献[9]研究了深空背景条件下的红外探测器比探测率与光学系统工作温度的关系，明确了制冷条件下可获得较高比探测率的结论。根据文献[9]，当深空背景条件下口径 300mm、光学系统参数 F=2 时，在系统工作温度 300K(非制冷)时，8～14μm 长波红外的 D^* 可达到 $3.82\times10^{11}\text{cm}\cdot\text{Hz}^{1/2}/\text{W}$。根据文献[7]，对于大气背景条件下口径 44mm、光学系统参数 F=2，峰值波长 $\lambda_{\text{p}} = 4.167\mu\text{m}$，等效噪声温差 NETD<16mK 时制冷型探测器的 D^* 估算结果为 $1.159\times10^{10}\text{cm}\cdot\text{Hz}^{1/2}/\text{W}$。

上述两例均为对空观测，当探测器选为非制冷且用于对地观测时，D^* 将有所减小。考虑到影响 D^* 估算的因素较多，为保证 6.3 节分析结果的可靠性，后面 D^* 取值为文献[7]中的 1/8，即 $1.4\times10^9\text{cm}\cdot\text{Hz}^{1/2}/\text{W}$。

6.2.4　光学系统角分辨率

将红外相机用于对地观测时，光学系统俯仰向和方位向的角分辨率可分别描述为

$$\begin{cases}\rho_{\text{a}} = \arctan(a/f) \approx a/f \\ \rho_{\text{r}} = \arctan(b/f) \approx b/f\end{cases}, \quad a,b = f \tag{6.9}$$

其中，a 和 b 分别为两个方向上的像元尺寸；f 为光学系统的焦距，其可表示为光学系统口径 D_0 和 F 的乘积，即 $f = D_0 F$。

当两个方向的像元尺寸均为 14μm、焦距 f = 100mm 时，二维的角分辨率均为 0.14mrad，对应 15km 处空间分辨率约为 2m。

以焦距与口径的比值替换光学系统参数 F，并将式(6.9)代入式(6.7)可得 D^* 与光学系统角分辨率的关系如下：

$$D^* = \frac{K \cdot T_B^2 \cdot \lambda_p \cdot \pi \cdot A_d^{1/2}}{c_2 \cdot \eta_{0t} \cdot \mathrm{NETD} \cdot A_0 \cdot \left(2t_{int1}\right)^{1/2} \cdot \rho_a \cdot \rho_r \cdot M(T_B)} \tag{6.10}$$

从该式可以看出，相机角分辨率越高，每个像元接收的来自单位立体角内的背景辐出度越小，D^* 越大。

6.3　探测性能分析

在 6.2 节对红外系统参数分析的基础上，本节以探测信噪比作为红外相机探测性能的表征，具体分析使用衍射光学系统前后红外探测性能的变化。

联立式(6.3)和式(6.4)，红外探测信噪比可描述如下：

$$\mathrm{SNR} = \frac{\delta \left| (L_t - L_{bg}) / N_t \right| A_t A_0 \tau_a \eta_0 D^*}{R^2 \cdot \left[A_d / \left(2t_{int2}\right) \right]^{1/2}} \tag{6.11}$$

当红外相机用于对地观测时，假设背景为夏季草地，在距离 15km 处，相应地设置大气透过率 $\tau_a = 0.75$。对不同温度的车辆目标，下面对一个衍射光学系统非制冷红外相机的探测信噪比进行分析，表 6.2 为系统参数。

表 6.2　衍射光学系统参数

参数	数值	参数	数值
信号提取因子 δ	0.707	车辆目标在焦平面上所占像元数 N_t	1
大气透过率 τ_a	0.75	光学系统口径 D_0/mm	100
光学系统透过率 η_0	0.6	光学系统入瞳面积 A_0/m²	79×10^{-4}
实际工作积分时间 t_{int2}/s	10×10^{-3}	目标有效辐射面积 A_t/cm²	4×10^4
背景表面温度/K	303	目标表面温度/K	304/306/308
探测距离 R/km	15	探测器比探测率 D^*/(cm·Hz$^{1/2}$/W)	1.4×10^9

假定探测器光谱范围为 8～12μm 且目标和背景的辐出度光谱特性相同，如图 6.2 所示(不同仅由温差引起)，当输入主镜使用衍射光学系统后，其可用的光谱宽度缩小为 0.2μm(如 10.7～10.9μm)，由式(6.5)和 6.2.3 节分析可知，当积分区间减少为原来的 1/20 时，目标和背景亮度均会缩减为原来的 1/20，而 D^* 保持不变，由式(6.11)可得，给定探测距离下的信噪比会同比降低。

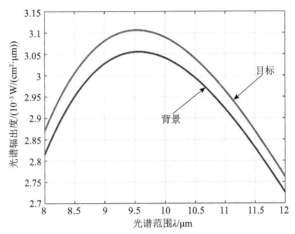

图 6.2　目标和背景光谱特性相同时的光谱辐出度曲线(温差 1K)

表 6.3 给出了目标和背景光谱特性相同时在不同光学系统下的红外探测信噪比，可以看出，对于温差 1K 的目标/背景，在传统光学系统下的信噪比为 3.9，而在衍射光学系统下仅为 0.19，信噪比下降为原来的 1/20，此时需增大衍射光学系统口径 4.5 倍才能保证原有的探测信噪比。

表 6.3　目标和背景光谱特性相同时不同光学系统下红外探测信噪比

参数	数值
目标/背景发射率	0.93/0.93
目标/背景光谱围/μm	8～12
目标辐射亮度/(W/(cm²·sr))	$(3.82/3.94/4.06) \times 10^{-3}$
背景辐射亮度/(W/(cm²·sr))	3.75×10^{-3}
传统光学系统红外探测 SNR	3.9/11.9/20
衍射光学系统红外探测 SNR	0.19/0.55/0.92

当目标和背景的光谱特性不同时，典型的目标光谱范围本身就较小，在 0.6μm 量级，如图 6.3 所示，目标辐出度对波长的响应强点主要集中在 10.4～11μm 光谱范围内，其余幅值较小，为简化问题，设其为零。输入主镜使用衍射

光学系统后窄谱段的目标亮度减小为原来的 1/3，而背景亮度减小为原来的 1/20，此时两者差的绝对值并不会同比下降而导致信噪比也同比大幅降低。这表明，在一定条件下红外相机的探测性能不会因为衍射光学系统的使用而大幅下降，而通常目标和背景光谱特性不同的特点，也为衍射光学系统的使用提供了机会。在此基础上，增大衍射光学系统口径，将弥补能量损失甚至进一步提升红外探测性能。

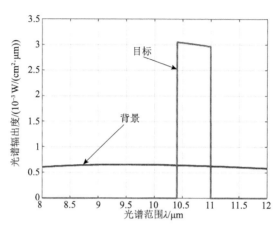

图 6.3　目标和背景光谱特性不同时的光谱辐出度曲线(温差 1K)

　　表 6.4 为目标和背景光谱特性不同时在不同光学系统下的红外探测信噪比，可以看出，对于温差为 1K 的目标/背景，在传统光学系统下的信噪比为 15.2，而在衍射光学系统下为 9.7，信噪比仅下降为原来的 1/1.5 左右。因此，基于衍射光学系统，采用非制冷探测器，对地面温差目标仍具有良好的探测性能。

表 6.4　目标和背景光谱特性不同时不同光学系统下红外探测信噪比

参数	数值
目标/背景发射率	0.93/0.2
目标/背景光谱范围/μm	10.4～11/8～12
目标辐射亮度/(W/(cm²·sr))	$(5.75/5.92/6.1) \times 10^{-4}$
背景辐射亮度/(W/(cm²·sr))	8.8×10^{-4}
传统光学系统红外探测 SNR	15.2/14/12.9
衍射光学系统红外探测 SNR	9.7/10.1/10.5

　　飞艇平台为大衍射口径红外相机的安装提供了有利条件。若其他参数不变，当衍射口径扩大到 1m 时，红外相机对目标的探测距离将优于150km。当大气透过

率由 15km 的 0.75 降低到 0.2 时，红外相机对目标的探测距离也会优于 75km。

艇载红外目标探测系统的主要指标如下：

(1) 红外谱段范围为长波；

(2) 红外光谱范围约 0.2μm；

(3) 望远镜口径 1m；

(4) 观测视场 30°×5°；

(5) 望远镜数量 6 个；

(6) 每个望远镜覆盖视场 5°×5°。

系统的安装方式可采用艇腹悬挂方式，如图 6.4 所示。设置 6 个望远镜并形成三角形布局，每个望远镜覆盖视场 5°，再辅以艇身的整体转动，以实现宽视场观测。

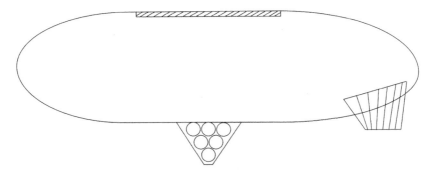

图 6.4 6 个望远镜在艇腹的布设示意图

显然，在地物背景和目标光谱特性不同的条件下，基于衍射光学系统的红外相机仍可能具有良好的远距离目标探测性能。

6.4 等效噪声功率分析

探测系统的等效噪声功率，与探测灵敏度对应，是衡量探测系统性能的主要指标，并适用于微波雷达、毫米波辐射计、射电望远镜、激光雷达、激光通信和红外相机等系统。本节对比分析电子学系统、激光系统和红外相机的等效噪声功率。

6.4.1 电子学系统

在以微波雷达[11]和射电望远镜[12,13]为典型代表的电子学系统中，均采用了本振接收机，主要考虑了热噪声的影响。在温度 $T = 300K$ 的环境下，热噪声能量 $kT = 4.14×10^{-21}J$，其中玻尔兹曼常量 $k = 1.38×10^{-23}J / K$。

微波雷达通常使用窄带信号，其信号带宽为其时宽的倒数。为获得最大的探测信噪比，其匹配滤波器的系统接收带宽一般设置为其信号带宽。射电望远镜接收带宽通常较宽，其热噪声信号带宽即系统接收带宽，为降低热噪声影响，通常也会采用制冷接收机。

设电子学系统接收带宽为 B_n，等效噪声功率表达式为 $P_{tn} = kTB_n$，当射电望远镜 B_n 为 4GHz 时，其等效噪声功率为 1.6×10^{-11} W。

射电望远镜接收信号时宽为 10ms 时，对应的信号带宽为 100Hz，基于此可根据需要对 4GHz 带宽射电信号进行窄带滤波处理，降低等效噪声功率。增加信号时宽，可增加输入信号能量，利用更窄的滤波带宽降低等效噪声功率，有助于目标和背景信号分离并提高探测性能。

6.4.2　激光系统

在激光雷达和激光 SAR[14,15]中，主要需考虑散弹噪声的影响。以波长 10.8μm 的激光雷达为例，散弹噪声 $h\nu = 1.8 \times 10^{-20}$ J（单光子能量），其中普朗克常量 $h = 6.63 \times 10^{-34}$ J·s，ν 为激光频率。传统的直接探测激光雷达，其探测灵敏度在 100 个光子水平，近年来也出现了基于单光子计数的直接探测高灵敏度激光雷达。

激光也属于窄带信号，其信号带宽通常为其时宽的倒数，为获得最大的探测信噪比，匹配滤波时的系统接收带宽通常也设置为其信号带宽。设激光系统接收带宽为 B_n，等效噪声功率表达式为 $P_{sn} = h\nu B_n$，当信号时宽为 0.25ns，对应的 B_n 为 4GHz 时，其等效噪声功率为 7.3×10^{-11}W；当信号时宽为 10ms，对应带宽为 100Hz 时，其等效噪声功率为 1.8×10^{-18}W。通常条件下，激光信号的线宽在 10kHz 量级，B_n 也在 10kHz 量级，此时其等效噪声功率为 1.8×10^{-16}W。

相比于直接探测激光雷达，基于激光本振的相干探测激光雷达技术近年得到快速发展，其探测灵敏度已远优于 1 个光子。2014 年，美国蒙大拿州立大学进行了微弱回波合成孔径激光雷达 SAL 成像实验，证明 SAL 可在分辨单元回波能量接近单光子的情况下进行相干成像[15]，其图像信噪比在 0dB 水平，假定其相干成像用了 100 个脉冲，目标的单脉冲信噪比在–20dB 量级。该实验从一个方面表明了相干探测具有良好的微弱信号探测能力，其探测灵敏度已远优于单光子探测器。此外，近年发展起来的相干探测激光通信技术[16]，已明确了其探测灵敏度可大幅提高的结论。

通常激光本振功率可设置得足够高(在毫瓦量级)，这使得接收端仅受限于量子噪声且容易实现窄带滤波[17]，由此可获得较高的探测灵敏度。由于工作波段接近，基于激光本振的探测技术很值得红外相机系统借鉴。

6.4.3　红外相机

对于红外相机系统，其等效噪声功率可由探测器噪声电压和响应度表示如下：

$$P_N = \frac{V_N}{R'} \tag{6.12}$$

将式(6.1)中的响应度公式代入可得

$$P_N = \frac{\left[A_d / (2t_{int2}) \right]^{1/2}}{D^*} \tag{6.13}$$

对于中心波长为 10.8μm、光谱宽度为 4μm 的红外信号，其所对应的带宽约为 10300GHz；当光谱宽度为 0.2μm 时，其所对应的带宽约为 500GHz。红外信号是宽带噪声信号，不同的光谱宽度对应的红外信号能量不同。光谱宽度相差 20 倍，对应的信号能量也相差 20 倍，但由于 D^* 不随光谱范围变化，红外相机的等效噪声功率也不随光谱范围变化。

当积分时间(信号时宽)为 10ms 时，由式(6.3)可知此时的等效噪声功率为 6.8×10^{-12}W，适当增大积分时间，可增加信号能量，进一步减少其等效噪声功率。表 6.5 给出了不同系统中不同时宽对应的等效噪声功率，可以看出，与信号时宽为 10ms 激光窄带系统相比，信号时宽为 10ms 的红外系统的等效噪声功率要高出 4 个数量级。

表 6.5　不同系统中的等效噪声功率

系统	信号时宽	等效噪声功率/W
电子学系统	0.25ns	1.6×10^{-11}
激光系统	0.25ns	7.3×10^{-11}
	10ms	1.8×10^{-16}
红外系统	10ms	6.8×10^{-12}

红外系统的等效噪声功率较高的原因是红外探测器是一个光电转换器件，其性能最终还是在电子学表征，目前有限的电子学带宽，应会对宽带红外信号探测产生影响。从具体分析看，在光谱宽度 0.2μm 条件下，其所对应的信号带宽约为 500GHz，远大于积分时间 10ms 对应的 100Hz 信号带宽，光电转换后当电子学带宽有限如 4GHz 时，频谱严重混叠，大幅提高了噪声信号的功率谱密度，并大幅降低了 100Hz 窄带滤波的效果。显然，有限的电子学带宽和严重的红外信号

频谱混叠，是红外相机等效噪声功率高的主要原因。

假定以时宽为 10ms 的激光窄带系统等效噪声功率作为红外相机探测灵敏度参考，目前红外相机探测性能的改善，应还有很大空间。除了采用制冷型探测器，目前看来，提升其探测灵敏度的另一个方法就是引入激光本振信号，去除宽带红外信号的频谱混叠。

借鉴相干激光雷达和射电望远镜探测方式，在红外相机接收系统中引入激光本振(在光谱宽度 0.2μm 条件下，激光本振波长变化范围可取 0.2μm)，红外回波和激光本振信号的耦合形式可参考激光相控阵[18,19]结构。当红外信号光谱宽度为 0.2μm 时，假定引入激光本振实施光电探测后在电子学频域无混叠条件下可将红外信号的带宽控制在 4GHz(对应的光谱范围为 1.6nm)，原理上可降低红外等效噪声功率至 1/125，达到 2.7×10^{-15}W，进一步利用数字信号处理实施窄带滤波，即可使红外等效噪声功率与激光窄带系统接近。

红外等效噪声功率的降低可增大 D^*，假定实际工作中可将红外等效噪声功率降低至 1/20，D^* 即可增大 20 倍，由此可弥补目标/背景辐出度光谱特性相同时引入衍射光学系统所带来的信号能量损失，提高探测信噪比。

上述方法的本质是细分红外信号光谱，将光学不便实现的纳米分辨率光谱分光，转到电子学频域实现。该方法可大幅降低红外等效噪声功率，其高的光谱分辨率也为目标和背景信号分离提供了有利条件，同时为提高非制冷红外相机探测性能提供了新的技术途径。

需要说明的是，对地观测时地物背景辐射对等效噪声功率的影响较大，通过细分光谱可大幅减少其影响，但同时也可能会降低目标信号能量，实际应用中应考虑联合处理目标不同的光谱信息，避免探测性能损失，如通过对不同光谱获取的图像进行非相干累积，提高图像中目标检测所需的信噪比。

6.5 激光本振红外光谱干涉成像

目前国际上著名的地基大口径望远镜[20]包括：10m 量级的甚大望远镜(very large telescope，VLT)、凯克(Keck)望远镜、双子(Gemini)望远镜等；5m 量级的多镜面望远镜(multi-mirror telescope，MMT)、南非光学望远镜(SOAR)、海尔(Hale)望远镜等。著名的天基望远镜就是 2.4m 量级哈勃望远镜，以及已发射的 6.5m 量级詹姆斯韦伯望远镜。

其中 VLT 由 4 个口径 8.2m 的主镜和 4 个口径 1.8m 的可移动辅镜组成，干涉成像基线长度可达 200m；凯克望远镜由 2 个镜面拼接形成的等效口径 10m 望远镜组成，可观测的极限星等为 22，干涉成像基线长度可达 140m。VLT 和凯克望远镜主要工作在红外波段，均具备干涉成像能力[20]。美国国家航空航天局设计论证了两套 SIM 和 TPF-I 天基干涉望远镜系统；欧洲航天局也曾提出了天基达尔文阵列望远镜[20]。

基于两个(或多个)望远镜长基线干涉成像方法，可等效实现口径为基线长度望远镜的分辨率，这种高分辨率成像能力使其具备重要的应用价值，其原理也可用光学合成孔径成像概念来解释，目前已投入巨资发展相关技术。

实际应用情况表明，传统红外波段干涉成像观测技术尚不成熟，多数望远镜还是要靠增大望远镜口径的方法来提高自身分辨率，目前 30m 量级望远镜(thirty meter telescope，TMT)[21]正在建造之中。

6.5.1 射电望远镜和激光干涉成像的研究进展

用于天文观测的射电望远镜得到了广泛的应用，为提高灵敏度通常设置本振并实施外差相干探测，分单孔径和综合孔径两种形式。

目前世界上最大的单孔径射电望远镜就是我国建设在贵州的 FAST，即 500m 口径球面射电望远镜[12]。为实现更高灵敏度(对应接收面积)、更高分辨率(对应口径尺寸)，射电干涉综合孔径技术得到了快速发展和实际应用[22]，典型的系统如欧洲的 VLBI 网、美国的超长基线阵列(very long baseline array，VLBA)、荷兰的低频阵列射电望远镜(low frequency array radio，LOFAR)，以及中国密云、天山、明安图的综合孔径射电望远镜。

干涉综合孔径射电望远镜的基本原理是：用相隔两地的两架射电望远镜接收同一天体的无线电波，两束波信号进行干涉，其等效分辨率最高可以等同于一架口径相当于两地之间距离(基线长度)的单口径射电望远镜。其发明者赖尔因此获得 1974 年诺贝尔物理学奖。综合孔径射电望远镜的核心是干涉，其灵敏度取决于各个天线的总接收面积，空间分辨率则取决于观测中所用的最长基线，从而实现了空间分辨率与灵敏度指标的分离，极大地提高了射电望远镜的空间分辨率。

要特别说明的是，VLBI[23,24]在射电天文中占有重要地位。2019 年，事件视界望远镜国际合作团队使用分布在全球的 8 台大型射电望远镜(空间分辨率相当于一台口径为地球直径大小的射电望远镜)，通过甚长基线干涉技术帮助人类获得了首张黑洞照片[25,26]，事件视界射电望远镜其实就是一个 VLBI 网。

目前世界在建的最大综合孔径射电望远镜就是平方公里阵列(square kilometre array，SKA)射电望远镜[27,28]，目前设计的频率范围为 50MHz～15GHz，最长基线为 3000km。

为实现有效的干涉处理，射电望远镜均采用相干探测体制，本振和相干探测器的设置，可保证不同望远镜间信号相位的正确传递。射电望远镜也可看成一个外辐射源雷达探测系统[29,30]，雷达信号外差相干探测接收、匹配滤波和相关处理的很多方法，应能在其中得到应用。

激光信号相干性的提高，已使 SAL（也称为激光 SAR）和 ISAL（也称为激光 ISAR）的技术实现成为可能。对相干体制激光雷达，利用合成孔径成像技术，在较小的光学孔径条件下，可对远距离目标实现高分辨率成像。近年来激光 SAR 技术研究已成为热点并取得重要进展。

2011 年美国洛克希德·马丁公司独立完成了机载合成孔径激光雷达演示样机的飞行实验[31]，对距离 1.6km 的地面目标（观测目标为洛克希德·马丁公司徽标）获得了幅宽 1m、分辨率优于 3.3cm 的成像结果。2013 年，美国国防部与 Raytheon 公司签订合同，宣布由其研制远距离成像激光雷达，用于对地球同步轨道目标进行 ISAL 成像。2018 年，美国报道了 EAGLE 计划中的工作在地球静止轨道（geostationary orbit，GEO）天基 ISAL 成功发射，其发射再次表明了此项技术的意义以及美国对此持续研究的进展。

随着激光合成孔径成像技术的快速发展，将干涉处理的概念引入激光合成孔径成像中成为新的研究热点。2012 年，美国蒙大拿州立大学报道了室内激光干涉合成孔径成像实验结果[32]。该实验在 1.37m 的距离上对一枚印有林肯头像的涂白硬币（涂白以使硬币各处散射特性均匀）进行了单航过和重航过激光合成孔径干涉成像，获得了分辨率在毫米级、高程精度在 10μm 量级的成像结果。实验表明，相对于二维光学图像，通过干涉处理可以获得关于目标更多的有益信息。

我国也积极开展了跟踪研究，对合成孔径激光成像方式、信号产生、相干性保持和振动抑制等关键核心技术也进行了深入研究，其实际系统研制工作不断深入推进。从 2013 年开始，中国科学院电子学研究所系统地开展了机载 SAL 的研究工作[33]。2017 年，中国科学院电子学研究所和上海光学精密机械研究所分别报道了机载侧视 SAL 和直视 SAL 飞行成像实验，获得了地面高反射率合作目标的成像结果。

为抑制振动对成像的影响，基于顺轨干涉处理的激光 InSAL 方法被提出[34-36]；为对远距离目标实现三维成像，基于正交长基线干涉处理的激光 InISAL 方法也被提出[37,38]，干涉处理技术已全面引入激光合成孔径成像研究中。

由于 SAL 使用相干探测体制，相干探测体制激光雷达通过本振信号实现相干外差探测，在原理上可通过频域滤波大幅提高探测灵敏度[15]，而本振信号的存在使目标微弱小回波可实施光电转换为后续积累提供条件，其探测性能远优于目前的单光子探测器[39]，相干探测的灵敏度比直接探测至少要高 20dB[17]，故基于相干体制的 SAL 同时应具有远距离目标探测能力。

显然，干涉型射电望远镜和激光干涉成像技术可供红外干涉成像研究借鉴。

6.5.2 激光本振红外光谱干涉成像概念

1. 红外干涉成像的难点

大气对地基大口径望远镜成像分辨率和两望远镜信号的相干性影响很大，通常需引入自适应光学系统[40]来校正大气误差。传统干涉成像概念下，由于瞬时光谱范围较宽使信号带宽较大，实现干涉成像并不容易，而大气误差校正环节的增加，引入存在空间变化的相位误差，进一步增加了其干涉成像的难度。

红外信号是宽带噪声信号，即便两个望远镜的信号是同时采样的，由于两望远镜空间位置不同导致的波程差(延时)，也会使两个信号存在时差而去相干，且光谱范围(带宽)越大，越容易去相干。

在两个光路中增加延时器件可解决去相干问题，但由于观测视场的存在，时空耦合使对所有像素精确延时并非易事，且用硬件实现延时的精度有限。

从原理上讲，干涉概念适用于窄带相干信号如激光，对宽带红外信号实施干涉的前提就是细分光谱提高相干性，且需在空、时、频三维分析信号的相干性。由于在原理上同一分辨单元的信号才具有相干性，分辨单元尺寸(分辨率)，决定着延时器件对应的配准精度。

当中心波长为 1.55μm 时，假定窄带滤波后红外光谱范围 0.1μm，对应的信号带宽约为 125THz，对应的距离分辨率约为 1.2μm；当光谱范围为 0.8nm 时，对应的信号带宽约为 100GHz，对应的距离分辨率约为 1.5mm；当光谱范围为 0.08nm 时，对应的信号带宽约为 10GHz，对应的距离分辨率约为 1.5cm。干涉成像所需的配准精度至少要达到距离分辨率。

实际工作中，对 2 个基线长度在 100～200m 的干涉望远镜，用延时器件将其位置精度控制在 1μm 量级并非易事。通过窄带滤波，将光谱范围控制在 1～0.1nm，则可将干涉成像所需的配准精度降低到 1～10mm 量级，这将大幅提高长基线红外干涉成像能力。

2. 激光本振红外相干探测原理

远距目标成像探测和天文观测需要大口径红外望远镜以获得远距离和高分辨率成像能力。由于制造大口径望远镜难度较高，故科学家提出了基于两个(或多个)望远镜长基线干涉成像方法，可等效实现口径为基线长度望远镜的分辨率。

长基线红外干涉成像系统已投入应用，基于迈克耳孙结构的位相阵列是一种典型形式，其工作原理如图 6.5 所示。

借鉴干涉型射电望远镜的实现结构，设置激光本振和相干探测器，通过光纤耦合器实现红外信号和激光本振信号的相加，可形成新的红外干涉成像系统结构，其工作原理如图 6.6 所示。

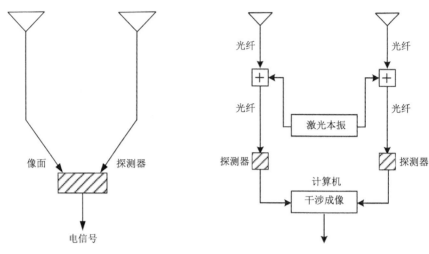

图 6.5 迈克耳孙结构位相阵列原理   图 6.6 激光本振红外相干探测干涉成像结构

激光本振和相干探测器设置完成后，激光作为载波不仅可保证两个望远镜红外信号相位的正确传递，而且可在电子学实施窄带滤波形成窄带红外信号以利于干涉成像，由此形成红外干涉成像所需的激光本振红外相干探测概念。

近年来单光子探测技术得到快速发展，百万像素级单光子阵列探测器[39]和单光子激光雷达[41]均已投入应用。特别要说明的是，激光 SAR 研究表明，本振信号的存在使目标微弱回波可实施光电转换，为后续信号积累提供条件，其探测灵敏度已远优于 1 个光子[15]。

由于工作波段接近，为进一步提高探测性能，基于激光本振的探测器技术很值得红外探测器借鉴。

3. 基于电子学的红外光谱细分和干涉成像处理

红外信号的带宽很宽，红外探测器是一个光电转换器件，其性能最终还是在电子学表征，目前典型的电子学带宽在 10GHz 量级。有限的电子学带宽和严重的红外信号频谱混叠，是红外探测器等效噪声功率高的主要原因，也会对红外信号的干涉产生影响。为此，可采用波长调谐激光本振，以有效控制信号的瞬时带宽。

当输入红外光谱范围为 0.1μm 时，激光本振波长调谐范围应达到 0.1μm，若探测器电子学带宽为 10GHz，则其对应的瞬时光谱范围约为 0.08nm，通过本振波长步进调谐完成 0.1μm 光谱范围覆盖约需 1250 次。在每个波长步进间隔若用于观测的时间为 0.4ms，则总的观测时间为 0.5s。

信号处理的流程为：首先望远镜对每个步进波长观测获取的窄带红外信号进行滤波处理；然后通过两望远镜信号互相关处理获取峰值处相位；最后对不同波

长步进间隔获取的干涉相位图像进行非相干积累。

这里的互相关处理等效脉冲压缩，有利于提高信号峰值信噪比；通过非相干积累可充分利用红外光谱能量，提高干涉成像信噪比。

借助激光本振，2000 年美国加利福尼亚大学伯克利分校团队在 10μm 红外波段利用光电外差探测，将红外干涉处理转至电子学射频段，在威尔逊山上通过长基线干涉实现恒星角直径测量。对这种红外空间干涉成像的原理，已明确类似于一个红外射电望远镜。该团队的工作表明，基于电子学的激光本振红外光谱干涉成像方法具有可行性。

4. 激光本振红外阵列探测器形式

当采用基于光纤激光本振混频结构的单元探测器(可采用平衡探测器和 A/D 采样级联)时，长基线干涉处理本质就等效于干涉测角，还实现不了干涉成像。目前的红外阵列探测器和激光焦平面探测器均已获得广泛应用，但要使其与激光本振结合并实现每单元都以平衡探测器和 A/D 采样级联为特征的相干探测，还有许多困难，需研制新的阵列探测器并突破相关关键技术。

对于阵列探测器，目前有空间光路混频和基于光纤阵列网络混频两种方式可供选择。空间光路混频结构简单但容易引入较大的空间相差，混频效率低，为此，一种考虑是采用带有激光本振耦合器的光纤阵列结构，使用多个短波红外波段的激光单元探测器拼接形成相干阵列探测器，此处的探测器为平衡探测器，其后级联 A/D 实施信号采样；另一种考虑是将激光相控阵[18,19]中的光波导馈电网络与阵列探测器耦合，引入激光本振信号实现相干混频，此处的阵列探测器每个单元应进行平衡探测并级联 A/D 采样，显然这是一个新型的阵列探测器，其阵列探测结构和工作原理如图 6.7 所示。

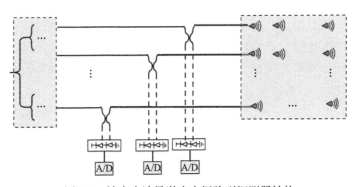

图 6.7　纳米光波导激光本振阵列探测器结构

图 6.7 左侧为激光本振光波导功分网络，右侧为接收端光波导辐射单元网络，下侧为激光本振混频平衡探测和级联的 A/D 转换单元。从长远的观点看，

后一种方案采用纳米加工技术可保证探测器单元间信号的一致性，也有利于器件集成和小型化。

在正交基线条件下，对于阵列探测器，若能实现激光本振红外相干探测，其方位向干涉相位图、俯仰向干涉相位图和相位解缠后的干涉成像结果如图 6.8 所示，其干涉相位的产生和相位解缠过程，与微波 InISAR[42]和激光 InISAL[38]类似。

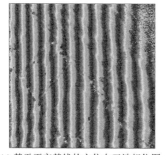 

(a) 基于正交基线的方位向干涉相位图　　(b) 基于正交基线的俯仰向干涉相位图

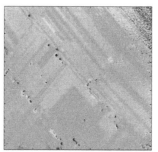

(c) 相位解缠后的干涉成像结果

图 6.8　基于正交基线的方位向、俯仰向干涉相位图和相位解缠后的干涉成像结果

在正交干涉成像的基础上，有望类似微波综合孔径射电望远镜，通过不同空间位置的较小孔径，组合形成一个大的光学口径，以红外光谱"射电"望远镜形式实现高分辨率天文成像，这有可能大幅降低红外成像系统的复杂度和体积重量。

6.6　艇载红外光谱干涉成像的天文应用

6.6.1　平流层飞艇天文观测平台

平流层飞艇工作在 20km 高空，大气影响小，为光学/红外设备的天文观测提供了一个新型平台，目前平流层飞艇及其载荷已成为国内外研究的热点。

在中国科学院鸿鹄专项中，已安排了临近空间 35km 高度球载行星大气光谱望远镜的研制任务[43]，该望远镜口径 0.8m，有 7 个紫外谱段和 4 个可见谱段。选择高空球载平台，可回避大气影响，有利于天文观测。

平流层飞艇长在 100m 量级，直径在 30m 量级，具有巨大的体积和设备安装空间，为长基线大衍射口径望远镜的安装提供了有利条件，其望远镜口径最大可达 10m 量级，干涉基线长度可达 30m 量级。这为天文观测所需的远距离高精度长基线大口径光学/红外干涉成像系统的技术实现提供了可能。

6.6.2　艇载 10m 基线 2m 衍射口径红外光谱干涉成像望远镜

本节对一个衍射口径在 2m 量级、干涉基线在 10m 量级采用激光本振的红外干涉成像系统性能进行分析，该系统也可称为红外光谱"射电"望远镜。

1. 主要指标

系统主要指标如下：
(1) 红外谱段范围为短波；
(2) 红外中心波长 1.55μm；
(3) 红外光谱范围约为 0.1μm；
(4) 望远镜扫描视场约 3°；
(5) 接收望远镜口径 2m；
(6) 接收望远镜数量为 3（三角形布局）；
(7) 干涉基线长度为 10m；
(8) 干涉测角精度为 0.15μrad 量级；
(9) 等效形成口径 10m 望远镜观测能力。

该 10m 基线 2m 衍射口径红外干涉成像系统，其望远镜选用膜基衍射光学系统[1]，以大幅减重；设置激光本振和相干探测器保证望远镜间的红外信号相位的正确传递，在电子学实施窄带滤波形成窄带红外信号以利于实现长基线干涉成像。

2. 望远镜布局

为实现正交观测，可设置 3 个三角形布局的望远镜；为形成一定的观测范围，可在光路压缩后设置扫描机构以实现有限扫描视场。系统的安装方式可采用艇腹悬挂或艇身内置方式。

艇腹悬挂方式下，安装简单但天顶向视场受限，该系统在艇上的布设示意图如图 6.9 所示。

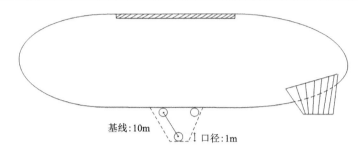

图 6.9　10m 基线 2m 口径红外光谱干涉成像系统在艇腹悬挂的布设示意图

艇身内置方式下，该系统在艇身顶部的布设示意图如图 6.10 所示，要求艇为望远镜设置隔离气囊，平台改装技术复杂，但具有较好的天顶观测能力。

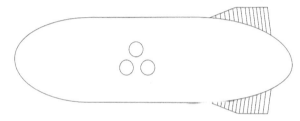

图 6.10　10m 基线 2m 口径红外光谱干涉成像系统在艇身顶部内置的布设示意图

为实现特定目标的天文观测，飞艇整体也作为转动平台，需进行一定角度的姿态和航向调整，使望远镜指向目标区间，结合望远镜的有限扫描和跟踪功能，对目标进行干涉成像观测。

3. 观测性能

当红外中心波长为 1.55μm 时，10m 基线红外干涉测角精度也在 0.15μrad 量级，与口径 10m 望远镜成像分辨率相当。当干涉相位测量误差小于 2π rad 时，在法线方向上，10m 基线红外干涉测角精度即可优于 0.15μrad；当干涉相位测量误差小于 1rad 时，其干涉测角精度可优于 0.02μrad。

干涉成像分辨率方面，本节系统在 4 亿 km 处对应的俯仰向和方位向的定位精度在 9km 量级，该数值即对应干涉成像分辨率。火星与地球距离在 5500 万～4 亿 km，显然该系统也可用于高分辨率红外成像火星探测。

探测灵敏度主要由望远镜口径即接收面积、信号光谱范围和探测器体制决定。10m 口径望远镜的接收面积为 78.53m^2，本节 3 个 2m 口径望远镜的接收面积为 9.42m^2，前者为后者的 8.34 倍。

采用衍射光学系统，通过激光本振的波长调谐，其可有效接收的光谱范围约为 0.1μm，相比传统光学系统光谱范围 1.1～2.4μm，其接收红外信号能量减少至约 1/12。本节采用激光本振红外相干探测体制，由于相干探测的灵敏度比传统的直接探测至少要高 20dB，即 100 倍，故本节系统的探测灵敏度应等效于 10m 口径望远镜，可观测的极限星等约为 22。

显然，本节艇载 10m 基线 2m 口径激光本振红外干涉成像系统在天文观测领域应具有良好的应用前景。与"中国哈勃"——巡天空间望远镜(CSST)载 2m 口径天文望远镜[44]相比，在技术实现方法和空间分辨率指标上具有特色。

4. 系统结构和信号处理流程图

本节激光本振红外干涉成像系统结构和信号处理流程如图 6.11 所示。

图 6.11　系统结构和信号处理流程图

6.6.3　关键技术及其可能的技术途径

1. 大口径轻量化望远镜设计和制造

从原理上讲，膜基透镜和菲涅耳透镜阵列都属于衍射器件，也可看成二元光学器件，其性能也可用微波相控阵天线理论和方法进行分析。文献[2]、[4]和[45]论述了衍射光学系统在激光 SAR 和激光雷达中的应用问题。

衍射光学系统的光谱范围较窄，适于激光雷达和激光通信使用，也适用于对空间分辨率要求高的长基线红外干涉成像系统。当用于红外波段时，可采用色差校正技术[5]扩大其红外光谱范围，天文观测瞬时视场较小的特点，有利于缓解衍射口径和光谱范围的矛盾。

本节系统主镜可采用膜基衍射光学系统，后面级联色差校正镜，艇载应用没有折叠展开过程，工程实现难度较小。为降低制造大口径薄膜镜的难度，可引入光学合成孔径成像技术，利用多个小口径合成大口径。采用长焦有利于薄膜镜加工，也可减少孔径渡越，但增加了系统体积，为此可考虑以谐衍射方式增大薄膜镜厚度，增加其台阶数，减少其台阶宽度，这样可减小焦距。当口径较小时，谐衍射薄膜镜加工易于实施。

2. 衍射光学系统的孔径渡越处理

和微波系统一样，光学系统聚焦所需的波前控制包括相位和时延两个方面，轻量膜基衍射光学系统仅能实现相位控制，由于没有时延控制，为减少孔径渡越，在大口径条件下通常采用的焦距很长，即便采用色差校正技术，其工作的光谱范围和视场也很有限。

当望远镜口径 2m、焦距 10m 时，存在 5cm 量级的信号包络位移，对宽带红外信号有较严重的孔径渡越问题，需精确补偿后才能聚焦。

借鉴微波相控阵天线孔径渡越补偿思路，文献[3]采用信号处理方法，在一定条件下解决了大口径激光 SAR 中的相关问题。图 6.12 与图 6.13 为信号带宽为 3GHz、距离分辨率为 5cm，基于信号处理的 10m 口径焦距 20m 时孔径渡越补偿前后的聚焦仿真结果。

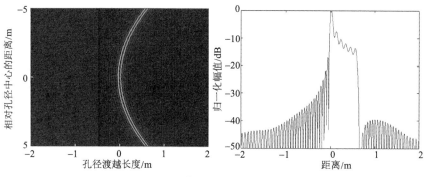

图 6.12　信号的孔径渡越情况

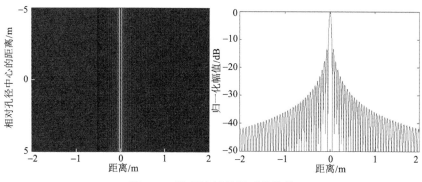

图 6.13　孔径渡越补偿后的信号

从图 6.12 和图 6.13 可知，若不实施孔径渡越补偿，10m 口径望远镜聚焦还有一定困难。与之相对应，这个问题同样存在 10m 基线红外干涉系统，可理解为长基线时两个望远镜信号不在同一距离单元(对应不同时刻)而产生了去相干。

　　减少孔径渡越散焦的另一个方法就是分子口径，并使用光学合成孔径。引入激光本振阵列探测器保证子口径望远镜间红外信号相位的正确传递后，光学合成孔径即可借助计算机，通过对光电探测器获得的电子学复图像相干处理实现。这种信号处理过程类似于干涉型射电望远镜成像，将使光学合成孔径成像中的延时配准和相位校正易于用软件实现。

　　近年国外提出分段式平面光电成像探测器(SPIDER)思路[46]，利用微透镜干涉成像，其结构类似于目前微波雷达的数字阵列天线，有可能同时解决相位和时延问题。由此看来，将电子学技术引入光学成像已是趋势。

3. 结合飞艇姿态的望远镜有限扫描和跟踪成像

　　较大口径接收望远镜机械转动不便，需设置折反镜实现较大的工作视场。如图 6.14 所示，采用透射式衍射光学系统时，通过光路压缩，可大幅减少像方折反镜的尺寸，便于小角度二维机械扫描的实现。假定使用 10∶1 压缩光路，要实现 3°的扫描范围，折反镜的旋转范围应达到 30°。压缩光路和像方摆扫镜结合扩大视场方法可参考文献[47]。

　　天文观测具有瞬时视场较小的特点，飞艇整体可作为转动平台扩大观测范围，进行一定角度的姿态和航向调整，使望远镜指向目标区间，结合望远镜的有限扫描和跟踪功能，对目标进行干涉成像观测。

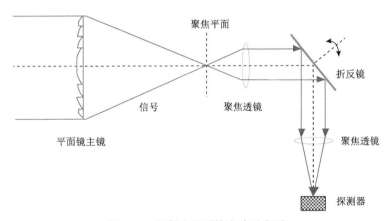

图 6.14　衍射光学系统光路示意图

4. 干涉基线参数估计和高精度运动误差补偿

10m 基线的刚性结构实现并非易事，红外信号波长短至微米量级，望远镜间微米量级的振动都会引入较大的相位误差并对干涉成像造成影响。

　　这里引入激光 InSAL/InISAL 成像中的多探测器干涉处理方法[35,36,48]，解决红外干涉基线参数估计和高精度运动误差补偿问题。类似于自适应光学中的纳星，也可考虑设置激光定标器，借助激光干涉测量，实现红外干涉基线参数的精确估计。

6.7　综合孔径红外干涉成像

6.7.1　红外综合孔径射电成像原理

1. 激光本振红外相干探测

6.5 节利用光纤耦合器实现激光本振信号与红外信号的相加，并形成新的红外干涉成像光纤结构。借助于激光本振和相干探测器，两个望远镜红外信号相位可实现正确传递，而且在电子学实施的窄带滤波还有利于红外信号的干涉成像，其系统结构和干涉型射电望远镜相同。与文献[49]工作的不同在于，6.5 节采用了光纤结构，其干涉成像在 A/D 采样后用信号处理方法在计算机中完成。

与此同时，引入激光本振信号后，还可以去除宽带红外信号的频谱混叠，并有助于提高红外探测灵敏度。在此基础上，基于光纤耦合的波长可调谐激光本振红外相干探测器原理结构可参考 6.4.3 节。

该探测器的激光本振可选为中心波长可调谐的激光种子源，假定其可调谐的光谱宽度为 0.2μm，通过激光本振的波长步进调整，对输入光谱范围为 0.2μm 的宽谱段红外信号可在电子学频域实现无混叠的范围选通，同时等效细分红外光谱。

2. 探测器形式

2020 年美国 Point Cloud 公司基于硅光芯片的 FMCW 激光雷达相干阵列探测器[50]，阵元规模为 512(32×16)，其结构可供波长可调谐激光本振红外阵列探测器参考。该探测器主要用于光学成像，其单元间距较小，在几十微米量级，不太适合本节有干涉基线长度的望远镜使用，为此可考虑基于光纤阵列结构[51]的探测方式。该探测方式中光学系统接收的红外回波信号可导入多组带有微透镜的光纤阵列接收单元，每组接收单元都可进行激光本振相干探测。

3. 宽谱段本振信号形成

激光本振红外阵列探测器的核心特征为激光本振利用波长可调谐激光器实现，但这涉及波导和激光种子源(激光器)两个器件的光谱范围以及偏振方向问题。

在短波红外，目前光纤波导的光谱范围在 50～70nm，为保证高的混频效率，通常使用单模保偏光纤。光纤激光器的可调谐光谱范围在 30～50nm 量级，半导体激光器的可调谐光谱范围在 100nm 量级。

为覆盖红外信号宽的光谱范围并考虑偏振问题，需考虑多波段(如 3 波段)并联方式。借鉴拜耳膜 RGB 分光思路，一个兼顾偏振和光谱范围的宽谱段激光本振实现方案如图 6.15 所示。显然，这种方式尽管要求的光谱波段数和偏振通道数较多，但可使本振波长覆盖范围优于 0.2μm。

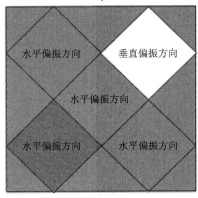

图 6.15　兼顾偏振和光谱范围的宽谱段激光本振实现方案

4. 红外射电综合孔径成像

本节红外射电综合孔径成像原理类似于综合孔径微波辐射计[52,53]，其接收红外信号是与物体分子热运动有关的热电磁发射。这种信号是一种宽带的随机噪声，通过对任意两个相干接收机信号的相关处理，经综合孔径处理可以在 UV 域[54]形成空间频率采样，进一步经过反演得到所测量信号源的亮温图像。图 6.16 为两个接收单元探测原理示意图。

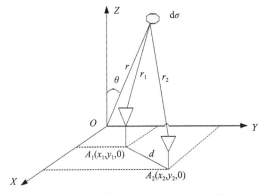

图 6.16　两个接收单元探测原理示意图

根据文献[52]，可由以下公式建立子镜中心阵列接收可视度函数 $V(\Delta r)$ 模型：

$$V(\Delta r) = \iint_{\mathrm{d}\sigma} \frac{\cos\theta}{r^2 \lambda^2} P(x,y,z) \tilde{r}\left(\frac{\Delta r}{c}\right) \exp(\mathrm{j}k_0 \Delta r) \mathrm{d}S \tag{6.14}$$

图 6.16 和式 (6.14) 中，$\Delta r = r_1 - r_2$，当测试条件满足远场条件时，有

$$\Delta r = -\left[(x_2 - x_1)\xi + (y_2 - y_1)\eta \right] \tag{6.15}$$

A_1 和 A_2 为任意两个子镜接收单元；$V(\Delta r)$ 为可视度函数值；σ 为任意一点辐射源；θ 为点辐射源与 Z 轴的夹角；r 为点辐射源到坐标轴原点的距离；r_1 和 r_2 为任意两接收单元与点辐射源的距离；λ 为接收中心波长；$P(x, y, z)$ 为此辐射面上的坐标点的接收功率；$\tilde{r}(\Delta r / c)$ 为系统参数，其经过理论计算可近似为一个常数；k_0 为 $2\pi/\lambda$；S 为所检测的整个温度分布曲面；$\xi = x/r$，$\eta = y/r$。

当系统参数固定时，可得可视度函数如下：

$$V(u, v) = \iint_{\xi^2 + \eta^2 \leqslant 1} T_{12}(\xi, \eta) \exp\left[-j2\pi(u\xi + v\eta) \right] \mathrm{d}\xi \mathrm{d}\eta \tag{6.16}$$

$$T_{12}(\xi, \eta) = \frac{T(\xi, \eta)}{\sqrt{1 - \xi^2 - \eta^2}} P_1(\xi, \eta) P_2^*(\xi, \eta) \tag{6.17}$$

其中，$T(\xi, \eta)$ 为辐射面上点 (x, y) 对应的反演亮温值；$V(u, v)$ 为在 UV 域上点 (u, v) 对应的可视度函数值；$P_i(\xi, \eta)$ 为第 i 号接收单元在点 (x, y) 功率方向图，对可视度函数值进行傅里叶逆变换即可得到亮温分布图。

6.7.2　艇载 6.5m 综合孔径红外射电望远镜

1. 结构形式

参考光学合成孔径成像原理[20]，本节 6.5m 综合孔径望远镜由 37 个 0.5m 口径的小望远镜组成，每个 0.5m 口径的小望远镜由 4 个 0.207m 口径的子镜组成，该望远镜系统在艇身顶部的布设示意图如图 6.17 所示。

图 6.17　6.5m 综合孔径红外干涉成像系统在艇身顶部内置的布设示意图

为了实现阵列形变误差估计，在阵列上设置波前传感器，其数量与 0.5m 口径望远镜数量相同。若阵列结构刚性较好，也可减少波前传感器的数量。

该综合孔径望远镜利用 37×4 个子镜进行红外信号接收，其成像处理在计算机完成，是一种典型的计算成像[55,56]载荷。

2. 子镜布局和 UV 域采样

本节的综合孔径望远镜设计为米字形结构，其子镜布局与其产生的 UV 域[54]如图 6.18 所示。

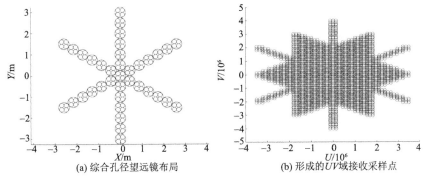

(a) 综合孔径望远镜布局   (b) 形成的 UV 域接收采样点

图 6.18 综合孔径望远镜结构布局

由于综合孔径成像中的 UV 域覆盖代表着该望远镜阵列对于目标辐射源在光学波段上的空间频率采样信息，则由图 6.18 可知，此综合孔径望远镜的空间频率覆盖率较高。

上述子镜中心形成的最短基线为 0.207m，由此形成的红外波段最大不模糊视场较小，为扩大不模糊视场范围以满足应用要求，需将最短基线长度设置在毫米量级。最短基线的形成可有两种方式：一种是利用阵列探测器单元间距形成；另一种是子镜布设时设置小尺寸(如 0.5～1mm)错位形成。

假定每个子镜阵列探测器单元间距为 1mm，通道规模为 3×3，形成的 UV 域接收采样点如图 6.19 所示。

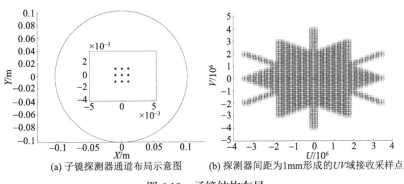

(a) 子镜探测器通道布局示意图   (b) 探测器间距为 1mm 形成的 UV 域接收采样点

图 6.19 子镜结构布局

　　假定对子镜中心以方差为 3mm 正态分布且以 1mm 间隔取整进行错位排列，此时最短基线为 1mm，形成的 UV 域接收采样点如图 6.20 所示，其密度较图 6.18(b) 有明显增大。增加错位后，毫米量级基线长度的 U 值数量为 310，V 值数量为 114。

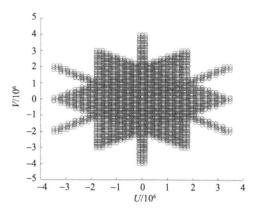

图 6.20　子镜中心错位形成的 UV 域接收采样点

6.7.3　综合孔径衍射光学系统与色差校正

1. 激光本振综合孔径衍射光学系统

　　本节望远镜采用轻量衍射薄膜镜，由于大口径衍射薄膜镜的制造比较困难，采用光学合成孔径技术实现大口径，进一步可演变为激光本振综合孔径望远镜。

　　本节 0.5m 口径望远镜由 4 个口径为 0.207m 的子镜拼接等效形成，如图 6.21 所示。

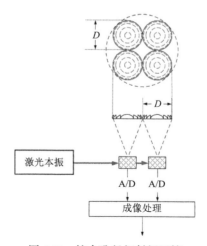

图 6.21　综合孔径衍射望远镜

图 6.21 中，D 为望远镜子镜口径，4 个子镜接收面积为 0.1035×0.1035×π×4，约为 0.125m²。

基于激光本振阵列探测器，多个子镜接收信号的相位即可正确传递，由此使得综合孔径成像可在 A/D 采样后的计算机上利用软件通过计算成像实现，同时子口径结构焦距短的特点也可使光学系统的轴向尺寸和重量大幅减少。

2. 衍射光学系统色差校正

文献[4]指出 SAL 采用衍射光学系统时，通过频率变化可使激光波束展宽，从而获得较宽的观测范围。进一步设置衍射光学系统焦点偏离主镜轴线，使之在口径方向产生波程差，即可通过频率扫描实现一定角度的一维波束扫描。当衍射透镜的设计波长为 λ_0 时，若入射波长为 λ，其米级焦距 $f_m = \lambda_0 f_0 / (m\lambda)$，即衍射透镜的焦距与入射波长成反比。可以看出，衍射透镜只对特定频率的光波在像面理想聚焦，而对于其他频率的光波无法聚焦，造成严重的轴向色差。

对于激光雷达接收光学系统，因其工作波段窄，故垂轴色差相对较小。不过在大口径情形下，垂轴色差也会积累到一个较大的量级，文献[57]指出激光雷达弥散斑尺寸也可能较大。

衍射元件的色散远远大于折射元件色散，在大口径和长焦距的情况下难以使用折射透镜来校正其色差。根据 Schupmann 原理，任何一个有色差的光学元件，可以在其共轭像位置处，放置一个相同色散特性、相反光焦度的元件来消除色差，如图 6.22 所示。

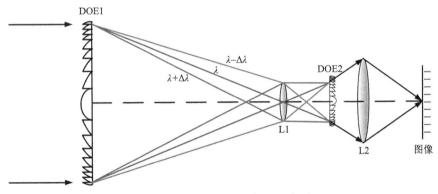

图 6.22　Schupmann 消色差示意图

Schupmann 色差校正原理如图 6.22 所示。一束平行光通过大口径衍射透镜 DOE1 后，由于衍射作用，不同波长的光线沿不同方向传播。在入射波段中心波长焦点处放置一个中继透镜 L1，将来自物镜某一点的光线重新聚焦在菲涅耳校正镜 DOE2 表面的相应点上。DOE2 是一个与 DOE1 具有相同色散度、相反光焦度的衍射元件，与 DOE 关于 L1 共轭，光束通过 DOE2 之后可以获得消色差发散光束。为得到会聚光束，还需要在 DOE2 后加入正透镜 L2 将光线聚焦在像点上，而且 L2 与 DOE2 越近，L2 口径可以越小。

受 DOE1 色散的影响，波长离望远镜中心波长越远的入射光在 L1 处散开得越严重，越不容易被接收。也就是说，望远镜的消色差频谱范围取决于 L1 能够接收到多宽频谱的光。Schupmann 衍射望远镜光学系统的消色差成像频谱宽度为[58]

$$\Delta\lambda = \frac{2D_{L1}\lambda_0}{D_{DOE1}} \tag{6.18}$$

其中，D_{L1} 为中继透镜 L1 的口径；D_{DOE1} 为衍射主镜 DOE1 的口径。由式(6.18)可知，望远镜的频谱宽度受中继透镜口径的限制，衍射主镜的口径确定以后，望远镜的消色差成像频谱范围与再成像系统的口径成正比，再成像系统口径越大，可以接收到的光的频谱范围越宽，望远镜的消色差成像频谱宽度也就越大。

6.7.4　孔径渡越与光谱范围分析

1. 孔径渡越现象与光谱范围分析

衍射光学系统可对波前相位进行控制，但是对波前延时无法调整，由此会产生孔径渡越问题。

类似于微波系统，光学系统的聚焦需要对其相位和时延进行控制，对于入射到衍射主镜上的光信号，虽然有衍射器件引入折叠并量化后的移相量，但并未对包络进行时移。这将使得从衍射主镜不同位置入射到焦点的光信号相加时包络无法对齐，于是当衍射主镜口径较大，光信号的距离分辨率较高时，包络错位即会大于半个距离分辨单元。这会使距离向成像结果散焦，类似于微波相控阵的孔径渡越现象[3]。

设定望远镜口径为 D，焦距为 f，光学系统参数为 F，系统接收信号带宽为 B，接收中心波长为 λ，光速为 c，定义衍射光学系统中从主镜不同位置处入射到焦点的信号波程差的变化范围，即孔径渡越范围为 $D^2/(8f)$，而系统的横向分辨率为 $c/(2B)$，又有光谱宽度 $\Delta\lambda$ 与信号带宽 B 关系如下：

$$B = \frac{c}{\lambda^2} \times \Delta\lambda \tag{6.19}$$

根据已知，如要保证望远镜的正常聚焦，其孔径渡越范围 $D^2/(8f)$ 要小于系统的横向分辨率 $c/(2B)$，又有光学系统参数 F 为 f/D，则通过上述公式进行推导，望远镜口径 D 需要满足以下条件：

$$D < \frac{4F\lambda^2}{\Delta\lambda} \tag{6.20}$$

根据式 (6.20)，当中心波长为 1.55μm、光谱范围为 0.2μm 时，对应信号带宽为 25THz。当光学系统参数 F 为 2 时，子镜口径需小于 0.1mm；当光学系统参数 F 为 4 时，子镜口径需要小于 0.2mm。

当子镜口径为 0.207m、光谱范围为 0.2μm、光学系统参数 F 为 2、焦距为 0.4m 时，孔径渡越对成像的影响较大，具体情况如图 6.23 所示。

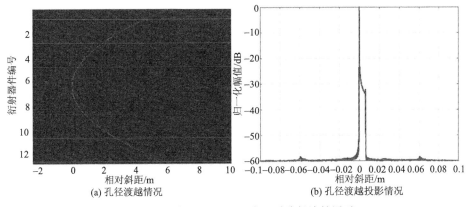

(a) 孔径渡越情况　　　　　　(b) 孔径渡越投影情况

图 6.23　口径 0.207m、F 为 2 时孔径渡越展示

2. 孔径渡越补偿仿真

本节采用文献[3]方法对孔径渡越进行补偿。由于衍射主镜上的衍射器件到焦点的距离确定且已知，可以构造孔径渡越补偿滤波器，其补偿效果如图 6.24 所示。

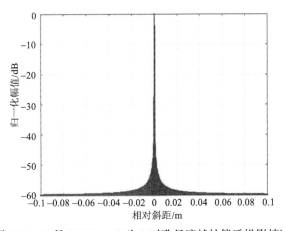

图 6.24　口径 0.207m、F 为 2 时孔径渡越补偿后投影情况

上述补偿效果已较好，该方法与后续色差校正方法结合后，有可能在宽谱段范围取得更好的成像效果。

6.7.5 综合孔径红外射电成像性能分析与仿真

1. 系统观测性能分析

设定 L_{max} 为此综合孔径望远镜的最长基线，L_{min} 为望远镜子镜中心对应的最短基线，R_0 为望远镜与点辐射源距离，接收中心波长为 λ。因为此综合孔径望远镜系统的角度分辨率与同等尺寸的实孔径天线相当，由其最长基线 L_{max} 决定，所以其角分辨率 β 与横向分辨率 ρ_c 如下：

$$\beta = \frac{\lambda}{L_{max}} \tag{6.21}$$

$$\rho_c = \frac{\lambda R_0}{L_{max}} \tag{6.22}$$

其最大不模糊视场角度 γ_{max} 与最大不模糊横向距离 W_{max} 如下：

$$\gamma_{max} = \frac{\lambda}{L_{min}} \tag{6.23}$$

$$W_{max} = \frac{\lambda R_0}{L_{min}} \tag{6.24}$$

当接收红外辐射信号中心波长为 1.55μm 时，此综合孔径望远镜等效口径，即最长基线 L_{max} 为 6.5m，对应的角度分辨率为 0.24μrad；当望远镜子镜中心间距对应的最短基线 L_{min} 为 0.207m 时，对应的最大不模糊视场角度约为 7.75μrad。当观测对象距离为 36000km 时，其横向分辨率约为 9m，最大不模糊视场范围约为 280m；当其与观测对象距离为 4 亿 km 时，其横向分辨率约为 96km，最大不模糊视场范围约为 3100km。

本节最大不模糊视场角是由最短基线长度决定的，为扩大不模糊视场范围，满足应用要求，需将最短基线长度设置在毫米量级。最短基线的形成有两种方式：一种为子镜布设时设置小尺寸(如 0.5~1mm)错位；另一种方式可利用阵列探测器单元间距形成，当探测器像元尺寸为 1mm、焦距为 0.4m 时，对应的探测器单元视场角为 2.5mrad，此时最短基线为 1mm，对应的最大不模糊视场角为 1.55mrad；当探测器像元尺寸为 0.5mm，焦距为 0.4m 时，对应的探测器单元视场角为 1.25mrad，此时最短基线为 0.5mm，对应的最大不模糊视场角为

3.1mrad。考虑到干涉所需的重叠视场，实际的单元视场角要大于 2.5mrad。在这种情况下，观测视场是由阵列探测器规模来决定的，增加阵列探测器规模即可增大观测视场。当每个子镜的阵列探测器规模为 3×3 或 6×6 时，对应的整个观测视场角约为 7.5mrad。

实际综合孔径阵列设置时，需同时考虑子镜布设错位和阵列探测器两者的结合方式，以使形成的短基线具有足够的数量，且要使最大不模糊视场角不小于探测器单元视场角。

为进一步扩大观测范围，基于透射式衍射光学系统，可以利用像方摆扫镜结合和压缩光路来进行视场的扩大，具体实施方法可参考文献[47]。

假定探测器电子学带宽为 10GHz，其对应的瞬时光谱范围约为 0.08nm，通过本振波长步进调谐要完成 0.2μm 光谱范围覆盖，需要本振波长步进调谐 2500 次。若在每个波长步进间隔用于观测的时间为 0.4ms，则总的观测时间为 1s。当输入红外信号光谱范围为 0.2μm 时，激光本振波长调谐范围也应达到 0.2μm。

本节综合孔径望远镜 37×4 个 0.207m 子镜等效的接收面积约为 $4.65m^2$，传统 6.5m 口径望远镜的接收面积约为 $33.18m^2$，前者接收面积约是后者的 7.14 倍。相对于传统光学系统 1.1～2.4μm 的光谱范围，采用红外光谱接收范围为 0.2μm 的衍射薄膜光学系统时，其接收的红外信号能量信号减少约为 6.5 倍，则可得本节综合孔径望远镜较于传统 6.5m 望远镜的接收能量相差约 46.14 倍。

而传统望远镜通常采用直接探测体制，本节采用相干探测体制，由 6.4 节分析可知，其探测灵敏度比传统的直接探测至少要高 20dB，即 100 倍。在此基础上，同样口径与接收光谱范围下本节望远镜获得的信噪比比传统望远镜要高 100 倍，减少接收面积与光谱范围至 1/46.16 时，其探测灵敏度在原理上可比传统 6.5m 口径望远镜的探测灵敏度高 2 倍，其观测极限星等约为 21。若引入 6.5 节和 6.6 节的红外光谱干涉成像信号处理流程和快时间信号滤波处理，有可能进一步提高其探测性能。

显然该艇载 6.5m 综合孔径红外射电望远镜不仅可用于火星等天文观测以及深空目标探测，还可用于对地观测。

2. 成像仿真结果

根据红外射电综合孔径成像方式进行点辐射源仿真，当接收红外辐射信号中心波长为 1.55μm，望远镜与点辐射源距离为 36000km 时，接收阵列为 6.5m 综合孔径红外射电望远镜，对接收信号进行亮温反演成像，仿真结果如图 6.25 所示。

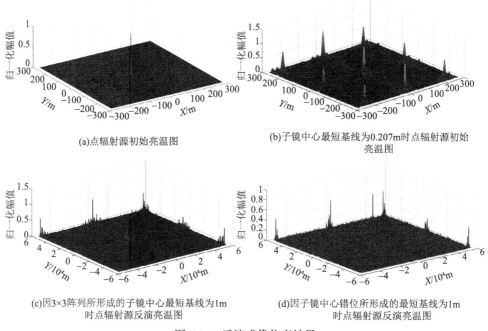

(a)点辐射源初始亮温图

(b)子镜中心最短基线为0.207m时点辐射源初始
亮温图

(c)因3×3阵列所形成的子镜中心最短基线为1m
时点辐射源反演亮温图

(d)因子镜中心错位所形成的最短基线为1m
时点辐射源反演亮温图

图 6.25　反演成像仿真结果

由图 6.25 可知，当子镜中心最短基线 L_{min} 为 0.207m 时，其横向分辨率为 9m 量级，其最大不模糊视场范围约为 280m 量级；当 3×3 阵列所形成的子镜中心最短基线 L_{min} 为 1mm 时，其最大不模糊视场范围扩大为 56km 量级，利用子镜中心错位也可形成 1mm 的最短基线，其最大不模糊视场范围也可扩大为 56km 量级。

6.8　光学合成孔径红外相干成像

6.8.1　基于相干探测的光学合成孔径成像

1. 激光本振宽谱段光学合成孔径相干成像原理

光学合成孔径成像技术主要包括迈克耳孙和菲佐两种光路结构[59]。本节望远镜则是在迈克耳孙结构的基础上，借鉴相干激光雷达和红外射电望远镜探测方式[49]，在接收系统中引入激光本振，通过空间光路混频实现红外信号和激光本振信号的相加，经光电探测和 A/D 采样后再实施大口径的合成。

对基于计算成像的光学合成孔径的相关研究，已经有了一些探索性的工作[45]，针对 2m 衍射口径激光雷达，文献[60]提出了基于相干探测的光学合成孔径方法，通过设置激光本振红外相干探测器，保证多个子镜间所接收窄带红外信号相位的正确传递，令光学合成孔径成像在计算机上用软件实现，即计算成像，这种成像方式可定义为光学合成孔径相干成像。

　　基于波长可调谐激光本振，上述思路即可引入宽谱段红外波段光学合成孔径成像望远镜，其成像系统结构如图 6.26 所示。

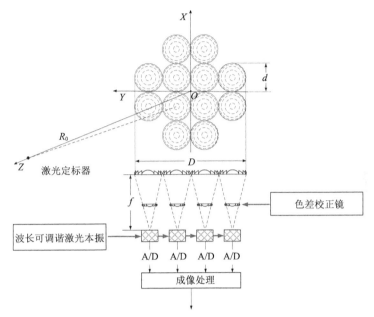

图 6.26　波长可调谐激光本振相干阵列探测器的光学合成孔径成像原理图

　　图 6.26 中，d 为子镜口径，D 为等效合成孔径，f 为焦距，O 点为望远镜阵列平面中心，同时设置激光定标器用于望远镜阵列接收复信号的幅度与相位校正，为激光定标器到望远镜阵列平面中心的距离。衍射光学系统的光谱范围较窄，所以当其用于红外波段光学成像时，需要采用色差校正技术[5]，通过色差校正镜，对每一个子镜所接收的图像信号进行色差校正。

　　假定 0.5m 口径薄膜子镜的光学系统参数 F 均为 5，那么子镜对应的焦距为 2.5m，并且此 2m 口径组镜光学系统可采用相同条纹的衍射子镜，对应的焦距也较小。

　　在此基础上，基于刚性 0.5m 口径子镜结构光学合成孔径相干成像原理，可利用 12 个 2m 口径组镜构建 10m 口径望远镜阵列，该阵列具有轴向尺寸较小、微调机构精度要求较低的特点，并且由此可以大幅减小整个光学系统的体积重量。

2. 细分光谱和光学合成孔径相干成像算法

　　本节光学合成孔径成像处理在红外中心波长对应的窄带细分光谱图像信号上

完成，通过激光本振的波长步进调整，对宽谱段红外信号在电子学频域实现无混
叠选通，等效实现细分红外光谱。在此基础上，对同一中心波长的低分辨率复图
像进行相干合成，可以形成高分辨率复图像；对不同中心波长的高分辨率复图像
信号进行非相干积累提高信噪比。

对于细分红外光谱，以短波红外为例，设置激光本振的中心波长为 $1.55\mu m$
可调谐的激光种子源，假定其可调谐的光谱宽度为 $0.2\mu m$，若探测器电子学带宽
在 4GHz 量级（对应的瞬时光谱范围是 0.032nm），当波长步进为 0.032nm 时，通
过激光本振调谐完成 $0.2\mu m$ 光谱范围覆盖约需 6250 次，若在每个波长步进间隔
用于观测的时间为 0.2ms，则总的观测时间为 1.25s。

上述每个波长步进间隔用于观测的时间为 0.2ms，该时间可与传统望远镜的
积分时间对应，通过激光本振调谐完成多次采样，主要是为了获取更多的信号能
量，提高图像信噪比。若将波长步进方式改为高速扫频方式，假定在 0.2ms 完成
$0.2\mu m$ 的光谱扫描，即可将总的观测时间缩短为 0.2ms。不同的观测时间对应不
同的接收信号能量。

望远镜输入红外光谱范围为 $0.2\mu m$ 时，假定基于波长步进激光本振光谱细分
后等效中心波长为 λ_i，其中 $i = 1, 2, \cdots, M$，i 为波长步进次数，M 为波长步进总
数。其光学合成孔径相干成像算法如图 6.27 所示。

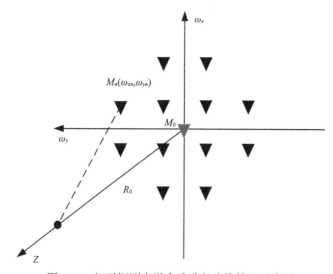

图 6.27　相干探测光学合成孔径成像算法示意图

图 6.27 中，M_0 为望远镜阵列平面中心 O 点对应的参考图像中心，M_n 为各
个子镜中心对应的参考图像中心，$(\omega_{xn}, \omega_{yn})$ 为各个子镜中心在图像域上与 M_0 的
相对距离。

可令 $f_n(x,y)$ 为子镜在光瞳面接收的复信号，定义 $f_0(x,y)$ 为望远镜阵列平面中心 O 点对应的参考子镜所接收的复信号，其中 $n=1,2,\cdots,N$ ，N 为子镜总数量。则可得经过子镜接收光电探测和 A/D 采样后的复图像 $F_n(\omega_x,\omega_y)$ ，$F_n(\omega_x,\omega_y)$ 为 $f_n(x,y)$ 的傅里叶变换，(x,y) 为光瞳面上点的坐标，(ω_x,ω_y) 为探测成像面上点的坐标。其中，子镜的功能为在中心波长对光瞳信号补偿由子镜口径和焦距决定的相差之后，再实施傅里叶变换形成复图像。

多个子镜的复图像 $F_n(\omega_x,\omega_y)$ 需相对于 M_0 经过平移后才能进行相干合成，得到以 M_0 为中心的光学合成孔径图像：

$$I\left(\omega_x,\omega_y\right) = F_1\left(\omega_x-\omega_{x1},\omega_y-\omega_{y1}\right) + F_2\left(\omega_x-\omega_{x2},\omega_y-\omega_{y2}\right)$$
$$+\cdots+ F_N\left(\omega_x-\omega_{xN},\omega_y-\omega_{yN}\right) \tag{6.25}$$

其中，$\omega_{x1},\omega_{x2},\cdots,\omega_{xN}$ 和 $\omega_{y1},\omega_{y2},\cdots,\omega_{yN}$ 为平移系数。

当激光定标器与望远镜阵列平面中心 O 点的距离 $R_0 \gg 2D^2/\lambda_i$（λ_i 为每个步进等效中心波长），即满足远场条件时，$\omega_{xn}=\omega_{yn}=0$；当 $R_0 < 2D^2/\lambda_i$，即激光定标器相对于望远镜阵列处于近场，若相对于子镜处于远场，则可参照微波雷达阵列天线方向图[61]确定平移系数。

根据望远镜阵列的几何关系，$f_n(x,y)$ 与 $f_0(x,y)$ 表达式如下：

$$f_n\left(x,y\right) = f_0\left(x,y\right)\cdot\exp\left(\mathrm{j}\left(\omega_{xn}x+\omega_{yn}y\right)\right) \tag{6.26}$$

其平移系数[61]为

$$\omega_{xn} = \frac{2\pi}{\lambda_i}\Delta x_n\sin\theta_{xn} = \frac{2\pi}{\lambda_i}\Delta x_n\sin\left(\arctan\frac{\Delta x_n}{R_0}\right) \tag{6.27}$$

$$\omega_{yn} = \frac{2\pi}{\lambda_i}\Delta y_n\sin\theta_{yn} = \frac{2\pi}{\lambda_i}\Delta y_n\sin\left(\arctan\frac{\Delta y_n}{R_0}\right) \tag{6.28}$$

$$\Delta x_n = x_n - x_0 \tag{6.29}$$

$$\Delta y_n = y_n - y_0 \tag{6.30}$$

其中，(x_n,y_n) 为望远镜阵列子镜中心在望远镜阵列空间平面上的坐标；(x_0,y_0) 为望远镜阵列平面中心 O 点在望远镜阵列空间平面上的坐标。当子镜数量增多时，经过复图像域上平移后的子镜面上光瞳信号保持等相位，各子镜中心与阵列平面中心距离的不同使得子镜间光瞳信号的相位呈台阶式分布，且此相位为二阶项，于是还需经过此二阶相位补偿，才可由平移系数形成相干合成孔径图像 $I(\omega_x, \omega_y)$。

当要进行波前误差估计并进行补偿时，式(6.26)可改写为

$$f_n(x,y) = f_0(x,y) \cdot \exp\left(j\left(\omega_{xn}x + \omega_{yn}y\right)\right) \cdot \exp\left(-j\phi(x,y)\right) \tag{6.31}$$

其中，$\phi(x,y)$ 为估计的相位误差。

3. 波长可调谐激光本振相干阵列探测器形式

传统光学望远镜系统所使用的探测器基本属于直接探测器，考虑到相干探测技术的发展以及相干探测的灵敏度和抗干扰能力优于直接探测，研究相干探测体制在大口径光学望远镜的应用问题具有重要意义。

本小节将 6.5 节中激光本振红外光谱干涉概念转化至空间光路混频，经过色差校正的红外复图像基于半透半反镜与波长可调谐激光本振信号在空间叠加后，进入阵列探测器实现光电转换同时混频，经窄带滤波 A/D 采样输出复图像，由此形成的空间光路混频红外阵列探测器结构如图 6.28 所示。

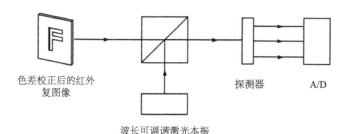

色差校正后的红外复图像　　　　　　　　探测器　　　A/D

波长可调谐激光本振

图 6.28　波长可调谐激光本振红外相干阵列探测器原理结构

其中，激光本振红外阵列探测器宽谱段本振信号的形成方式可参考 6.7.1 节第 3 部分。

为使波长可调谐激光种子源形成足够的光谱范围以及覆盖不同的偏振方向，可采用多波段(如三波段)并联方式，如采用拜耳膜 RGB 分光结构同时结合不同方向的偏振探测。为简化系统，空间光路混频可以考虑采用单向圆偏振激光本振信号，从原理上讲，其引入的偏振探测损失仅为 3dB。

使用空间光路混频可与现有的阵列探测器相结合，目前已具有较好的基础，该方式常用于激光全息成像[62,63]，基于激光本振相干探测，文献[64]论述了激光成像中的复图像形成方法，可为本节望远镜红外复图像提供借鉴。

4. 双波段衍射光学系统和宽视场接收

本节望远镜接收波段设计为短波和中波两个红外波段，对应的中心波长为 1.55μm 和 4.65μm，双波长接收通过 3 倍谐衍射技术共用一个 0.5m 口径子镜，分光后经过不同波段的接收通道色差校正后进入探测器，双波段红外衍射光学系统的结构如图 6.29 所示。

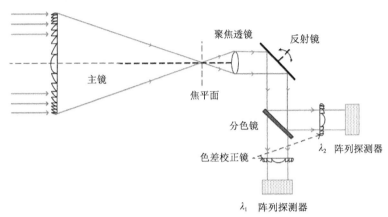

图 6.29　双波段红外衍射光学系统结构

为了扩大观测范围，本小节通过压缩光路并设置小口径折反镜来实现接收波束扫描[47]，通过设置折反镜前移可减小整个 0.5m 口径子镜的轴向距离，进而减小望远镜整体体积。

宽谱段宽视场接收会带来孔径渡越问题，为此除划分子孔径处理外，采用文献[3]中的信号处理方法也可对孔径渡越进行补偿。此外，在电子学光谱细分后，将信号带宽减小到一定程度时，孔径渡越问题同样可以得到缓解。在此基础上，由于等效中心波长 λ_i 已知，有可能形成数字色差校正方法，而无须设置传统的色差校正镜。

6.8.2　艇载 10m 光学合成孔径相干成像望远镜

本节 10m 望远镜主要基于衍射光学系统，通过光学合成孔径技术对短波和中波红外波段进行波前估计与成像，中心波长分为 1.55μm 与 4.65μm 两种。

10m 大合成口径相干探测成像系统主要是根据光学合成孔径成像原理，通过不同空间位置的较小口径，组合形成一个大的光学口径，类似于大口径拼接式光学望远镜，以分块式望远镜合成大口径形式实现短波和中波红外高分辨率成像探测，子镜采用膜基衍射光学系统后，该成像方式可以有效减小目前红外成像系统的体积重量和复杂度。

1. 望远镜主要参数和组成布局

本小节望远镜接收波段对应的中心波长分别为 1.55μm 和 4.65μm，每个波段的光谱范围为 0.2μm，子镜形式为衍射薄膜镜，口径为 0.5m，12 个子镜构成 2m 口径组镜，12 个 2m 口径组镜经稀疏构成 10m 口径望远镜，子镜总数为 144。参考光学合成孔径成像原理[20]，该望远镜系统在艇身顶部的布设示意图如图 6.30 所示。

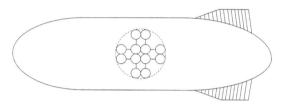

图 6.30　10m 光学合成孔径红外相干成像系统在艇身顶部内置的布设示意图

当子镜口径为 0.5m、光学系统参数 F 为 5、焦距为 2.5m 时，结合折反光路，有可能将 2m 组镜外包络控制在直径 2.2m×厚度 2m，进而将整个望远镜的包络控制在直径 5m 量级，高度 6m 量级。

同 6.7.2 节 6.5m 综合孔径红外射电望远镜，该望远镜的成像处理同样在计算机中完成，是一种典型的计算成像式望远镜。

2. 望远镜传递函数

现阶段 2m 口径衍射薄膜望远镜的直接加工难度较大，更不用说本节 10m 口径衍射薄膜望远镜，则必须将大口径分为若干小口径分别加工，再采用光学合成孔径技术将多个小口径拼接组装成大口径。与传统光学单孔径成像系统相比，合成孔径成像系统光瞳函数的表现形式将不再是单个连通域，而是多个连通域的稀疏组合，则由此可得到此系统的点扩散函数和调制传递函数。

在远场条件下，点目标在光瞳面所接收的复信号为 $f(x, y)$，成像面上的复图像为 $F(\omega_x, \omega_y)$，令 $\mathrm{PSF}(\omega_x, \omega_y)$ 为本节望远镜系统的点扩散函数，$\mathrm{MTF}(x, y)$ 为调制传递函数，则根据参考文献[59]可得

$$\mathrm{PSF}\left(\omega_x, \omega_y\right) = \left| F\left[f\left(x, y\right) \right] \right|^2 = \left| F\left(\omega_x, \omega_y\right) \right|^2 \tag{6.32}$$

$$\mathrm{MTF}\left(x, y\right) = \left| F\left[\mathrm{PSF}\left(\omega_x, \omega_y\right) \right] \right| \tag{6.33}$$

其中，(x, y) 为光瞳面上点的坐标；(ω_x, ω_y) 为探测成像面上点的坐标。

在理想情况下，单孔径 10m 望远镜与合成孔径 10m 望远镜光瞳函数、点扩

散函数与调制传递函数的仿真结果如图 6.31～图 6.33 所示，假定单孔径 10m 望远镜系统调制传递函数的最大值为 1，那么该合成孔径 10m 望远镜系统调制传递函数的相对最大值为 0.35，这是因为稀疏拼接会使望远镜的调制传递函数主瓣降低，旁瓣升高，该问题可通过后续的图像处理方法解决。

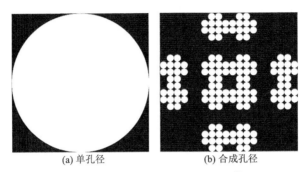

(a) 单孔径　　　　　　　(b) 合成孔径

图 6.31　10m 望远镜系统光瞳函数

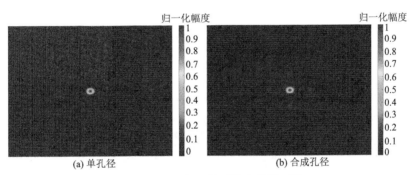

(a) 单孔径　　　　　　　(b) 合成孔径

图 6.32　10m 望远镜系统点扩散函数

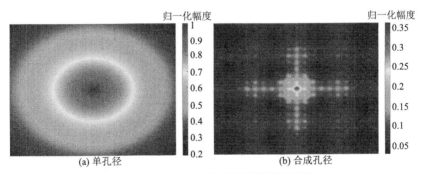

(a) 单孔径　　　　　　　(b) 合成孔径

图 6.33　10m 望远镜系统调制传递函数

3. 观测性能

本节望远镜阵列由 144 个子镜组成，每个子镜口径 0.5m，F 为 5，焦距为

2.5m，等效口径为 10m，接收波段分为短波和中波两个红外波段，其观测性能指标如表 6.6 所示。通过光学合成孔径处理，当接收红外中心波长为 1.55μm 时，本节望远镜阵列相对于单子镜像元角分辨率 3.2μrad 提高了 16 倍，可得到其像元角分辨率为 0.2μrad，接近 10m 口径望远镜衍射极限角分辨率。

表 6.6　望远镜观测性能指标

参数	数值
红外中心波长/μm	1.55/4.65
10m 口径望远镜衍射极限角分辨率/μrad	0.15/0.46
4 亿 km 观测距离对应的 10m 口径望远镜衍射极限成像分辨率/km	60/184
探测器像元尺寸/μm	8/25
子镜像元角分辨率/μrad	3.2/10
子镜衍射极限角分辨率/μrad	3.1/9.3
探测器阵列规模	1024×1024/512×512
子镜单景视场/mrad	3.2/5.1

通过扫描可扩大观测幅宽，本节望远镜接收使用 0.5m 口径衍射光学系统，采用压缩光路通过设置小口径折反镜实现扫描，当压缩比为 20∶1 时，望远镜物方视场为 −1.6°∼1.6°（折反镜转动范围为 −16°∼16°），后续若采用二维激光相控阵实现折反镜功能，可减少机械转动环节，具体实施方法可参考文献[47]。

以短波红外光为例，本节望远镜与传统望远镜探测灵敏度相关指标如表 6.7 所示。由表 6.7 的接收面积、光谱范围和偏振损失可知，本节望远镜信噪比为传统望远镜信噪比的 1/36，但由于采用相干探测体制，由 6.4 节分析可知，在原理上其探测灵敏度比传统的直接探测至少要高 100 倍，于是其有效的探测灵敏度要比传统望远镜高 2.7 倍，观测极限星等优于 21。

表 6.7　望远镜探测灵敏度指标

参数	10m 光学合成孔径望远镜	传统 10m 孔径望远镜
探测体制	相干探测	直接探测
接收面积/m²	28.27	78.54
光谱范围/μm	1.45∼1.65	1.1∼2.4
偏振损失/dB	3	0

6.8.3 波前估计和成像处理仿真

红外光学信号波长短至微米量级，望远镜微米量级阵列形变误差都会引入较大的相位误差并对成像造成影响，类似于自适应光学中的钠导星[65]，可以设置激光定标器，借助激光通过波前探测技术[66]实现波前相位估计与补偿。

而现有的波前探测方法主要分为两类：一类是直接式波前探测，即对待测波前分布(光瞳面)的直接探测；另一类是间接式波前探测，即对待测波前(光瞳面)在后续光路的某个或某些特征面(焦面上或附近)的光强分布进行逆向求解得到波前分布，间接地探测待测波前分布。本节望远镜使用了间接式波前探测方法中的相位恢复法，基于 Gerchberg-Saxton(GS)算法[67,68]对相位进行估计，针对单色相干波前，由已知像平面和光瞳面上的光强分布来重构波前，以此来获得波前相位。

于是可以根据光学合成孔径相干成像算法对激光定标器进行成像处理仿真，其成像处理流程如图 6.34 所示。其中，n 为子镜数量，$f_n(x,y)$ 为子镜在光瞳面接收的复信号，$F_n(\omega_x,\omega_y)$ 为子镜经光电探测和 A/D 采样后的复图像，$I(\omega_x,\omega_y)$ 为 $F_n(\omega_x,\omega_y)$ 相干合成的复图像，$i(x,y)$ 为 $I(\omega_x,\omega_y)$ 对应的复信号；(x,y) 为光瞳面上的点坐标，(ω_x,ω_y) 为探测成像面上的点坐标。

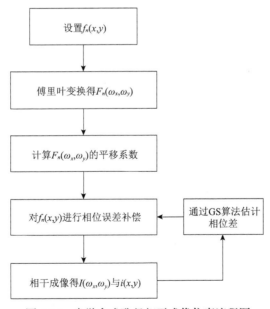

图 6.34 光学合成孔径相干成像仿真流程图

采用相干探测体制之后，本节望远镜的波前相位误差估计与补偿在原理上即可采用微波 SAR 常用的自聚焦方法如相位梯度自聚焦(PGA)算法[69]实现，为体现光学成像和微波成像在原理上的一致性，其波前相位误差估计与补偿直接采用了传统光学成像中的波前探测和相位恢复方法（GS 算法），但该望远镜则是通过相干探测器接收低分辨率复图像，然后在计算机中实施相干合成得到高分辨率复图像，再取其幅值通过 GS 算法来进行相位估计。

本节仿真采用激光定标器完成望远镜阵列形变误差波前估计，主要以短波中心波长 1.55μm 为例，子镜口径为 0.5m，探测器阵列规模为 1024×1024，对 144 个 0.5m 组成 10m 口径望远镜进行光学合成孔径相干成像仿真，具体仿真结果如下。

1. 光学合成孔径成像处理

0.5m 口径子镜远场条件为 320km，10m 口径望远镜阵列远场条件为 129000km，这意味着系统校正所需的激光定标器可以设置在距离望远镜阵列 320km 处，便于空间布设和控制。

本节仿真中，假定激光定标器距离为 36000km，当望远镜阵列没有形变误差时，相对于 0.5m 子镜为远场，相对于望远镜阵列为近场，对点目标（激光定标器）进行光学合成孔径相干成像的仿真结果如图 6.35 所示，望远镜阵列角分辨率为 0.5m 子镜角分辨率的 16 倍。

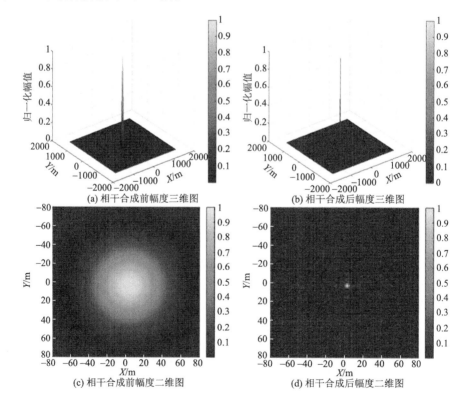

(a) 相干合成前幅度三维图

(b) 相干合成后幅度三维图

(c) 相干合成前幅度二维图

(d) 相干合成后幅度二维图

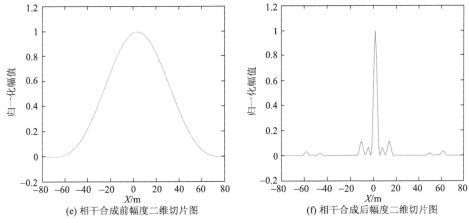

(e) 相干合成前幅度二维切片图　　　　　(f) 相干合成后幅度二维切片图

图 6.35　相干合成前后点目标复图像幅度图仿真结果

2. 波前相位误差估计与数字补偿

设定激光定标器距离为 36000km，添加 X 轴振幅为 7.75μm（5 个短波红外中心波长），跨度为 10m 的机械结构正弦误差，仿真结果如图 6.36 所示。因各个子镜中心在光瞳面上的空间位置不同，子镜间光瞳所接收的复信号除前文所添加的正弦误差外，还具有线性和非线性相位差。图 6.36(a) 和 (b) 表示经过光学合成孔径相干成像处理后，使得这些子镜信号因空间位置不同，所拥有的线性和非线性相位差已被消除，只剩下 X 轴方向的正弦相位差。

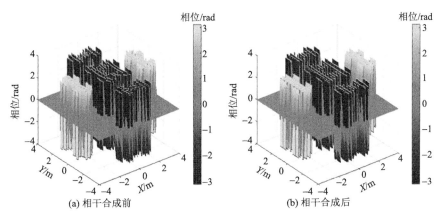

(a) 相干合成前　　　　　　　　　(b) 相干合成后

图 6.36　相干合成前后光瞳面上接收复信号设计相位仿真结果

通过 144 个子镜、144 个探测器接收，对相干合成后的复图像幅度与对应的复信号幅度进行基于 GS 算法的相位估计，仿真恢复结果如图 6.37 所示。图 6.37(a) 为设计的正弦误差与恢复的正弦误差三维图，图 6.37(b) 为进行了相位解缠的图 6.37(a) 的二维切片图, 图 6.37(c) 表示设计误差相位与恢复相位之差的变化幅度不超过 0.25μrad, 说明基于相位恢复对波前相位误差进行估计与补偿是可行的。

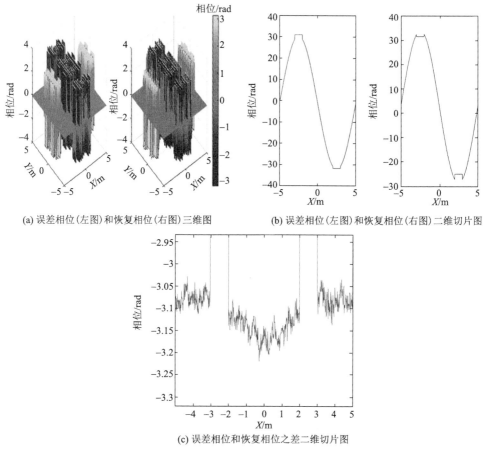

(a) 误差相位(左图)和恢复相位(右图)三维图   (b) 误差相位(左图)和恢复相位(右图)二维切片图

(c) 误差相位和恢复相位之差二维切片图

图 6.37　相干合成后复图像信号相位估计仿真

对具有正弦阵列形变误差且相干合成后的复图像进行基于 GS 算法的相位恢复, 再将生成的相位估计补偿至相干合成前的低分辨率复图像上, 然后进行相干合成, 可得经相位补偿后无正弦误差相干合成后的点目标复图像, 其仿真结果如图 6.38 所示。通过设置激光定标器, 经由相干探测器接收低分辨率复图像, 再在计算机中相干合成高分辨率图像是可行的。并且对于望远镜展开机构, 其阵列形变误差可通过相位恢复技术估计相位并在计算机中进行补偿, 其微调机构机械控制精度可从二十分之一波长量级降低为五个波长量级, 这增加了工程实现的可行性。

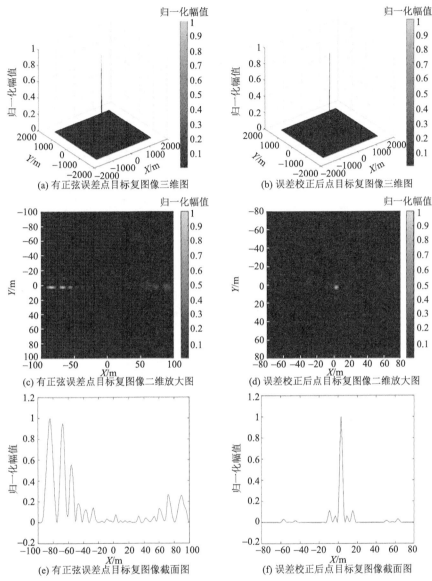

图 6.38　相干合成后阵列形变误差补偿前后点目标复图像幅度图仿真结果

6.9　衍射薄膜镜和红外成像结果

已研制出基于 120mm 衍射薄膜镜的短波激光/长波红外共孔径成像系统，其长波红外衍射系统光学参数 F 为 1.25，光谱范围为 0.2μm，观测视场约 8°，该相机在主镜、分色镜和窗口三处使用薄膜镜，长波红外衍射系统采用了折衍镜实施色差校正，其成像性能已经地面和机载飞行实验验证，较小的 F 也展示了采用衍射光学系统的优势。

图 6.39 为研制出的 120mm 短波激光/长波红外共口径衍射薄膜主镜(F 小于 1.5)，表面粗糙度测试结果为 55nm，具有较高的面型精度。图 6.40 为长波红外衍射薄膜镜红外相机的地面和机载飞行实验成像结果。

图 6.39　研制出的衍射薄膜镜光学系统

(a) 飞行对地面建筑成像结果　　　　(b) 用于(a)比对的卫星可见光影像

(c) 地面对金属梯子的成像结果　(d) 地面对空中直升机的成像结果 (e) 地面对空中飞机的成像结果

图 6.40　长波红外衍射薄膜镜相机的成像结果

6.10　衍射薄膜镜数字色差校正红外成像

6.10.1　相干探测数字色差校正原理

1. 衍射薄膜镜色差现象

色差又称色像差，也称为"色边"或"紫边"，是一种十分常见的光学问题，通常是因为接收透镜无法将所有颜色波长带到同一焦平面，又或者当颜色波长聚焦在了焦平面的不同位置。色差主要是由接收透镜色散引起的，不同颜色的光在通过透镜时以不同的速度传播。尤其是在高对比度的情况下，图像可能看起来模糊或物体周围有明显的彩色边缘。

当衍射薄膜镜进行宽光谱衍射成像探测时，由于其具有强烈的色散效应，会使得波长不同的光信号离焦产生色差，且其焦距与入射光信号波长成反比，令中心波长为 λ_0，对应焦距为 f_0，入射信号波长为 λ，对应焦距为 f_λ，其对应关系[70]如下：

$$\frac{f_\lambda}{f_0} = \frac{\lambda_0}{\lambda} \tag{6.34}$$

波长 λ 的光信号焦点的轴向色差为

$$l_\lambda = f_\lambda - f_0 = f_0 \cdot \frac{\lambda_0 - \lambda}{\lambda} \tag{6.35}$$

在此基础上对垂轴色差进行分析，以 r 来表示波长 λ 的光在中心波长焦点 f_0 位置的散焦范围直径：

$$r = D \cdot \frac{\lambda_0 - \lambda}{\lambda} = D \cdot \frac{\Delta\lambda}{\lambda} \tag{6.36}$$

其中，D 为衍射镜口径。

可得在远场条件下，点目标散焦情况如图 6.41 所示。

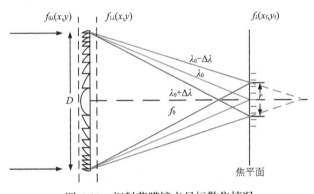

图 6.41　衍射薄膜镜点目标散焦情况

2. 基于相干探测的数字色差校正原理

目前常用的衍射薄膜镜色差校正方法是在主镜后设置与衍射主镜具有相同色散度、相反光焦度的衍射透镜对色差进行校正，即 Schupmann 消色差方法[71]，但此方法所需的中继光学系统与会聚光学系统同样会引起色散效应，且会使得系统复杂度上升。

而本节衍射薄膜光学系统则是基于相干探测，借鉴波长可调谐激光本振探测原理，通过激光本振的波长步进调整，对宽谱段红外信号在电子学频域实现无混叠选通，等效实现细分红外光谱，即此系统的数字色差校正处理在基于波长步进激光本振光谱细分后等效中心波长对应的窄带细分光谱复图像信号上完成。其数字色差校正原理如下所述。

远场条件下，令接收信号波长为 λ ，光瞳面上接收信号为 $f_{0\lambda}(x,y)$ ，紧靠透镜之后的信号为 $f_{1\lambda}(x,y)$ ，透镜后焦面上复图像为 $F_{\lambda}(x_{\mathrm{f}},y_{\mathrm{f}})$ ，那么由衍射透镜性质可知 $f_{0\lambda}(x,y)$ 与 $f_{1\lambda}(x,y)$ 的关系如下：

$$f_{1\lambda}(x,y) = f_{0\lambda}(x,y) \cdot \exp\left(\mathrm{j} \cdot \varphi_{\lambda_0}(x,y)\right) \tag{6.37}$$

$$\varphi_{\lambda_0}(x,y) = \frac{-2\pi \cdot R(x,y)}{\lambda_0} \tag{6.38}$$

其中，λ_0 为接收中心波长；$\varphi_{\lambda_0}(x,y)$ 为衍射透镜对接收中心波长信号所带来的调制相位，本节采用无台阶衍射薄膜镜；$R(x,y)$ 为光瞳面上的点与焦点之间的距离，即

$$R(x,y) = \sqrt{x^2 + y^2 + f_0^{\,2}} \tag{6.39}$$

则有 $f_{0\lambda}(x,y)$ 与 $F_{\lambda}(x_{\mathrm{f}},y_{\mathrm{f}})$ 关系如下：

$$\begin{aligned}
F_{\lambda}(x_{\mathrm{f}},y_{\mathrm{f}}) &= F\left(f_{1\lambda}(x,y) \cdot \exp\left(\frac{\mathrm{j} \cdot 2\pi \cdot R(x,y)}{\lambda} \right) \right) \\
&= F\left(f_{0\lambda}(x,y) \cdot \exp\left(\frac{\mathrm{j} \cdot 2\pi \cdot R(x,y)}{\lambda} - \frac{\mathrm{j} \cdot 2\pi \cdot R(x,y)}{\lambda_0} \right) \right)
\end{aligned} \tag{6.40}$$

那么当 λ 不等于中心波长 λ_0 时，所接收复图像散焦。

在每个步进波长，对探测器进行光电探测 A/D 采样后获得的复图像做傅里叶逆变换得到光瞳信号，根据相位补偿函数对其进行补偿，再做傅里叶变换即可获得色差校正图像，且相位补偿函数 $\Delta\varphi_{\lambda}(x,y)$ 如下：

$$\Delta\varphi_{\lambda}(x,y) = 2\pi \cdot R(x,y) \cdot \left(\frac{1}{\lambda_0} - \frac{1}{\lambda} \right) \tag{6.41}$$

3. 应用条件

假定衍射镜口径为 120mm，F 为 1.25，焦距为 150mm，接收中心波长为 1.55μm，那么本节衍射薄膜镜系统的探测器尺寸与接收光谱范围需要满足以下应用条件。

1) 探测器尺寸

在远场条件下，当光谱范围为 0.1μm 时，由前文分析可得点目标散焦范围约为 4mm，因色差校正在计算机中完成，故此衍射薄膜系统的探测器尺寸至少需要大于 4mm。

假定探测器像元尺寸为 18μm，阵列规模为 256×256，那么其尺寸大小约为 4.6mm，对应视场为 0.0307rad，满足数字色差校正要求。

与传统仅能获得强度图像的探测器不同，这里需采用新的相干探测体制，探测器为波长可调谐激光本振红外阵列探测器，一种实现方式为波导混频，其结构可参考文献[50]的 FMCW 激光雷达相干阵列探测器；另一种实现方式为空间光路混频，其结构可参考文献[62]的全息成像。

2) 孔径渡越对应光谱范围

由 6.7.4 节第 1 部分孔径渡越分析可知，要保证望远镜的正常聚焦，孔径渡越范围要小于系统轴向分辨率，即望远镜光谱范围 $\Delta\lambda$ 需要满足：

$$\Delta\lambda < \frac{4F\lambda_0^2}{D} \tag{6.42}$$

由式 (6.42) 可知，只有当望远镜光谱范围小于 0.1nm（对应信号带宽 12.5GHz）时，其成像结果才能避免孔径渡越的影响。

当望远镜光谱范围为 1nm 与 0.1nm 时，孔径渡越情况如图 6.42 所示。为了进一步减少孔径渡越的影响，可要求孔径渡越范围小于系统轴向分辨率的 1/4，此时对应的信号带宽约为 3GHz（对应光谱范围为 0.025nm）。

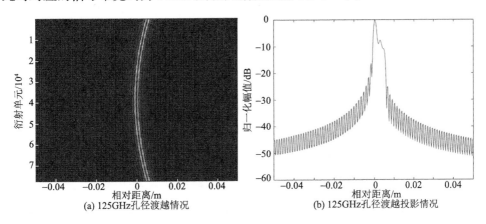

(a) 125GHz孔径渡越情况　　　　　　　　　(b) 125GHz孔径渡越投影情况

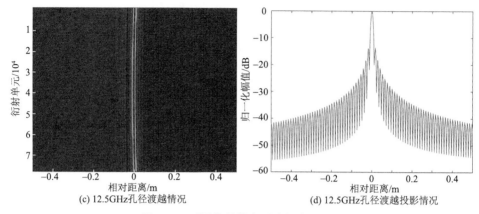

(c) 12.5GHz孔径渡越情况　　　　　　(d) 12.5GHz孔径渡越投影情况

图 6.42　不同信号带宽下孔径渡越情况

3）相位精度对应光谱范围

为保证衍射薄膜镜的光学成像精度达到 $\pi/4$（瑞利判据）[72]，其接收光谱范围同时需要满足以下条件：

$$\left|\frac{\Delta\lambda}{\lambda}\right| \leqslant f_{\text{number}}\frac{\lambda}{D} \tag{6.43}$$

即当衍射镜口径为 120mm、F 为 1.25、中心波长为 1.55μm 时，其接收光谱范围要小于 0.025nm（对应信号带宽 3GHz）。

6.10.2　系统参数选择和成像处理流程

1. 系统参数选择

衍射薄膜光学系统的主要参数如表 6.8 所示。

表 6.8　衍射薄膜光学系统主要参数

参数	数值
衍射镜口径/mm	120
衍射镜焦距/mm	150
中心波长/μm	1.55
光谱范围/μm	0.1
折叠周期	1 倍中心波长
探测器像元尺寸/μm	18
探测器阵列规模	256×256
探测器尺寸/(mm×mm)	4.6×4.6

续表

参数	数值
对应视场/rad	0.0307
像元角分辨率/μrad	120
目标与望远镜之间的距离/km	20
目标尺寸/(m×m)	30×30
20km 对应空间分辨率/m	2.4
20km 对应的场景尺寸/m	614

由 6.10.1 节第 3 部分分析可得，当衍射薄膜主镜口径为 120mm、焦距为 150mm、中心波长为 1.55μm、光谱范围为 0.1μm 时，远场条件下点目标散焦范围约为 4mm，而当探测器尺寸为 4.6mm×4.6mm 时，要使目标的散焦复图像能够被正常校正，目标复图像在探测器上的尺寸要小于 0.6mm×0.6mm，对应目标的实际范围应小于 80m×80m。

2. 成像处理流程

设置 λ 为接收信号波长，$\varphi_R(x,y)$ 为光瞳面上的点与焦点之间的距离所带来的相位函数。通过设置光瞳面上衍射极限条件下的接收信号 $f_{0\lambda}(x,y)$，可以计算出经过透镜相位补偿后的接收信号 $f_{1\lambda}(x,y)$，然后对其添加相位函数 $\varphi_R(x,y)$ 再做傅里叶变换即可得到复图像 $F_\lambda(x_f,y_f)$，接着对 $F_\lambda(x_f,y_f)$ 进行降采样处理即可得到探测器接收复图像 $I_{0\lambda}(x_{f1},y_{f1})$。由于接收波长为每个步进波长，则可以根据接收波长对 $I_{0\lambda}(x_{f1},y_{f1})$ 插值并做傅里叶逆变换得到的光瞳信号进行相位补偿，最后得到每个步进波长对应的经过色差校正后的复图像，并对经过色差校正后的不同步进波长对应的复图像进行非相干累积，然后在快时间域上对其进行自相关处理提高其成像信噪比。

本小节多波长数字色差校正成像处理流程如图 6.43 所示。

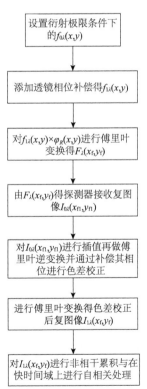

图 6.43　多波长数字色差校正成像处理流程

6.10.3 红外数字色差校正成像仿真

本节红外数字色差校正成像仿真中，设置衍射薄膜镜口径为 120mm，焦距为 150mm，探测器阵列规模为 256×256，通过 8 倍插值使其规模达到衍射极限条件下的像元规模 2048×2048，目标距离为 20km，目标大小为 30m×30m。

1. 中心波长红外信号自相关处理

令接收中心波长为 1.55μm，衍射薄膜镜系统的电子学接收信号带宽为 3GHz，采样频率为 6GHz，信号时宽为 2.67ns(对应 16 个快时间采样点)，探测器复图像信噪比为 20dB，对红外信号直接成像和自相关处理后成像，仿真结果如图 6.44 和图 6.45 所示。

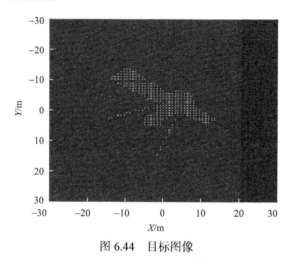

图 6.44　目标图像

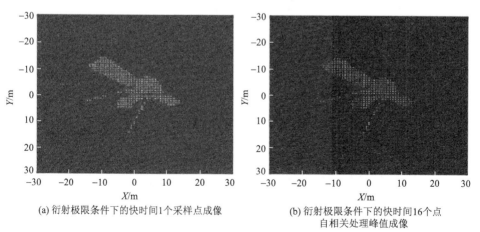

(a) 衍射极限条件下的快时间1个采样点成像 　　(b) 衍射极限条件下的快时间16个点自相关处理峰值成像

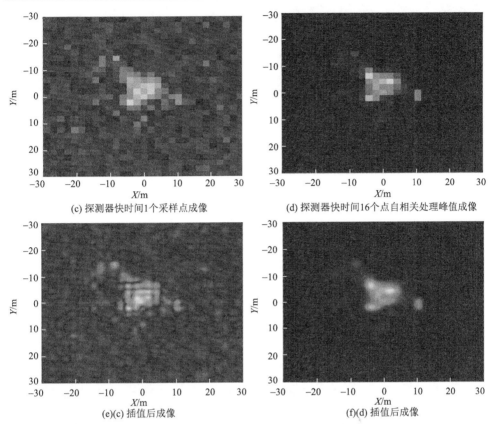

(c) 探测器快时间1个采样点成像　　　　　(d) 探测器快时间16个点自相关处理峰值成像

(e)(c) 插值后成像　　　　　　　　　　(f)(d) 插值后成像

图 6.45　中心波长红外信号自相关处理成像结果

对红外信号进行自相关处理可明显提高成像信噪比。

2. 多波长数字色差校正成像仿真

令接收中心波长为 1.55μm，接收光谱范围为 1.50~1.60μm，步进波长间隔为 2nm，探测器所接收复图像信噪比为 20dB，对其进行 50 个波长数字色差校正成像，仿真结果如图 6.46~图 6.48 所示。

为进一步验证此方法的有效性，如表 6.9 所示，用图像熵和对比度来定量比较成像效果。

表 6.9　仿真成像结果评价指标

参数	图 6.46(d)	图 6.47(d)	图 6.48(d)
熵	10.8191	10.6842	10.4712
对比度	0.0812	0.2689	0.4029

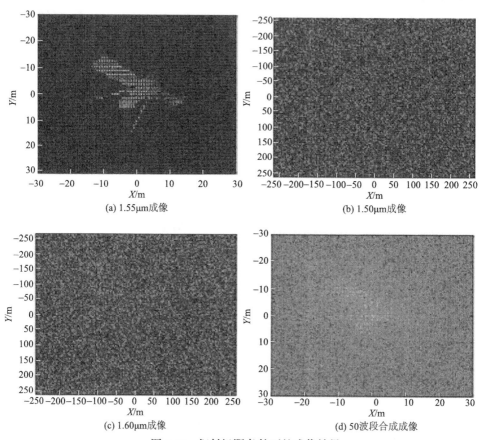

(a) 1.55μm成像

(b) 1.50μm成像

(c) 1.60μm成像

(d) 50波段合成成像

图 6.46   衍射极限条件下的成像结果

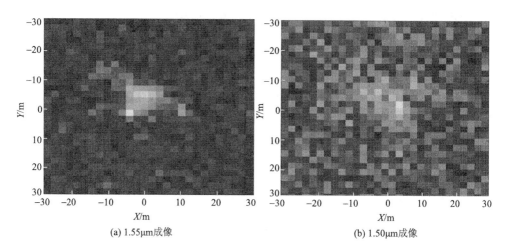

(a) 1.55μm成像

(b) 1.50μm成像

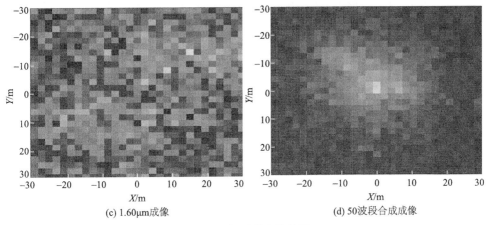

(c) 1.60μm成像　　　　　　　(d) 50波段合成成像

图 6.47　探测器成像结果

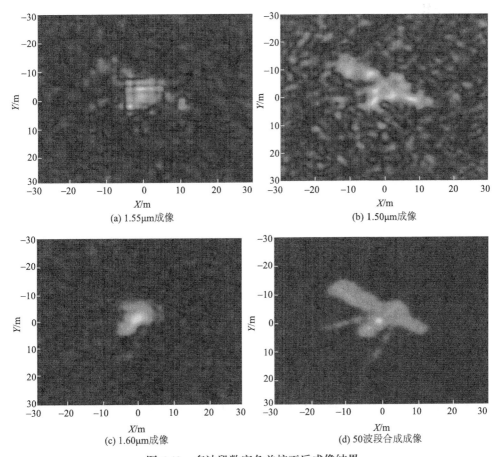

(a) 1.55μm成像　　　　　　　(b) 1.50μm成像

(c) 1.60μm成像　　　　　　　(d) 50波段合成成像

图 6.48　多波段数字色差校正后成像结果

图像熵越小，对比度越大，成像效果越好。由上可知，本节宽谱段红外信号数字色差校正方法可明显改善仿真成像效果，提高成像信噪比。

6.11　本　章　小　结

基于衍射薄膜光学系统，本章分析了对地观测红外相机的目标探测性能，给出了一个非制冷红外相机信噪比计算示例。研究表明，当地物背景和目标光谱特性不同时，红外相机的目标探测性能不会因为衍射光学系统的使用而大幅下降，基于衍射光学系统的红外相机仍可能具有良好的目标探测性能。

本章将红外相机等效噪声功率与激光和电子学系统进行对比，其在红外系统引入激光本振结合电子学滤波细分红外光谱降低等效噪声功率的方法，为提高非制冷红外相机探测性能提供了新的技术途径，持续开展相关研究工作具有重要意义。

针对大口径红外天文观测需求，基于平流层飞艇平台，本章给出的 10m 基线 2m 衍射口径红外光谱干涉成像望远镜、6.5m 综合孔径红外射电望远镜和 10m 光学合成孔径红外相干成像望远镜方案，以及衍射薄膜镜数字色差校正红外成像方法，对大口径红外望远镜的发展具有一定的参考价值。

参 考 文 献

[1] 焦建超, 苏云, 王保华, 等. 地球静止轨道膜基衍射光学成像系统的发展与应用[J]. 国际太空, 2016, 6: 49-55.

[2] 朱进一, 谢永军. 采用衍射主镜的大口径激光雷达接收光学系统[J]. 红外与激光工程, 2017, 46(5): 151-158.

[3] 胡烜, 李道京. 10m 衍射口径天基合成孔径激光雷达系统[J]. 中国激光, 2018, 45(12): 261-271.

[4] 李道京, 胡烜, 周凯, 等. 基于共形衍射光学系统的合成孔径激光雷达成像探测[J]. 光学学报, 2020, 40(4): 179-192.

[5] 任智斌, 胡佳盛, 唐洪浪, 等. 10m 大口径薄膜衍射主镜的色差校正技术研究[J]. 光子学报, 2017, 46(4): 29-34.

[6] 王兵学, 张启衡, 陈昌彬, 等. 凝视型红外搜索跟踪系统的作用距离模型[J]. 光电工程, 2004, 31(7): 8-11.

[7] 况耀武. 红外/激光双模导引头光学系统设计研究[D]. 哈尔滨: 哈尔滨工业大学, 2009.

[8] 罗振莹, 白璐, 宁辉, 等. 基于 NETD 的红外探测系统作用距离分析[J]. 红外, 2017, 38(5): 27-30.

[9] 吴立民, 周峰, 王怀义. 红外探测器比探测率与光学系统工作温度关系研究[J]. 航天返回与遥感, 2010, 31(1): 36-41.

[10] 王晓剑, 刘扬, 陈蕾, 等. 基于 NETD 和 ΔT 红外点源目标作用距离方程的讨论[J]. 红外与激光工程, 2008, 37 (S2): 493-496.

[11] Skolnik M I. Radar Handbook[M]. New York: The McGraw-Hill Companies Inc, 2010.

[12] 南仁东, 姜鹏. 500m 口径球面射电望远镜 (FAST)[J]. 机械工程学报, 2017, 53 (17): 1-3.

[13] The European VLBI Network[EB/OL]. https://www.evlbi.org/zh-han[2019-12-13].

[14] 李道京, 杜剑波, 马萌, 等. 天基合成孔径激光雷达系统分析[J]. 红外与激光工程, 2016, 45 (11): 262-269.

[15] Barber Z W, Dahl J R. Synthetic aperture ladar imaging demonstrations and information at very low return levels[J]. Applied Optics, 2014, 53 (24): 5531-5537.

[16] Ke X, Chen J. Experimental investigation on non-optical heterodyne detection technology of 1km atmospheric laser communication system[J]. Journal of Applied Sciences, 2014, (4): 1-7.

[17] 王海. 相干光通信零差 BPSK 系统的设计[D]. 成都: 电子科技大学, 2009.

[18] Yaacobi A, Sun J, Moresco M, et al. Integrated phased array for wide-angle beam steering[J]. Optics Letters, 2014, 39 (15): 4575-4578.

[19] Sun J, Timurdogan E, Yaacobi A, et al. Large-scale nanophotonic phased array[J]. Nature, 2013, 493: 195-199.

[20] 周程灏, 王治乐, 朱峰. 大口径光学合成孔径成像技术发展现状[J]. 中国光学, 2017, 10 (1): 25-38.

[21] 盘一架 30 米的望远镜[EB/OL]. https://kepu.gmw.cn/astro/2019-03/11/content_32642506.htm [2019-03-06].

[22] 吴鑫基. 聆听宇宙电波的巨耳——射电望远镜的发展历程[J]. 中国国家天文, 2008, (6): 84-105.

[23] 郝万宏, 李海涛, 黄磊, 等. 建设中的深空测控网甚长基线干涉测量系统[J]. 飞行器测控学报, 2012, 31 (S1): 34-37.

[24] 李春来, 张洪波, 朱新颖. 深空探测 VLBI 技术综述及我国的现状和发展[J]. 宇航学报, 2010, 31 (8): 1893-1899.

[25] 袁业飞, 唐泽源. 事件视界望远镜对近邻星系 M87 中心超大质量黑洞的成像观测[J]. 科学通报, 2019, 64 (20): 2072-2076.

[26] 孙中苗, 范昊鹏. VLBI 全球观测系统 (VGOS) 研究进展[J]. 测绘学报, 2017, 46 (10): 1346-1353.

[27] 射电天文望远镜: FAST 与 SKA[EB/OL]. https://www.sohu.com/a/233364715_313378?_trans_=000019_wzwza [2018-05-29].

[28] The SKA Project [EB/OL]. https://www.skatelescope.org/the-ska-project https://www.sohu.com/a/233364715_313378?_trans_=000019_wzwza [2019-12-15].

[29] 周建卫, 李道京, 胡烜. 单源三站外辐射源雷达目标探测性能[J]. 中国科学院大学学报, 2017, 34 (4): 422-430.

[30] 周建卫, 李道京, 田鹤, 等. 基于共形稀疏阵列的艇载外辐射源雷达性能分析[J]. 电子与信息学报. 2017, 39 (5): 1058-1063.

[31] Kraµse B W, Buck J, Ryan C, et al. Synthetic aperture ladar flight demonstration[C]. Optical Society of America Conference on Lasers and Electro-Optics, Baltimore, 2011: 1-7.

[32] Crouch S, Barber Z B. Laboratory demonstrations of interferometric and spotlight synthetic

aperture ladar techniques[J]. Optics Express, 2012, 20 (22): 24237-24246.

[33] 李道京, 张清娟, 刘波, 等. 机载合成孔径激光雷达关键技术和实现方案分析[J]. 雷达学报, 2013, 2 (2): 143-151.

[34] 马萌, 李道京, 杜剑波. 振动条件下机载合成孔径激光雷达成像处理[J]. 雷达学报, 2014, 3 (5): 591-602.

[35] 杜剑波, 李道京, 马萌, 等. 基于干涉处理的机载合成孔径激光雷达振动估计和成像[J]. 中国激光, 2016, 43 (9): 253-264.

[36] Hu X, Li D J. Vibration phases estimation based on multi-channels interferometry for ISAL[J]. Applied Optics, 2018, 57 (22): 6481-6490.

[37] 胡烜, 李道京, 付瀚初, 等. 地球同步轨道空间目标地基逆合成孔径激光雷达系统分析[J]. 光子学报, 2018, 47 (6): 117-128.

[38] Hu X, Li D J, Du J B. Imaging processing for GEO object with 3D rotation based on ground-based InISAL with orthogonal baselines[J]. Applied Optics, 2019, 58 (15): 3974-3985.

[39] 佳能开发出全球首款 100 万像素 SPAD 图像传感器, 适用 XR 等 3D 环境感知应用 [EB/OL]. http://www.diankeji.com/vr/55536.html?ivk_sa=1023197a [2020-07-03].

[40] 冯麓, 张玉佩, 宋菲君, 等. 夜天文中的自适应光学[J]. 物理, 2018, 47 (6): 355-366.

[41] Leica SPL100 新型机载激光雷达系统正式发布[EB/OL]. https://m.sohu.com/a/127882794_583961 [2017-03-04].

[42] 马萌, 李道京, 李烈辰, 等. 正交长基线毫米波 InISAR 运动目标三维成像[J]. 红外与毫米波学报, 2016, 35 (4): 488-495.

[43] 何飞. Remote sensing of planetary space environment[J]. 科学通报, 65 (14): 1305-1309.

[44] 詹虎. "中国哈勃" 诞生记 - 詹虎 (中科院国家天文台、北京大学) [EB/OL]. https://www.xcar.com.cn/bbs/viewthread.php?tid=96202852 [2020-07-30].

[45] 李道京, 朱宇, 胡烜, 等. 衍射光学系统的激光应用和稀疏成像分析[J]. 雷达学报, 2020, 9 (1): 195-203.

[46] 美国验证微透镜干涉光学成像技术应用可行性[EB/OL]. https://www.sohu.com/a/192985510_635792 [2017-09-19].

[47] 李刚, 樊学武, 邹刚毅, 等. 基于像方摆扫的空间红外双波段光学系统设计[J]. 红外与激光工程, 2014, 43 (3): 861-866.

[48] 李道京, 周凯, 崔岸婧, 等. 多通道逆合成孔径激光雷达成像探测技术和实验研究[J]. 激光与光电子学进展, 2021, 58 (18): 342-353.

[49] Hale D D S, Bester M, Danchi W C, et al. The Berkeley infrared spatial interferometer: A heterodyne stellar interferometer for the mid-infrared[J]. Astrophysical Journal, 2000, 537 (2): 998-1012.

[50] Rogers C, Piggott A Y, Thomson D J, et al. A universal 3D imaging sensor on a silicon photonics platform[J]. Nature, 2021, 590: 256-261.

[51] 高敬涵, 李道京, 周凯, 等. 共形衍射光学系统机载激光雷达测深距离的分析[J]. 激光与光电子学进展, 2021, 58 (12): 67-74.

[52] 薛永, 苗俊刚, 万国龙. 8mm 波段二维综合孔径微波辐射计 (BHU-2D)[J]. 北京航空航天大学学报, 2008, (9): 1020-1023.

[53] 何宝宇, 吴季. 二维综合孔径微波辐射计圆环结构天线阵及其稀疏方法[J]. 电子学报, 2005, (9): 1607-1610.

[54] 王海涛, 朱永凯, 蔡佳慧, 等. 光学综合孔径望远镜的 UV 覆盖和孔径排列的研究[J]. 光学学报, 2009, 29(4): 1112-1116.

[55] 邵晓鹏, 苏云, 刘金鹏, 等. 计算成像内涵与体系(特邀)[J]. 光子学报, 2021, 50(5): 9-31.

[56] 张润南, 蔡泽伟, 孙佳嵩, 等. 光场相干测量及其在计算成像中的应用[J]. 激光与光电子学进展, 2021, 58(18): 66-125, 437, 3.

[57] 朱进一. 大口径衍射式激光雷达接收光学系统[D]. 北京: 中国科学院大学(中国科学院西安光学精密机械研究所), 2016.

[58] 李飞. 大口径衍射望远镜光学系统设计理论研究[D]. 合肥: 中国科学技术大学, 2019.

[59] 王治乐, 陈旗海, 张伟. 空间光学合成孔径成像系统原理与关键技术分析[J]. 光电工程, 2006, (4): 39-43.

[60] 李道京, 高敬涵, 崔岸婧, 等. 2m 衍射口径星载双波长陆海激光雷达系统研究[J]. 中国激光, 2022, 49(3): 123-134.

[61] 丁鹭飞, 耿富录, 陈建春. 雷达原理[M]. 6 版. 北京: 电子工业出版社, 2020.

[62] 张文辉, 曹良才, 金国藩. 大视场高分辨率数字全息成像技术综述[J]. 红外与激光工程, 2019, 48(6): 104-120.

[63] 张美玲, 郜鹏, 温凯, 等. 同步相移数字全息综述(特邀)[J]. 光子学报, 2021, 50(7): 9-31.

[64] 崔岸婧, 李道京, 吴疆, 等. 频域稀疏采样和激光成像方法[J]. 物理学报, 2022, 71(5): 391-397.

[65] 姜文汉. 自适应光学发展综述[J]. 光电工程, 2018, 45(3): 7-21.

[66] 苏春轩, 董理治, 樊新龙, 等. 基于波前传感器标定优化的自适应光学校正方法[J]. 中国激光, 2021, 48(23): 77-86.

[67] 张雅彬, 陈贤瑞, 刘磊, 等. 基于快速迭代有限差分强度传输方程的相位恢复[J]. 光学学报, 2021, 41(22): 113-122.

[68] 彭金锰, 杜少军, 蒋鹏志. 基于 GS 加权改进算法的相位恢复[J]. 强激光与粒子束, 2013, 25(2): 315-318.

[69] 李燕平, 邢孟道, 保铮. 一种改进的相位梯度自聚焦算法[J]. 西安电子科技大学学报, 2007, (3): 386-391, 427.

[70] 李道京, 周凯, 郑浩, 等. 激光本振红外光谱干涉成像及其艇载天文应用展望(特邀)[J]. 光子学报, 2021, 50(2): 9-20.

[71] 巩畅畅, 刘鑫, 范斌, 等. 基于 RGB 三波段的消色差衍射透镜设计与分析[J]. 光学学报, 2021, 41(11): 54-60.

[72] Zhang H , Liu H , Xu W , et al. Large aperture diffractive optical telescope: A review[J]. Optics & Laser Technology, 2020, 130: 106356.